Technology of Multi-energy Complementary Distributed Energy

多能互补分布式能源技术

彭桂云　周宇昊　郑文广　刘丽丽 等 编著

中国电力出版社
CHINA ELECTRIC POWER PRESS

内容提要

全书共计9章，内容涵盖了国内外多能互补分布式能源技术、清洁高效的化学能分布式供能系统、可再生能源分布式供能系统、分布式储能技术、多能互补分布式能源系统集成耦合技术、多能互补分布式能源系统评价、多能互补分布式能源智能控制技术、互联网+分布式能源技术、案例示范。

本书内容深入浅出，覆盖面广，融知识性和专业性为一体，全面地反映了多能互补分布式能源系统的关键技术和应用情况。

本书专业内容丰富，可以作为从事电气和能源动力等专业的工程技术人员、研究人员的参考资料。

图书在版编目（CIP）数据

多能互补分布式能源技术/华电电力科学研究院有限公司组编. —北京：中国电力出版社，2019.8
ISBN 978-7-5198-3538-5（2024.2重印）

Ⅰ. ①多… Ⅱ. ①华… Ⅲ. ①能源－技术 Ⅳ. ①TK01

中国版本图书馆CIP数据核字（2019）第171326号

出版发行：中国电力出版社
地　　址：北京市东城区北京站西街19号（邮政编码100005）
网　　址：http://www.cepp.sgcc.com.cn
责任编辑：赵鸣志（010-63412385）　马雪倩
责任校对：黄　蓓　常燕昆
装帧设计：赵姗姗
责任印制：吴　迪

印　　刷：三河市万龙印装有限公司
版　　次：2019年10月第一版
印　　次：2024年2月北京第三次印刷
开　　本：787毫米×1092毫米　16开本
印　　张：13.25
字　　数：289千字
印　　数：3001—4000册
定　　价：60.00元

编　委　会

主　　编　彭桂云

副 主 编　周宇昊　郑文广　刘丽丽

参编人员　（按姓氏笔画排列）

王世朋　牟　敏　刘心喜　刘润宝

阮慧锋　李欣璇　张钟平　张海珍

赵大周　贾小伟

前 言

多能互补分布式能源系统是面向终端用户电、热、冷、气等多种用能需求，因地制宜、统筹开发、互补利用传统能源和新能源，优化布局建设一体化集成供能形式，通过多种能源联供，分布式可再生能源和能源智能微网等方式，实现多能协同供应和能源综合梯级利用，提高整个系统的一次能源利用率，实现了能源的梯级利用。

当前，我国能源结构中，清洁能源消费比例过低，能源供给由集中式向分布式转型、多能源互补融合发展成为解决问题的新途径。以分布式能源、可再生能源为代表的多能互补分布式能源系统，与常规集中式供能系统的有机结合，将成为未来能源系统的发展方向，能源互联网和综合能源服务的趋势更为明显。

本书主要介绍了国内外多能互补分布式能源技术、清洁高效的化学能分布式能源系统、可再生能源分布式供能系统，除此之外，本书还对多能互补分布式能源系统中的储能技术、集成耦合技术、系统评价、智能控制技术等做了详细的描述，在此基础上，本书节选了几个典型的多能互补分布式能源示范案例，作为上述内容的补充。

本书涵盖了目前多能互补分布式能源系统的各类关键技术，全书的架构如下：

第 1 章：简要地介绍了国内外多能互补分布式能源技术及系统发展情况，包括各地的鼓励政策、发展形势以及国内外主要项目的介绍。

第 2 章：主要对清洁高效的化学能分布式供能系统，包括内燃机分布式供能系统、航改机及微型燃气轮机分布式供能系统、燃料电池分布式供能系统原理、关键装备及参数，系统集成方法等进行了全面的总结和分析。

第 3 章：主要对可再生能源分布式供能系统，包括太阳能、风能、生物质能、地热能、海洋能等的原理、技术路线及关键设备进行了系统的介绍。

第 4 章：介绍了分布式储能的概念及相关技术。该章从电储能和热储能角度介绍了分布式储能的基本特性、储存技术特点、结构及控制系统、应用分析。

第 5 章：主要介绍了多能互补分布式能源系统集成耦合技术，内容主要包括耦合可再生能源、余热利用装置、储能装置、热泵的多能互补分布式能源系统。

第 6 章：介绍了多能互补分布式能源系统的能源利用评价、经济评价以及系统综合评价方法，着重对系统及子系统能源利用指标及计算方法及整体项目的经济分析的方法进行了说明。

第 7 章：主要介绍多能互补分布式能源智能控制技术，包含多能互补测量技术、综合能源管理技术等，重点对多能互补综合能量管理系统功能框架、能源管理系统方案和优化调度等方面进行了论述。

第 8 章：主要介绍互联网+分布式能源相关技术和模式，重点对能源物联、能源服务和能源交易等进行论述。

第 9 章：本章选取了国内具有代表性的 7 个多能互补分布式能源系统进行了介绍，包括项目概况、多能互补集成形式、项目的建设情况等，以实际案例阐述了多能互补的关键技术的应用和推广。

全书由彭桂云统筹，其他章节由多名作者共同完成，其中第 1 章由周宇昊、刘丽丽编写，第 2 章由周宇昊、郑文广、贾小伟编写，第 3 章由刘润宝、王世朋编写，第 4 章由牟敏、郑文广编写，第 5 章由牟敏、张海珍编写，第 6 章由刘心喜、阮慧锋编写，第 7 章由张钟平、李欣璇编写，第 8 章由张钟平编写，第 9 章由赵大周、刘丽丽编写。

限于作者水平，书中难免存在错漏之处，恳请广大读者批评指正。

编　者

2019 年 7 月

目 录

1 国内外多能互补分布式能源技术

1.1 国外多能互补分布式能源技术发展情况综述

1.1.1 美国多能互补分布式能源系统的发展现状

1. 现状

分布式能源的概念最早起源于美国，起初的目的是通过用户端的发电装置，保障电力安全，利用应急发电机并网供电，以保持电网安全的多元化。经过发展，分布式能源已作为美国政府节能减排的重要抓手。

截至 2016 年，美国分布式能源装机容量约为 82.5GW，包括天然气分布式能源、中小水能、太阳能、风能、生物质能、垃圾发电等，其中天然气分布式能源占 71%，遍布 3700 个以上工业和商业项目，以内燃机、蒸汽轮机、燃气轮机为主，约 46%的项目采用小型内燃机，燃气-蒸汽联合循环占项目数量的 8%，占天然气分布式能源发电总装机容量的 53%[1]。美国发展储能较早，目前拥有全球近半的示范项目，还专门建立了全球储能数据库，用于对全球储能项目进行追踪，同时设立了多个部门来促进并规范储能的发展。截至 2016 年，美国累计储能装机容量 24.12GW，其中抽水蓄能 22.56GW、储热 0.82GW、电化学储能 0.57GW、其他机械储能 0.17GW[11]。

美国分布式能源现存装机容量可每年节约 5275 亿 kWh 电，每年减少氮氧化物排放 2.4 亿 t。分布式能源多用于工业，占总装机量的 87%，只有 15%用于医院、学校、酒店和办公综合体的供冷、热，在城市和大学校园的装机容量为 5GW。美国分布式能源发电占总发电容量的 8%左右，但仍有很大的开发和应用潜力。

2. 目标

根据美国能源部（U. S. Department of Energy，DOE）规划，到 2020 年，美国将新增各类热电联产机组 9500 万 kW，热电联产机组装机容量将占全国发电总装机容量 29%，其中，天然气分布式能源系统将占据增长的主要地位，美国政府计划到 2020 年，有一半以上的新建办公或商用建筑采用分布式热、电、冷三联产，15%的现有建筑改用热、电、冷三联产，生物质发电的装机容量将达到 4.5×10^7kW。同时，根据美国能源部预测，到 2035 年，天然气在工业与商业领域的应用将进一步加强，其中应用于工业领域的天然气量将在 2009 年的基础上增长 27%，增长的贡献主要来自于天然气分布式能源在工业领域的应用[2]。

美国能源部促进以天然气为燃料的分布式能源系统的发展，并以这些系统为基础发展微电网，再将微电网连接发展成为智能电网。在新能源革命的背景下，发展可再生能源成为新的经济增长点，其中分布式太阳能发电和中小型风电快速增长。随着美国电力系统的改革和智能电网技术的成熟，可再生能源利用水平将进一步提高。未来，美国的分布式能源发展方向将是分布式能源与可再生能源结合的多能互补分布式能源系统。

3. 鼓励政策

美国对分布式能源的鼓励政策包括联邦和州两个层面。联邦层面的政策适用于全国所有符合条件的用户；各州的政策用于鼓励各州分布式能源的发展。

联邦政府首先确保用户拥有安装和使用分布式能源设备的权利，公共电网必须为其提供备用电力保障，并以公平价格收购多余电量。早在1978年，《公共事业监管政策法案》就明确规定分布式能源可以并网，将多余电量卖给当地电力公司。2001年颁布的《关于分布式电源与电力系统互联的标准草案》使分布式发电系统并网运行更具有可操作性。美国还实施净电表政策，主要应用于分布式光伏发电，该政策要求电网公司为居民或商业用户安装双向计量电表，既计量通过电网供应用户的电量，也计量用户返送电网的光伏发电量。用电费用结算时，发电量从用户用电量中扣除，以当地消费电价水平支付发电。

联邦政府对分布式能源的经济激励政策包括税收减免和直接补贴等。例如，对符合条件的天然气、太阳能发电、供热或供冷、地热发电等资产减免商业投资税收，分布式光伏发电和风力发电都享有为期8年的30%联邦投资税收优惠扶持政策；对符合条件的分布式能源企业，出售电力时可获得直接补贴；减免分布式发电项目资产的折旧年限。

美国还实施可再生能源配额制政策，与其配套的是绝大部分州实施的配额证书交易制度。发电者通过可再生能源配额证可以获得除电力销售外的另一份收入。多数分布式可再生能源发电商或居民都参与到配额证交易机制中，因此配额制也促进了美国分布式可再生能源的发展。

由于分布式能源能捕捉多余热能并利用其生产冷和热提供给工厂和商业，从而节省成本并改善环境，美国能源部与美国环保署（U.S.Environmental Protection Agency，EPA）分别从节能与环保两个出发点推进分布式能源的发展。美国环保署专门成立了分布式能源协作小组，明确分布式能源是经济可行的清洁能源解决方案，且视为国家首要事务之一；并设立了能源之星分布式能源奖。

美国主要通过北美天然气的长期供应和价格调整来提升分布式能源产业的经济性[2]。针对控制天然气价格，从2000年开始，美国展开了“页岩气革命”，并使用水平定向钻井和水压压裂技术开采页岩层中的天然气。

美国大力推广分布式能源的起因来自1978年的原油危机，美国国会通过了《公共事业监管政策法案》（PURPA），鼓励加强能源使用效率。法案规定为保障每个分布式能源项目的能效利用率，鼓励发展高能效的分布式能源，将合格设施资质，作为市场准入条件。对于取得合格设施资质的项目，可免去《公共设施持有公司法案》和《燃料使用法案》中规定的天然气税。同时，《公共事业监管政策法案》提出可避免成本，即公共电厂未买入其他发电源的电量，则公共电厂必须承担这部分电量的发电成本。之后，针对做分布式能源的公共事业单位（市政公司），国会还为投资者提供税收优惠，分别于1978年颁布了《能源税法案》、1980年颁布了《原油高额税收法案》。《能源税法案》对余热锅炉等相关余热再利用设备给予10%税收优惠。在此基础上，《原油高额税收法案》对优质的分布式能源项目安装的设备额外减免了10%的税。《公共事业监管政策法案》和相关税收激励政策极大地推动了分布式能源的发展。

美国鼓励公共电力公司作为合作单位参与分布式能源项目的开发，并权衡所有股东的利益，包括末端用户、公共电力公司、建设投资方及纳税人。公共电力公司作为分布式能源项目开发的重要合伙人，可在并网上网方面给予支持，不仅支持发电和输配电基础设施建设，而且为用户提供稳定的融资和风险管理，项目收益可进行合理分配。简而言之，建立良好的公共电力公司合营模式，在分布式能源项目中，公共电力公司、末端用户和项目开发者及其他纳税人可实现共赢局面[4]。

美国各州根据实际情况，制定出台政策大力推行分布式能源，包括设立新建分布式能源目标、能效或可再生能源配额制，并推出排放交易项目中的清洁能源政府补贴政策。截至2015年，已有30多个州依据本州资源、市场、政策背景制定并实施了可再生能源配额制。2010年各州政府出台的《清洁能源工作计划计划》规定2030年新增分布式能源装机量达到6500MW以上，以实现温室气体减排的目标。以加利福尼亚州为例，该州的回购电价政策（feed-in-tariffs，FIT）对20MW以下的分布式能源给予支持，回购电价政策制定综合考虑了梯级能源利用率（multi-tiered rates）、传输限制和环境外部因素等内容。2012年加利福尼亚州公共设施委员会制定了2020年新增3000MW装机的目标，以达到温室气体减排的目标。为此，加利福尼亚州设立了自发电激励计划（self-generating incentive program，SGIP），为满足电力需求及技术标准的分布式系统项目提供资金支持。该计划针对的技术包括分布式能源、燃料电池、余热回收和其他可再生能源，主要以加利福尼亚州4大公共电力公司给予回扣的方式进行操作。目前，加利福尼亚州允许分布式能源单台发电机系统最大装机容量为10MW，如果选用小型燃气轮机或往复式发动机作为发电技术，基础激励对第一台系统装机给予500美元/kW，对第二台系统装机给予350美元/kW，最大基础激励给予不超过75万美元。如果选用微燃机，对第一台系统装机给予700美元/kW，对第二台系统装机给予250美元/kW，最大基础激励给予不超过90万美元。

1.1.2 日本多能互补分布式供能系统的发展现状

1. 现状

由于自然资源稀缺，为尽可能提高能源利用效率，日本国内很早就开始重视节能减排技术的推广。随着1980年东京国立竞技场第一台热电机组运行开始，日本开始大力发展天然气分布式能源。截至2016年3月，日本国内基于热电联产的分布式能源系统总装机容量突破1000万kW，其中民用领域占21%；总装机台数为16424台，民用占72%，主要用于医院、饭店、公共休闲娱乐设施等；工业分布式发电项目主要用于化工、制造业、电力、钢铁等行业[3]。日本累计储能总装机容量26.43GW，其中抽水蓄能26.17GW、电化学储能0.25GW。日本在电化学储能领域的研究比较前沿，前期以钠硫电池为主，后期以锂离子电池为主[11]。

日本的分布式发电以热电联产和太阳能光伏发电为主，占全国发电装机容量的13.4%[4]。未来，随着日本改变依靠核能的能源战略，为了填补核电退出后的电力供应问题，尽快形成电力供应能力，小微型热电联产系统将进一步得到推广，太阳能光伏将得到大力支持，分布式能源发展将是其主要的能源战略方向。

在天然气分布式能源技术应用方面，日本以经济性为重点，区域式的能源系统以燃气轮机系统为主，约占日本国内分布式能源项目总数的10%和装机容量的43%，而小型楼宇式分布式能源系统则主要以单机发电效率较高的燃气内燃机为动力，以其综合能源利用效率高、灵活可靠以及经济实用等方面的优势，推广更为广泛，约占项目总数的65%、总装机容量的25%。

目前，日本热电联产市场上主要应用机型是燃气内燃机（gas engine）、燃气轮机（gas turbine）和柴油机（diesel engine），另外还有少量蒸汽轮机（steam turbine）和燃料电池（fuel cell）。无论从台数还是容量的角度，燃气内燃机均为民用领域的主导机型（约占总数的 75%，总容量的 44%），其次为柴油机和燃气轮机。然而，在热电联产领域，蒸汽轮机和燃料电池的应用较少（不足 1%），这是由于目前蒸汽轮机都适用于大型电站，而燃料电池技术尚未成熟，而且价格较昂贵。

2. 目标

在规划方面，2010 年 6 月，日本政府出台促进引进天然气能源系统的规划，并提出到 2020 年总装机规模达到 800 万 kW 和 2030 年达到 1100 万 kW（约占日本国内发电总装机容量的 15%）的发展计划。日本经济贸易产业省预计，到 2030 年，日本热电联产装机容量将可能达到 1630 万 kW，其中商业分布式发电项目 6319 个，工业分布式发电项目 7473 个。日本计划在 2030 年前实现分布式能源系统发电量占总电力供应的 20%。

3. 鼓励政策

日本制定了相关的法令和优惠政策保证分布式能源的发展，包括放宽对分布式能源的管制；对城市分布式发电单位进行减税或免税；通过优惠的环保资金支持分布式发电系统的建设；鼓励银行和财团对分布式发电系统出资和融资[2]。具体来说，2012 年新的《可再生能源法案》确定了可再生能源发电的上网电价，太阳能、风能和地热发电的上网价格约是火电或核电价格的 2～4 倍，以期促进光伏发电、风电和生物质发电等可再生能源发电的发展，这间接也促进了分布式能源的发展。同年的“夏季电力供需方案”中提出，日本将建立“分布式绿色电力销售市场”，以鼓励小规模发电商和独立电力系统进入电力市场，小于 1000kW 的发电系统和热电联产项目也能够随时销售其多余的电量，并且减免了原先的接网费。

1985 年，日本专门成立总能（分布式能源一体化）系统研究协会来促进这一新技术的发展。1997 年日本在新能源法中确定热电联产为新能源；2005 年，制定京都议定书目标计划，确立了热电联产的有效利用和引进分散式电源的必要性；2008 年，日本修改新能源法，将分布式热电联产确立为能源高度利用技术革新，要求在纸浆、石油化工、钢铁、供热行业、医院、宾馆等能耗大行业中推广，并实施补助制度；2010 年 8 月，日本提出建设低碳社会的方针，介绍引进分布式热电联供的案例，作为提高建筑物及区域能源效率的对策。

2011年日本大地震发生后，日本政府加深了对分布式供能系统在安全、安心方面作用的关注，2012年7月，日本召开新一届能源-环境会议，提出新的能源环境发展策略，在追求经济效率、环境友好策略的基础上，进一步增加安全和安心的要求，重点规划措施包括降低对核能的依赖和推广分散式电源系统。

日本政府同样十分重视分布式电源与大电网的相互关系，早在20世纪80年代就制定了《分布式电源并网技术导则》，以促进小型分布式电源的发展；1986年5月，日本发布了并网技术要求指导方针；1995年，日本更改《电力事业法》，并进一步修改了《并网技术要求指导方针》，以促使分布式能源实现合法并网，确保电力公司全部收购分布式能源站供应自身需求后多余的电能，规定了分布式供能项目的上网电价要高于一般火电项目的上网电价，并要求供电公司为分布式能源提供备用电力保障；在此基础上，2004年，日本政府进一步出台了并网安全规定和质量规定等方面的标准，为分布式能源项目并网运行彻底扫清障碍。

在出台相关政策法规的同时，为促进分布式能源的大力发展，日本政府及地方财团也纷纷出台对分布式能源项目建设的补助措施。

2011年，日本经济产业省开始对高效燃气热电联供设备进行补助，补助经费为设备费的1/3，对新建自备发电设备的项目补助1/3，对原有项目重新启动设备的燃料费补助1/3，对民用燃料电池的设备投入补助1/2。此外，日本环境省还对医疗机关的燃气热电联供设备投资补助1/2，日本国土交通省提出对民用住宅等建筑物的CO_2减排设备进行补助，补助经费达到总投入的50%。

此外，日本各地方自治团体也在采取相应的补助措施，如“日本东京都自家发电设备引进费用补助事业”，能够对中小型企业热电联供设备投入补助1/2或2/3的经费；“东京都医疗机关自家发电设备完善事业”，对医院自备电站设备投入补助2/3的经费；“大阪府热电联供设备燃料费紧急补助事业”，对作废的热电联供系统再启动给予燃料费用补贴1/2的经费。相关补助措施的出台，对日本分布式能源系统设备投资及运行费用都有较多补助，有利于分布式能源的推广。

1.1.3 欧洲多能互补分布式供能系统的发展现状

1. 现状

欧洲的能源结构体系特点是能源高效经济利用和可持续发展为主，大力推广可再生分布式能源的利用，优化能源结构。

欧洲各国积极推行分布式能源系统，德国、丹麦、荷兰的分布式能源发电量分别占到国内总发电量的53%、38%和38%，欧盟天然气分布式能源装机数量约占欧洲总装机容量的21%，其中工业系统中的天然气分布式能源装机总容量超过了33GW，约占总天然气分布式能源装机容量的45%。

2. 德国

（1）现状。德国分布式能源装机容量为7.5×10^7kW，约占总装机容量的47%[5]。其中，绝大部分可再生能源发电属于分布式能源，天然气发电中大部分热电联产和一部分小型发电站也以分布式形式利用。根据经济合作与发展组织（Organization for Economic Cooperation and Development，OECD）的统计数据，截至2017年底，德国光伏发电装机容量达到41.7GW，主要应用形式为屋顶光伏发电系统。德国累计储能总装机容量7.57GW，其中抽水蓄能6.53GW、其他机械储能0.91GW、电化学储能0.12GW、储氢0.01GW[11]。

（2）目标。从2011年开始，德国计划构建一个以分布式能源技术为基础的新型电网。这一新型电网的特点在于三个方面：第一，尽量减少远距离输送集中供电，发展电动汽车和储能系统，除大负荷工业外，生活、商业、交通等用电单元尽量采用分布式供电模式；第二，以信息技术为基础的电力需求侧管理，平滑负荷波峰波谷，优化和平衡电力供需；第三，以分布式方式消纳更大规模的可再生能源发电。德国的电网模式改革、储能设备技术的成熟和以分布式可再生能源作为主要电源之一的智能电力系统的发展将有助于德国能源转型战略的实现[6]。

德国制定了能源转型战略，以发展可再生能源为主要依托，设定了到2050年不同阶段的发展目标。2010年发布《能源方案》，2012年公布的“2050能源战略转型”，2020年终端能源消费中可再生能源比重和电力总消费量中可再生能源比重分别达到18%和35%；2030年终端能源消费中可再生能源比重和电力总消费量中可再生能源比重分别达到30%和50%；2050年终端能源消费中可再生能源比重和电力总消费量中可再生能源比重分别达到60%和80%。

一方面，德国鼓励发展小型热电联产系统。根据2002年《热电联产法》，热电联产电厂在正常售电价格之上还可以按售电量获得补贴；热电近距离输电节约的电网建设和输送成本返还分布式发电厂。另一方面，由于德国绝大部分可再生能源是以分布式形式利用的，对可再生能源的鼓励政策即相当于对分布式能源的鼓励政策。为保障可再生能源发展目标，2000年德国颁布了《可再生能源法》并已多次修订。《可再生能源法》对接入电站的规模及电压等级、过载及电压波动范围、电能质量等提出了要求，从法律上明确了并网技术标准；确立了有保障的长期固定电价机制，并明确规定本地电网运营商对可再生能源发电的购买义务，确保其优先入网；通过税收补贴平衡电网运营商支付的费用。德国对于运用热电联产系统（combined heat and power，CHP）改造传统供热锅炉的工业企业，凡负荷率超过70%可免交环境保护税，并按德国《可再生能源供热法》规定，新建大楼必须使用部分可再生能源供热。若安装CHP，可以视同可再生能源供热。德国的CHP可以适用《可再生能源法》规定的优惠政策。其中，使用沼气的CHP适用清洁能源补偿机制。随后，德国政府把CHP纳入城市发展规划，继续加大发电环保税，对CHP免税，继续通过《可再生能源法》支持沼气CHP。德国还先后制定发布接入中、低压配电网的分布式电源并网技术标准，从法律上明确严格的并网技术标准，确保公共电网安全稳定，为分布式能源系统的市场推广扫除了技术障碍。

3. 丹麦

丹麦是世界上能源利用效率最高的国家。GDP的增长并没有导致能源消耗的增加，污染排放反而大幅度下降，其主要的措施就是大力发展分布式能源。丹麦政府从1999年开始进行电力改革，是目前世界上DES推广力度最大的国家，其占有率在整个能源系统中接近 40%，占电力市场的比例已达到 53%，丹麦政府宣布铺设全球最长的智能化电网基础设施。丹麦的 CHP 技术的发展方向主要是规模化和传统煤燃料的转型。全丹麦 8 个互联的 CHP 大区的煤/电转化效率超过 50%，总效率高达 90%。丹麦政府先后出台一些鼓励 DES 的法律法规，如《供热法》和《电力供应法》，分别对 DES 明确提出予以鼓励、保护和支持，并制定补偿政策和优惠贷款[7]。

4. 荷兰

荷兰的大多数分布式发电厂是配电方和工业联合投资的，电力市场自由化加强了竞争。荷兰宣布将从 2030 年起禁止使用煤炭发电。通过一些早期的激励政策，荷兰的 CHP 发电量迅速上升，包括政府投资津贴、发电公司购电义务、天然气优惠价等。2000 年，采取新一轮的措施来解决 CHP 机组面临的财政困难问题，包括增加能源投资补贴、免收管制能源税和相应的财政支持等。荷兰颁布了新的《电力法》，赋予分布式能源特别的地位，对其售电仅仅征收最低的税率。由荷兰能源分配部门起草的《环境行动计划》中，电力部门将积极使用清洁高效能源技术，承担其对环境的责任，其中分布式能源是最为重要的手段，将担负 40%的二氧化碳减排的任务[10]。

1.2 国内多能互补分布式能源技术发展情况综述

1.2.1 国内多能互补分布式能源系统的鼓励政策

1. 《发展天然气分布式能源的指导意见》

2011 年 10 月，国家发展和改革委员会（以下简称国家发展改革委）、中华人民共和国财政部（以下简称财政部）、中华人民共和国住房和城乡建设部（以下简称住房和城乡建设部）以及国家能源局发布了《关于发展天然气分布式能源的指导意见》，提出我国在“十二五”初期将启动一批天然气分布式能源示范项目，“十二五”期间建设 1000 个左右天然气分布式能源项目，并拟建设 10 个左右各类典型特征的分布式能源示范区域，到 2020 年，在全国规模以上城市推广使用分布式能源系统，装机规模达到 5000 万 kW，初步实现分布式能源装备产业化。

2. 《分布式电源接入电网技术规定》

2010 年 8 月，国家电网公司制定《分布式电源接入电网技术规定》，达到技术标准的电源即可接入电网，该规定从接入系统原则、电能质量、功率控制和电压调节、电压电流与频率响应特性、继电保护与安全自动装置、通信、电能计量、并网监测等九个方面明确了分布式能源介入 35kV 及以下电压等级电网应满足的技术要求。《分布式电源接入电网技术规定》为这类分布式能源接入电网扫清了体制上的障碍，有利于促进分布式能源的快速发展。

3. 《关于下达首批国家天然气分布式能源示范项目的通知》

2012 年 6 月，国家发展改革委、财政部、住房和城乡建设部和国家能源局联合发布了《关于下达首批国家天然气分布式能源示范项目的通知》，将华电泰州等四个项目列为国家示范项目，这意味着国家天然气分布式能源示范项目大规模建设序幕已经拉开。

4.《分布式发电管理暂行办法》

2013 年 7 月 18 日，国家发展改革委发布关于下达《分布式发电管理暂行办法》规定，对于分布式发电，电网企业应根据其接入方式、电量使用范围，提供高效的并网服务。《分布式发电管理暂行办法》鼓励企业、专业化能源服务公司和包括个人在内的各类电力用户投资建设并经营分布式发电项目，豁免分布式发电项目发电业务许可，规定将通过资金补贴、多余电力向电网出售、赋予投资方电网设施产权等措施大力刺激分布式能源发展。

5.《关于推进新能源微电网示范项目建设的指导意见》

2015 年 7 月，国家能源局《关于推进新能源微电网示范项目建设的指导意见》，意见明确结合当地实际和新能源发展情况选择合理区域建设联网型微电网，因地制宜、多能互补、技术先进、经济合理、典型示范、易于推广。抓好典型示范项目建设，因地制宜探索各类分布式能源和智能电网技术应用，创新管理体制和商业模式；整合各类政策，形成具有本地特点且易于复制的典型模式，在示范的基础上逐步推广。

6.《关于推进“互联网+”智慧能源发展指导意见》

2016 年 2 月，国家发展改革委发布了《关于推进“互联网+”智慧能源发展的指导意见》（发改能源〔2016〕392 号）。意见要求，加强能源互联网基础设施建设，建设能源生产消费的智能化体系、多能协同综合能源网络、与能源系统协同的信息通信基础设施。建立新型能源市场交易体系和商业运营平台，发展分布式能源、储能和电动汽车应用、智慧用能和增值服务、绿色能源灵活交易、能源大数据服务应用等新模式和新业态。

7.《关于推进多能互补集成优化示范工程建设的实施意见》

2016 年 7 月，国家能源局和国家发展改革委发布了《关于推进多能互补集成优化示范工程建设的实施意见》，通过天然气热电冷三联供、分布式可再生能源和能源智能微网等方式，实现多能协同和能源综合梯级利用。

8.《能源发展“十三五”规划》

2016 年 12 月，国家发展改革委发布《能源发展“十三五”规划》，全文共七次提及“多能互补”：推动能源生产供应集成优化，构建多能互补、供需协调的智慧能源系统，并将“实施多能互补集成优化工程”列为十三五能源发展的主要任务；将风、光、水、火、储多能互补工程作为十三五能源系统优化重点工程之一；推进多能互补形式的大型新能源基地开发建设；鼓励具备条件地区开展多能互补集成优化的微电网示范应用；发展多能互补分布式发电。

9.《关于有序放开用电计划的通知》

2017 年 3 月，国家发展改革委、国家能源局发布《关于有序放开发用电计划的通知》，促进建立电力市场体系，促进分布式发电、电动汽车、需求响应等的发展。

10.《关于开展分布式发电市场化交易试点的通知》

2017 年 3 月，国家发展改革委、国家能源局发布《关于开展分布式发电市场化交易试点的通知》，通知中明确分布式能源项目委托电网企业代售电，分布式发电选择直接交易模式，分布式发电项目单位作为售电方，自行选择符合交易条件的电力用户并以配电网企业作为输电服务方签订三方供用电合同，分布式售电方上网电量、购电方自发自用之外的购电量均由当地电网公司负责计量。

11.《关于加快推进天然气利用的意见》

2017 年 6 月，国家能源局发布《关于加快推进天然气利用的意见》，意见指出大力发展天然气分布式能源。在大中城市具有冷热电需求的能源负荷中心、产业和物流园区、旅游服务区、商业中心、交通枢纽、医院、学校等推广天然气分布式能源示范项目，探索互联网+、能源智能微网等新模式，实现多能协同供应和能源综合梯级利用。在管网未覆盖区域开展以 LNG 为气源的分布式能源应用试点，细化完善天然气分布式能源项目并网上网办法。

1.2.2 国内多能互补分布式能源系统发展形势

当前，我国能源结构中，清洁能源消费比例过低，雾霾等环境问题突出，治理难度大；原有大电源、大电网的单一运营模式难以应对影响供电安全的突发事件，能源系统亟须进一步转型升级。在此背景下，能源供给由集中式向分布式转型、多能源互补融合发展成为解决问题的新途径。以分布式能源、可再生能源为代表的多能互补分布式能源系统，与常规集中式供能系统的有机结合，将成为未来能源系统的发展方向，能源互联网和综合能源服务的趋势更为明显。

1. 多能互补分布式能源的优势

（1）能源利用效率高。分布式能源可以进行冷、热、电联供，实现能源的梯级利用，显著提高能源利用效率。

（2）分布式能源靠近用户。可就近消纳，减少了传输距离，降低了能源在传输过程中的损耗。

（3）有利于可再生能源的发展。风能、光伏等可再生能源发电具有间歇性和波动性，大容量集中接入电网将对主网产生强烈冲击，分布式发电为可再生能源发电接入电网提供了新的途径。

（4）环境污染小。分布式能源系统通常采用天然气、风能、太阳能、氢气或生物质能作为能源，可有效减少污染物的排放。

（5）解决边远地区的供能问题。边远地区集中供能代价高昂，根据当地资源禀赋，因地制宜地发展分布式能源，可有效解决边远地区的用能问题。

2. 多能互补分布式能源的分类

多能互补分布式能源是以分布式为特征的能源利用方式，在我国主要分为两种形式：第一种是面向终端用户电、热、冷、气等多种用能需求，因地制宜、统筹开发、互补利用传统能源和新能源，优化布局建设一体化集成供能基础设施，通过天然气热、电、冷三联供，分布式可再生能源和能源智能微网等方式，实现多能协同供应和能源综合梯级利用，此类工程针对用户侧，主要为天然气分布式能源，提高整个系统的一次能源利用率，实现了能源的梯级利用；第二种是利用大型综合能源基地，风能、太阳能、水能、煤炭、天然气等资源组合优势，推进风光水火储多能互补系统建设运行。第二种工程针对电源侧，互补的形式有多种，比如“风—光互补”“水—光互补”“风—光—储互补”等形式。

3. 多能互补分布式能源发展现状

（1）天然气分布式能源。根据中国城市燃气协会分布式能源专业委员会统计及国家能源分布式能源技术研发（实验）中心技术团队调研分析，截至2016年9月，我国已建成天然气分布式能源项目共计131个，总装机容量为1769.394MW。主要用户为工业园区、生态园区、综合商业体、数据中心、学校、交通枢纽、办公楼等，目前我国天然气分布式能源发展比较快的区域主要有华东、华北、华南等。主要原因：区域经济发达，投资能力强，区域对冷、热、电价格承受能力强；区域产业集中，冷热负荷相对集中且稳定；各区域政府发展节能减排压力大，发展低碳、循环、高效能源经济积极性高，对新兴节能、环保项目财政补贴能力强，因此降低项目投资，项目盈利能力强。

（2）分布式光伏。截至2016年底，中国光伏发电新增装机容量3454万kW，累计装机容量7742万kW，新增和累计装机容量均为全球第一。其中，分布式光伏累计装机容量1032万kW。全年发电量662亿kWh，占中国全年总发电量的1%。

（3）分布式风电。2016年中国风电新增装机容量1930万kW，累计装机容量达到1.49亿kW。我国分布式风电发展相对缓慢，分布式风电并网量只占全国风电并网总量的1%左右，其发展水平总体滞后于我国分布式光伏。

（4）多能互补分布式能源系统。建设多能互补集成优化示范工程是构建互联网+智慧能源系统的重要任务之一，有利于提高能源供需协调能力，推动能源清洁生产和就近消纳，减少弃风、弃光、弃水限电，促进可再生能源消纳，是提高能源系统综合效率的重要抓手。

国家能源局从2016年开始组织开展了多能互补集成优化示范工程审核认定工作，于2017年初公布了首批多能互补集成优化示范工程共安排23个项目，其中，终端一体化集成供能系统17个、风光水火储多能互补系统6个。

（5）储能。随着储能在工商业用户侧、可再生能源电力调峰、调频辅助服务等领域的应用价值日益清晰，储能项目快速规划部署，截至2016年底，中国投运储能项目累计装机规模24.3GW，同比增长4.7%。其中电化学储能项目的累计装机规模达243.0MW，同比增长较快，从应用分布来看，可再生能源并网仍然是2016年中国新增投运电化学储能项目应用规模最大的领域，占比55%。从技术分布来看，2016年中国新增投运的电化学储能项目几乎全部使用锂离子电池和铅蓄电池，两类技术的新增装机占比分别为62%和37%。

从提高效率和就地取材角度来看，多能互补是未来能源发展的方向，与此同时，多能互补也将带来综合能源服务这一大的领域，包括能效、需求侧管理、大数据等的发展空间。多能互补意义重大，事关能源革命、能源转型、能源结构调整，实施多能互补也是在为能源革命、能源转型、新能源发展探索一条新路径。

1.2.3 国内多能互补分布式能源系统主要项目

国内多能互补分布式能源系统主要项目如表1-1所示。

表 1-1 国内多能互补分布式能源系统主要项目

类别	序号	工程名称	申报单位	项目建设地
终端一体化供能系统	1	靖边光气氢牧多能互补集成优化示范工程	陕西光伏产业有限公司	陕西省榆林市靖边县延长中煤榆林能源化工园区
	2	武汉未来科技城多能互补集成优化示范工程	智慧能源投资控股集团有限公司、武汉未来科技城投资建设有限公司、武汉新能源研究院有限公司等	湖北省武汉市东湖高新区未来科技城
	3	大同市经济开发区多能互补集成优化示范工程	北京智慧能源工程技术有限公司、华能新能源股份有限公司山西分公司、华润电力控股有限公司	山西省大同市经济技术开发区
	4	苏州协鑫工业园区多能互补集成优化示范工程	协鑫智慧能源（苏州）有限公司	江苏省苏州市工业园区
	5	张家口沽源“奥运风光城”多能互补集成优化示范工程	秦皇岛森源投资集团有限公司、金风科技股份有限公司、智慧能源投资控股集团有限公司等	河北省张家口市沽源县
	6	廊坊泛能微网生态城多能互补集成优化示范工程	廊坊市新奥能源有限公司	河北省廊坊市经济开发区
	7	中电合肥空港经济示范区多能互补集成优化示范工程	中电合肥能源有限公司	安徽省合肥市空港经济示范区
	8	延安市新城北区多能互补集成优化示范项目	大唐陕西发电有限公司 国家电力投资集团公司	陕西省延安市新区
	9	高邮市城南经济新区惠民型多能互补集成优化示范工程	扬州市邮都园农业开发有限公司	江苏省高邮市城南经济新区
	10	北京丽泽金融商务区多能互补集成优化示范工程	北京京能恒星能源科技有限公司	北京市丽泽金融商务区
	11	安塞区多能互补集成优化示范工程	陕西延长石油矿业有限责任公司、深圳能源售电有限公司	陕西省延安市安塞区
	12	国家电投蒙东能源扎哈淖尔多能互补集成优化示范工程	国家电投蒙东能源公司	内蒙古自治区通辽市扎鲁特旗扎哈淖尔工业园区
	13	青岛中德生态园多能互补集成优化示范工程	青岛新奥智能能源有限公司	山东省青岛市经济开发区
	14	深圳国际低碳城多能互补集成优化示范工程	北京能源集团有限责任公司、深圳市燃气集团股份有限公司、南方电网综合能源有限责任公司	广东省深圳市国际低碳城
	15	新疆生产建设兵团第十二师一〇四团多能互补集成优化示范工程	新疆兵电能源研究院股份有限公司	新疆生产建设兵团第十二师
	16	中信国安第一城多能互补集成优化示范工程	国家电力投资集团公司华北分公司	河北省廊坊市香河县
	17	神华富平多能互补集成优化示范工程	神华富平综合能源有限公司	陕西省渭南市富平县风、光、水、火、储多能互补系统

续表

类别	序号	工程名称	申报单位	项目建设地
风光水火储多能互补系统	1	张北风光热储输多能互补集成优化示范工程	绿巨人能源有限公司、华源电力有限公司、张北县瑞凯新能源有限公司	河北省张家口市张北县
	2	韩城龙门开发区多能互补集成优化示范工程	陕西陕煤韩城矿业有限公司	陕西省韩城市龙门经济开发区
	3	青海省海西州多能互补集成优化示范项目	鲁能集团有限公司	青海省海西州蒙古族藏族自治州格尔木市
	4	神华神东电力风光火热储多能互补集成优化示范项目	神华国神集团	内蒙古自治区包头市土默特右旗
	5	青海海南州水光风多能互补集成优化示范工程	青海黄河上游水电开发有限责任公司	青海省海南州
	6	木里县鸭嘴河流域光水牧多能互补集成优化示范工程	华润新能源光伏发电（木里）有限公司	四川省凉山彝族自治州木里藏族自治县卡拉乡

参考文献

[1] 吴晓清，叶彩花，王根军．美国天然气分布式能源发展的影响因素分析及借鉴 [J]．国际，2018，46（2）：71-75.

[2] 邢磊，王宇博．美国分布式能源发展现状与启示 [J]．化学工业，2015，33（10）：7-11.

[3] 任洪波，吴琼，杨秀，高伟俊．日本分布式热电联产系统发展动态及启示 [J]．中国电力，2015，48（7）：108-114.

[4] 杨映，丁小川，马洪涛，等．对日本分布式能源发展的分析与思考 [J]．发电与空调，2012（6）：11-14.

[5] 霍震．德国分布式能源系统的最新进展与实践经验 [J]．电力需求侧管理，2010，12（4）：78-80.

[6] 李秀云．德国分布式能源发展经验浅析 [J]．风能，2014（9）：90-92.

[7] 尤石，宋鹏翔．丹麦区域能源互联网发展综述 [J]．供用电，2017（12）：2-7.

[8] 王涛．国内外天然气分布式能源发展的相关政策及分析 [J]．上海节能，2016（9）：477-450.

[9] 杜偲偲．国外分布式能源发展对我国的启示 [J]．中国工程科学，2015，17（3）：84-87.

[10] 冉娜．国内外分布式能源系统发展现状研究 [J]．经济论坛，2013（10）：174-178.

[11] 封红丽．2016 年全球储能技术发展与展望 [J]．电器工业，2016（10）：23-29.

2 清洁高效的化学能分布式供能系统

2.1 燃气内燃机分布式供能系统

2.1.1 燃气内燃机结构和工作原理

1. 燃气内燃机结构

燃气内燃机的组成部分主要有曲柄连杆机构、机体和气缸盖、配气机构、燃料供应系统、润滑系统、冷却系统、启动装置等。

气缸是一个圆筒形金属机件。密封的气缸是实现工作循环、产生动力的地方，各个装有气缸套的气缸安装在机体内里，它的顶端用气缸盖封闭着。

活塞组由活塞、活塞环、活塞销等组成。活塞呈圆柱形，上面装有活塞环，借以在活塞往复运动时密闭气缸。上面的几道活塞环称为气环，用来封闭气缸，防止气缸内的气体漏泄，下面的环称为油环，用来将气缸壁上的多余的润滑油刮下，防止润滑油窜入气缸。活塞销呈圆筒形，它穿入活塞上的销孔和连杆小头中，将活塞和连杆连接起来。连杆大头端分成两半，由连杆螺钉连接起来，它与曲轴的曲柄销相连。连杆工作时，连杆小头端随活塞做往复运动，曲轴再从飞轮端将动力输出。由活塞组、连杆组、曲轴和飞轮组成的曲柄连杆机构是内燃机传递动力的主要部分。连杆大头端随曲柄销绕曲轴轴线做旋转运动，连杆大小头间的杆身做复杂的摇摆运动。

活塞可在气缸内往复运动，并从气缸下部封闭气缸，从而形成按照一定规律变化的密封空间，燃料在此燃烧，产生的燃气动力推动活塞运动。活塞的往复运动经过连杆推动曲轴做旋转运动，曲轴的作用是将活塞的往复运动转换为旋转运动，并将膨胀冲程所做的功，通过安装在曲轴后端上的飞轮传递出去。飞轮能储存能量，使活塞的其他行程能正常工作，并使曲轴旋转均匀。为了平衡惯性力和减轻内燃机的振动，在曲轴的曲柄上还适当装置平衡质量的部件。

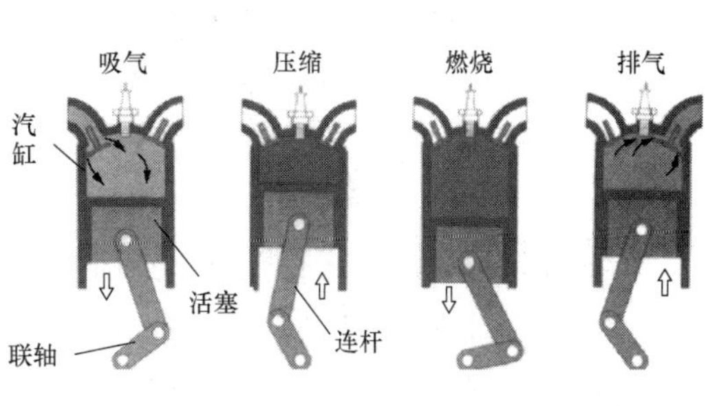

图 2-1 燃气内燃机循环过程

2. 燃气内燃机工作原理

按实现一个工作循环的行程数来分，燃气内燃机可分为四冲程燃气内燃机和二冲程燃气内燃机两类。四冲程燃气内燃机循环过程如图 2-1 所示，它的一个工作循环经过吸气、压缩、燃烧和排气四个冲程完成，此间曲轴旋转两圈。这些过程中只有膨胀过程是对外做功的过程，其他过程是为更好地实现做功过程的必要步骤。

（1）吸气冲程。曲轴旋转，通过连杆带动活塞下移，同时进气门打开。经空气过滤器净化后的空气和气体通过混合器均匀混合后，被吸入燃气发动机的气缸，当活塞到达下止点时，气缸内部充满混合气。

（2）压缩冲程。曲轴在飞轮惯性作用下被带动旋转，通过连杆推动活塞由下止点向上运动，同时排气门关闭，混合气被压缩。

（3）燃烧冲程。即膨胀冲程，活塞运动至上止点时，火花塞在点火线圈所产生的高压电流作用下产生火花，点燃气缸的可燃气。燃烧时产生的高温高压气体推动燃气内燃机活塞下行，通过连杆带动曲轴旋转，对外做功传递扭矩。

（4）排气冲程。活塞向下运动至下止点，此时排气门打开，进气门关闭。气缸内燃烧后的废气被活塞推出，沿排气道排出气缸外[1]。

上述过程的重复进行，使燃气内燃机连续不断地运转。

为了向气缸内供给燃料，燃气内燃机均设有燃气混合器系统，燃气内燃机通过安装在进气管入口端的混合器将空气和燃气按一定比例混合，然后经进气管供入气缸，由发动机点火系统控制的电火花定时点燃。

内燃机气缸内燃料燃烧使活塞、气缸套、气缸盖和气阀等零件受热，温度升高，为了保证内燃机正常运行，上述零件必须在允许的温度下工作，避免因过热而损坏，因此必须设置冷却系统。

与四冲程不同，二冲程是指在两个行程内完成一个工作循环，此期间曲轴旋转一圈。首先，当活塞在下止点时，进、排气口都开启，新鲜气体由进气口充入气缸，并扫除气缸内的废气，使之从排气口排出；随后活塞上行，将进、排气口均关闭，气缸内气体开始受到压缩，直至活塞接近上止点时点火或喷油，使气缸内可燃混合气燃烧；然后气缸内燃气膨胀，推动活塞下行做功；当活塞下行使排气口开启时，废气即由此排出，此后活塞继续下行至下止点，即完成一个工作循环。

燃气内燃机的排气过程和进气过程统称为换气过程。换气的主要作用是尽可能把上一循环的废气排除干净，使下一次循环供入尽可能多的新鲜气体，以使尽可能多的燃料在气缸内完全燃烧，提高对外做功效率。换气过程的好坏直接影响内燃机的性能，为此除了降低进、排气系统的流动阻力外，主要因素是使进、排气阀在最适当的时刻开启和关闭。

实际上，进气阀是在活塞运行至上止点前开启，以保证活塞下行时进气阀有较大的开度，这样可在进气过程开始时减小进气流动阻力，减少吸气所消耗的功，同时也可充入较多的新鲜气体。当活塞在进气行程中运行到下止点时，由于气流惯性，新鲜气体仍可继续充入气缸，故可使进气门在下止点后延迟关闭。

排气阀也在活塞运行至下止点前提前开启，即在膨胀行程后部分即开始排气，这是为了利用气缸内较高的燃气压力，使废气自动流出气缸，从而使活塞从下止点向上止点运动时气缸内气体压力降低，以减少活塞将废气排挤出气缸所消耗的功。排气门在上止点后关闭的目的是利用排气流动的惯性，使气缸内的残余废气排除得更彻底。

燃气内燃机性能主要包括动力性能和经济性能。动力性能是指内燃机发出的功率

（扭矩），表示内燃机在能量转换中转换量的大小，标志动力性能的参数有扭矩和功率等。经济性能是指发出一定功率时燃料消耗量的多少，表示能量转换中质的优劣，标志经济性能的参数有热效率和燃料消耗率。

燃气内燃机未来的发展将着重于改进燃烧过程，提高机械效率，减少散热损失，降低燃料消耗率；开发和利用非石油制品燃料、扩大燃料资源；减少排气中有害成分，降低噪声和振动，减轻对环境的污染；采用高增压技术，进一步强化内燃机燃烧效率，提高单机功率；研制复合式发动机、绝热式涡轮复合式发动机等；采用微处理机控制内燃机，使之在最佳工况下运转；加强结构强度的研究，以提高工作可靠性和寿命，不断研制新型内燃机[2]。

2.1.2 燃气内燃机主要厂家及产品特点

燃气内燃机厂家主要有美国卡特彼勒公司（Caterpillar）、美国康明斯公司（Cummins）、德国曼恩集团（MAN）、韩国斗山重工业集团等，各公司生产的燃气内燃机主要参数如表 2-1 所示。

表 2-1　各公司生产的燃气内燃机主要参数

项目	单位	制造厂			
		美国卡特彼勒公司	美国康明斯公司	德国曼恩集团	韩国斗山重工业集团
发电出力范围	kW	110～3385	315～2000	120～1550	100～300
供热出力范围	kW	243～3555	415～2300	194～1677	172～507
发电效率范围	%	27～37	36～41	35～41	33～35
总热效率范围	%	71～82	80～85	70～82	85～88

1. 美国卡特彼勒公司

美国卡特彼勒公司生产的燃气内燃机组参数如表 2-2 所示。

表 2-2　美国卡特彼勒公司生产的燃气内燃机组参数

项目	单位	机组型号				
		G33306TA	G3406LE	G3412TA	G3508LE	G3616TA
发电出力	kW	110	350	519	1025	3385
机组热耗	kJ/kWh	13192	10737	9719	10545	9.860
总燃耗量	m^3/h	41.6	107.7	144.6	297	957.0
废气余热	MJ/h	263	616	1166	2199	7445
废气温度	℃	540	450	453	445	446
废气排量	m^3/h	418	1278	2509	4815	51928
缸套冷却水出口温度	℃	99	99	99	99	88
缸套冷却水排热	MJ/h	594	1350	936	2937	2986
中冷器进口温度	℃	54	32	32	—	32

续表

项目	单位	机组型号				
		G33306TA	G3406LE	G3412TA	G3508LE	G3616TA
中冷器进口排热	MJ/h	18	83	216	—	2366
总余热	MJ/h	875	2049	2318	5139	12797
发电效率	%	27.29	33.53	37.04	34.14	36.51
供热效率	%	54.27	49.07	41.36	48.55	34.50
总热效率	%	81.56	82.60	78.40	82.68	71.07

注　燃气为天然气，热值为40000kJ/ m^3。

2. 美国康明斯公司

美国康明斯公司生产的燃气内燃机组参数如表2-3所示。

表2-3　　美国康明斯公司生产的燃气内燃机组参数

项目	单位	机组型号					
		315GFBA	C1160N5C	C1400N5C	C1540N54	C1750NC5	C2000N5C
额定出力	kW	315	1160	1400	1540	1750	2000
机组热耗	kJ/kWh	9973	9255	9000	10000	9375	9255
燃料耗量	m^3/h	89.1	303	345	417	465	503
烟气量	m^3/m	1980	5220	6156	8784	9900	1080
烟气温度	℃	510	469	438	517	508	482
天然气压力	kPa	20～600					
排气余热	kW	237	755	812	1107	1216	1232
冷却水余热	kW	178	698	791	671	684	1066
总余热	kW	415	1453	1603	1778	1900	2298
发电效率	%	36.1	38.9	40.4	36.0	38.4	38.9
供热效率	%	48.2	45.0	44.3	45.8	42.3	44.2
总效率	%	84.3	83.9	84.7	81.8	80.7	83.1

注　燃气为天然气，热值为40000kJ/m^3。

3. 德国曼恩集团

德国曼恩集团生产的燃气内燃机组参数如表2-4所示。

表2-4　　德国曼恩集团生产的燃气内燃机组参数

项目	单位	机组型号					
		ME3066DI	ME3042LI	ME3066DI	AE3042LI	ME70112ZI	ME70116ZI
燃机出力	kW	125	190	240	370	1200	1600
发电功率	kW	119	182	232	357	1160	1552

续表

项目		单位	机组型号					
			ME3066DI	ME3042LI	ME3066DI	AE3042LI	ME70112ZI	ME70116ZI
机组热耗		kJ/kWh	10318	10286	10167	9953	8766	8732
燃料耗量		m^3/h	34.1	52	65.5	98.7	282.4	376.4
天然气压力		kPa	0.007				0.015	
总余热		kW	194	279	369	388	1260	1677
发电效率		%	34.89	35.00	35.41	36.17	41.07	41.23
总效率		%	82.6	79.79	82.58	67.93	77.12	77.20
外形尺寸	长度	m	3.65	3.52	3.55	3.96	6.00	5.55
	宽度	m	0.96	1.80	1.81	1.67	1.80	1.80
	高度	m	1.88	2.06	2.20	2.06	2.30	2.30
净重/湿重		t	3.5/3.7	4.2/4.5	4.5/4.8	3.3/3.5	12.7/13.9	15.5/15.5

注　燃气为天然气，热值为 40000kJ/m^3。

4. 韩国斗山重工业集团

韩国斗山重工业集团生产的燃气内燃机热电联产机组是将内燃机、发电机、余热回收设备、电气、控制等设备组合在一起的柜式机组。这种燃气内燃机热电联产机组参数如表 2-5 所示。

表 2-5　　韩国斗山重工业集团生产的燃气内燃机热电联产机组参数表

项目		单位	机组型号				
			DSC130	DSC–170	DSC230	DSC290	DSC350
额定出力		kW	108	148	195	248	300
机组热耗		kJ/kWh	10405	10375	10345	10485	10714
转速		r/min	1500	1500	1500	1500	1500
供热能力		kW	172	237	307	398	507
燃料耗量		m^3/h	28.6	39.1	51.3	66.1	81.8
发电效率		%	34.6	34.7	34.8	34.4	33.6
综合效率		%	88.4	88.6	88.2	88.0	88.7
热水水量（70～90℃）		m^3/h	7.4	10.2	13.2	17.1	21.8
蒸汽流量		kg/h	240	328	427	553	703
蒸汽压力/温度		MPa/℃	0.40/143				
内燃机	功率	kW	108	148	195	248	300
	形式	—	GE08TIC	GE12TI	GV158T	GV180TI	GV222TI
噪声		dB（A）	75				

续表

<table>
<tr><th colspan="2" rowspan="2">项目</th><th rowspan="2">单位</th><th colspan="5">机组型号</th></tr>
<tr><th>DSC130</th><th>DSC-170</th><th>DSC230</th><th>DSC290</th><th>DSC350</th></tr>
<tr><td rowspan="2">燃料</td><td>种类</td><td>—</td><td colspan="5">天然气（低位发热量为 39300kJ/m³）</td></tr>
<tr><td>压力</td><td>kPa</td><td colspan="5">5.5</td></tr>
<tr><td rowspan="3">柜机尺寸</td><td>长度</td><td>m</td><td>3.36</td><td colspan="2">3.5</td><td colspan="2">4.3</td></tr>
<tr><td>宽度</td><td>m</td><td colspan="3">2.15</td><td colspan="2">2.4</td></tr>
<tr><td>高度</td><td>m</td><td colspan="3">2.23</td><td colspan="2">2.5</td></tr>
<tr><td colspan="2">质量</td><td>kg</td><td>6000</td><td>6500</td><td>7500</td><td>8000</td><td>8500</td></tr>
</table>

分布式供能系统的内燃机，一般在工厂预制成柜式机组，运输、现场安装、调试方便，机组尺寸紧凑，能够减少噪声，节省占地。

2.1.3 燃气内燃机分布式供能系统应用

如图 2-2 所示，燃气内燃机分布式供能系统主要由内燃机发电系统和余热回收系统组成。余热回收系统由两部分组成，即烟气余热回收系统和缸套冷却水余热回收系统。烟气余热以蒸汽或热水方式回收，缸套冷却水余热以热水方式回收。

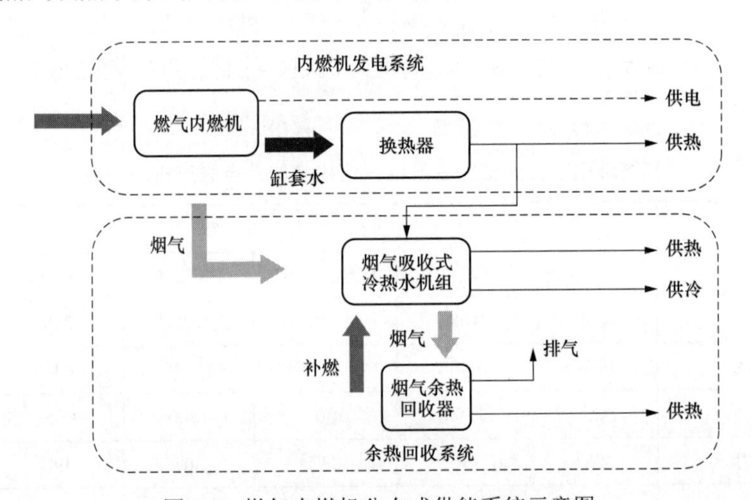

图 2-2 燃气内燃机分布式供能系统示意图

内燃机分布式供能系统发电容量一般为 10kW～8MW，近几年民用领域占比较高的机组发电容量是 300～1000kW，发电效率（LHV 标准）为 28%～45%，而适用于集中供热的发电容量超过 5000kW 的大型机组效率高于 45%，图 2-3 为内燃机热电联供能源利用效率示意图。

内燃机余热利用方式多种多样，如生产热水、蒸汽、冷水，下面具体介绍一下内燃机余热的不同利用方式。

1. 内燃机+排气余热吸收式冷热水机组分布式供能系统

图 2-4 为内燃机+排气余热吸收式冷热水机组分布式供能系统，这种系统里内燃机排气直接进入吸收式冷热水机组，为供热、空调、热水供应系统提供冷水或热水。

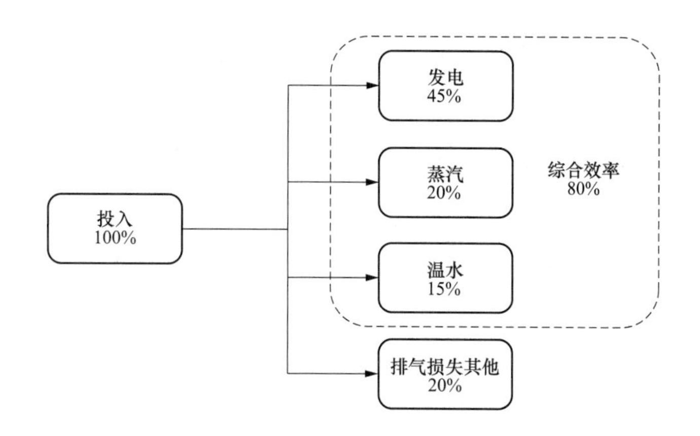

图 2-3　内燃机热电联供能源利用效率示意图

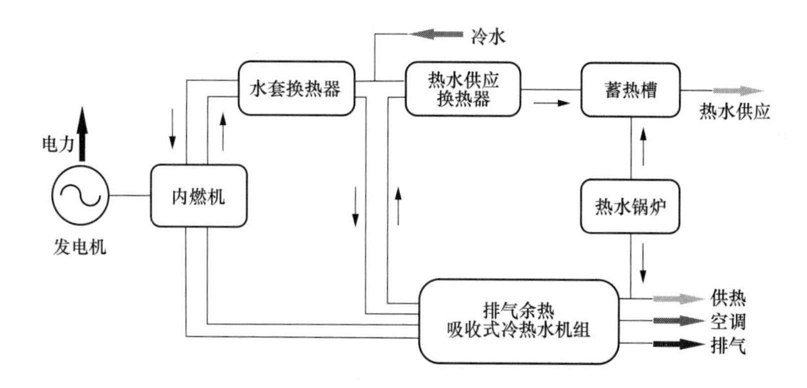

图 2-4　内燃机+排气余热吸收式冷热水机组分布式供能系统示意图

2. 内燃机+排气换热器分布式供能系统

图 2-5 为内燃机+排气换热器分布式供能系统，内燃机排气直接进入排气换热器生产热水，热水进入热水型吸收式冷水机组、供暖换热器、热水供应换热器供给用户冷、热，其中热水锅炉提供补充热源。

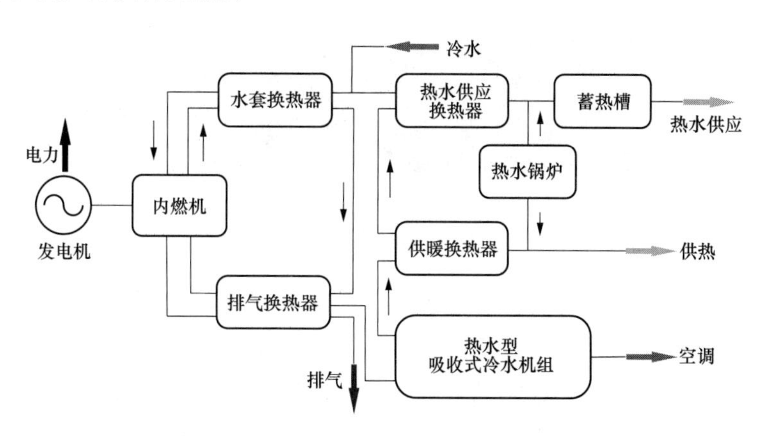

图 2-5　内燃机+排气换热器分布式供能系统示意图

3. 内燃机+余热锅炉分布式供能系统

如图 2-6 所示，为内燃机+余热锅炉分布式供能系统，内燃机排气直接进入余热锅炉生产出蒸汽，并与蒸汽锅炉生产的蒸汽在分汽缸中混合，进入热水型吸收式冷水机组、供暖换热器、热水供应换热器供给用户冷、热。

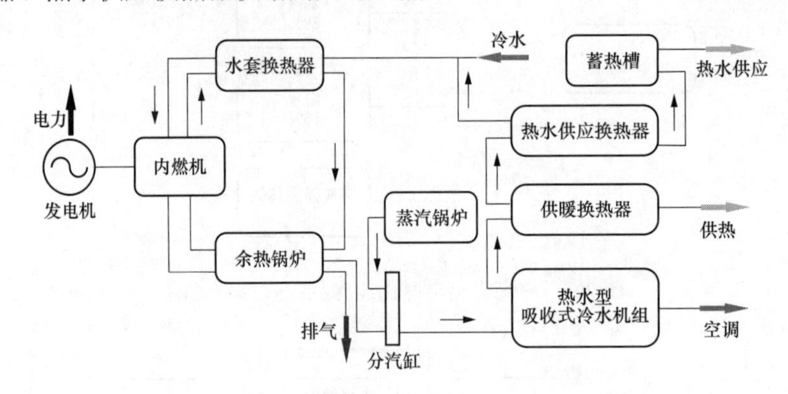

图 2-6　内燃机+余热锅炉分布式供能系统示意图

2.2　航改型燃气轮机及微型燃气轮机分布式供能系统

2.2.1　航改型燃气轮机及微型燃气轮机的结构和工作原理

1. 燃气轮机基本结构

燃气轮机是一种以连续流动的气体作为工质，把热能转换为机械能的旋转式动力机械，其基本结构如图 2-7 所示。在空气和燃气的主要流程中，由压缩机、燃烧器和透平这三大部件组成的燃气轮机循环，通常称为简单循环。大多数燃气轮机均采用简单循环方案，因为它具有结构最简单，体积小、质量小、启动快、少用或不用冷却水等许多优点。

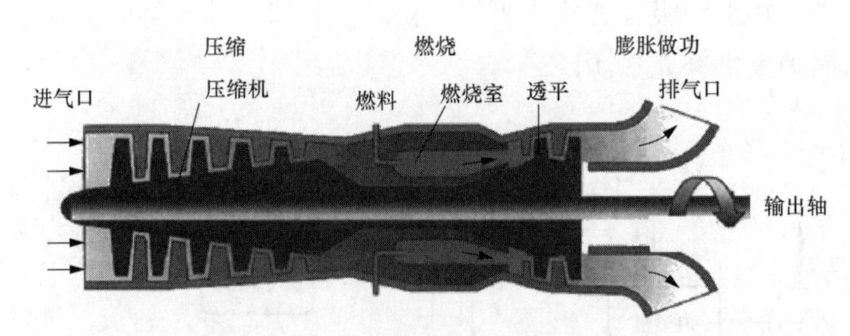

图 2-7　燃气轮机的基本结构示意图

简单循环是燃气轮机最简单的工作过程，此外，还有回热循环和复杂循环。燃气轮机的工质来自大气，最后又排至大气，是开式循环；此外，还有工质被封闭循环使用的闭式循环，燃气轮机与其他热机相结合称为复合循环装置。燃气初温和压气机的压缩比，是影响燃气轮机效率的两个主要因素，提高燃气初温，并相应提高压气机的压缩比，可使燃气轮机效率显著提高[3]。

2. 燃气轮机基本工作原理

如图 2-8 所示，燃气轮机的工作原理为：压气机（即压缩机）连续地从大气中吸入空气并将其压缩；压缩后的空气进入燃烧室，与喷入的燃料混合后燃烧，形成高温、高压燃气，随即流入燃气涡轮中膨胀做功，推动涡轮叶轮带着压气机叶轮一起旋转；加热后的高温燃气做功能力显著提高，从而把燃料中的化学能部分地转变为机械功。燃气涡轮在带动压气机的同时，尚有余功作为燃气轮机的输出机械功。燃气轮机由静止启动时，需用启动机带动旋转，待加速到能独立运行后，启动机才脱开。

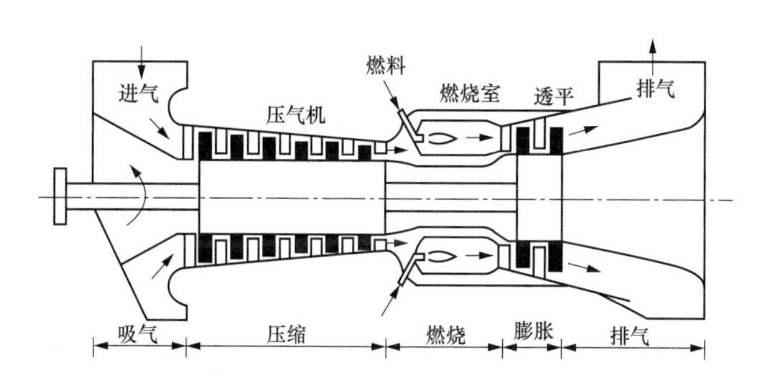

图 2-8 燃气轮机基本原理图

3. 燃气轮机发电机组主要系统

燃气轮机发电机组主要系统包括润滑油系统、燃料供应系统、燃气轮机启动系统、燃气轮机控制系统、发电和控制系统、进气系统、燃气隔声及消防系统等。

（1）润滑油系统。燃气轮机润滑系统是重要的辅助系统之一。它在机组启动、正常运行以及停机过程中，向正在运行的燃气轮机发电机组的各个轴承、传动装置及其辅助设备，供应充足的、温度压力合适的、干净的润滑油，以确保机组安全可靠的运行，防止发生轴承烧坏、转子轴颈过热弯曲、高速齿轮法兰变形等事故。此外部分润滑油可作为液压系统油源。

润滑油系统主要包括主润滑油泵（燃气轮机齿轮箱直接驱动）、辅助润滑油泵、应急润滑油泵、润滑油箱和加热器、润滑油过滤器、润滑冷却器等。

（2）燃料供应系统。燃气轮机使用燃料有天然气、液化天然气（liquefied natuval gas，LNG）、液化石油气（liquefied petroleum gas，LPG）、沼气、柴油等。燃料系统可以设计成单燃料、双燃料或三燃料系统。在分布式供能系统中，一般使用天然气作为主要燃料。

天然气燃料系统的主要部件包括第一级燃料关断阀、第二级燃料关断阀（备用）、过滤器、燃料调节阀、燃料母管、燃料喷嘴、火炬点火器、燃气压力传感器。第一级和第二级关断阀是气动控制阀，只有燃气压力达到一定值后才能开启，起安全作用。燃料调节阀可以用气动或电动执行机构。

（3）燃气轮机启动系统。燃气轮机从静止状态到一定的速度，需要借助外力驱动。燃气轮机盘车加速后，开始吹扫。吹扫时间和后面配置的余热回收装置相关，余热回收装置越大则吹扫时间越长。吹扫结束后，燃气轮机开始加速，达到额定转速 65%～70%

时开始点火，燃气轮机靠自身的动力旋转，达到70%转速后，离合器脱开，燃气轮机自行旋转。

单轴燃气轮机转动惯量大，需要启动功率大；双轴燃气轮机转动惯量小，需要启动功率小。启动方式有电液耦合装置或变频电动机驱动。随着变频驱动器技术的进步，越来越多采用变频电动机驱动方式。一个15000kW单轴燃气轮机，若采用电液耦合装置启动，电动机功率需要800～1000kW，若采用变频驱动，大约需要250kW就够了。

（4）燃气轮机控制系统。燃气轮机控制系统主要由控制器、传感器和执行机构构成。控制器通常采用双冗余或三冗余系统。控制器可以直接做在燃气轮机撬上，也可做成控制柜，到现场再安装接线。

控制系统通常还包含燃气轮机和齿轮箱振动监测、燃气轮机推力轴承温度监视、辅助远程控制器、保护停机系统和各类通信接口等。

（5）发电和控制系统。燃气轮机的旋转动能经过减速齿轮箱后，将转速降到3000r/min或1500r/min，驱动发电机。发电机可以是空冷式，也可以是水冷式，一般功率较小的发电机采用空冷式较多。发电机配合控制器，要满足如下控制功能：自动同期；电压调节；发电机振动监视系统；发电机轴承和定子线圈温度控制系统；自动启动和同期；功率控制；功率因素控制；差动保护；零序保护等。

（6）进气系统。燃气轮机对燃烧需要的空气质量要求较高，空气中的杂质和有害物、粉尘颗粒、碱金属、水雾等如果直接进入燃气轮机，会严重影响燃气轮机的性能及寿命。在实际使用燃气轮机的场合，特别是在陆地使用环境中，大部分燃气轮机损坏是因空气过滤系统造成的。一般根据当地环境条件和空气污染物的不同可以采用静态过滤器、反吹自清式过滤器、多级组合式过滤器对空气进行过滤净化。

在进气系统中应设置进气消声器，降低进气口非常高的空气流动噪声。

（7）燃气隔声及消防系统。汽轮发电机组噪声属于高频低振幅噪声，根据环保要求，一般需要安装隔声罩。另外，设计规范要求防火，因此消防系统也包括在内。燃气隔声及消防系统包括如下主要设备：含隔声材料的全机组隔声板；内部部件吊装导轨架；可燃气体监测系统；火焰探头；防尘过滤器；消防系统，二氧化碳钢屏柜；机罩进气通风消声器；机罩排气通风消声器；机罩内部照明设备。

4. 微型燃气轮机的工作原理

如图2-9所示，微型燃气轮机的工作原理为：燃气经气体压缩机后由燃料喷嘴喷入燃烧室，与来自压缩机的空气经过回热器的空气混合进行燃烧，将燃料的化学能转化为热能，产生高温高压烟气进入涡轮透平机膨胀做功推动透平叶片高速转动，将烟气热能转变为透平叶片的机械能，涡轮透平通过传动轴（气浮轴承）带动永磁发电机发电，将转轴的机械能转换为电能，产生变频变压的交流电。

而在燃气轮机中，压气机是由燃气透平膨胀做功来带动的，它是透平负载。在简单循环中，透平发出的机械能有1/2～2/3用来带动压气机，直到燃气透平发出的机械功大于压气机消耗的机械功，外界启动机脱扣，燃气轮机才能自身独立工作。

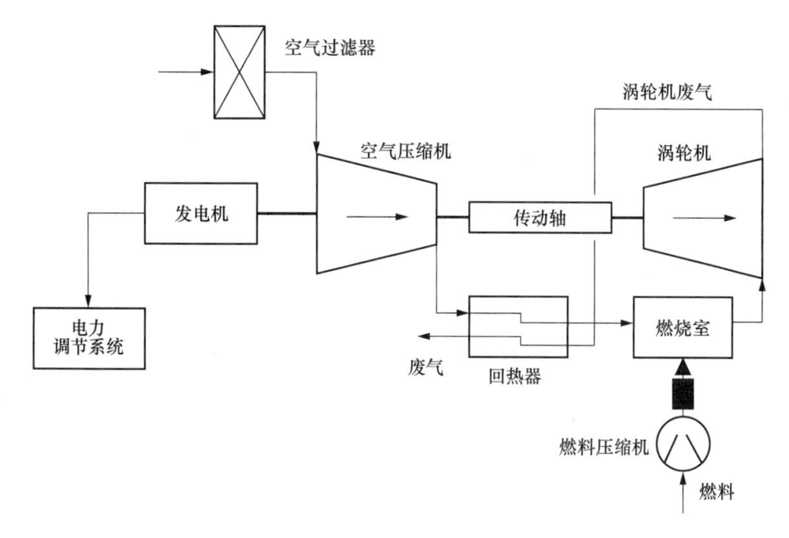

图 2-9 微型燃气轮机的工作原理图

微型燃气轮机的主要动力是由布雷顿循环或者称之为等压循环产生的，有些具有回流换热功能，有些没有。与大型燃气轮机的压缩比相比，微型燃气轮机工作时的压缩比比较低。在回流换热系统中，压缩比直接与进气和排气之间的温度差成比例。从而使得排放的热能可以引入到回流换热器，使得循环效率增加，可到达 30%，而没有回流换热器的微型燃气轮机的效率只有 17%。

5. Capstone 微型燃气轮机

Capstone 微型燃气轮机是热电联供机组，如图 2-10 所示，主要由发电机、压缩机、涡轮机、回热器、发电冷却风机、空气轴承、数字式电能控制器（将高频电能转换为并联电网频率 50/60Hz，提供控制、保护和通信），这种微型燃气轮机的独特设计之处在于它的压缩机和发电机安装在一根轴上，该轴由空气轴承支撑，在很薄的空气膜上以 96000r/min

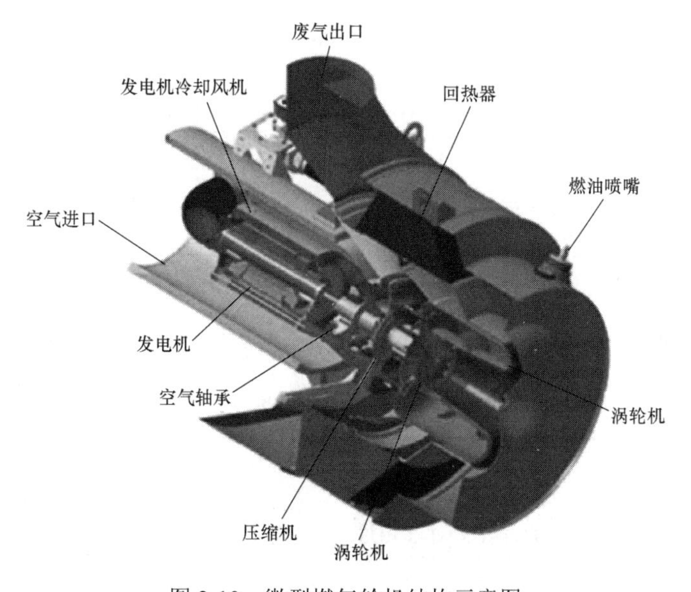

图 2-10 微型燃气轮机结构示意图

转速旋转。这是整个装置中唯一的转动部分，它完全不需要齿轮箱、油泵、散热器和其他附属设备。

这种微型燃气轮机采用了几项关键技术：

（1）空气轴承。空气轴承支撑着系统中唯一的转动轴。它不需要任何润滑，从而节约了维修成本，避免了由润滑不当产生的过热问题，提高了系统的可靠性。它可以使微型燃气轮机以最大输出功率每天24h全年连续运行。

（2）燃烧系统技术。燃烧系统设计使其成为最清洁的化石燃料燃烧系统，不需要进行燃烧后的污染控制。

（3）数字式电能控制器。将电力电子技术与高级数字控制相结合实现了多种功能，如调节发电机发电功率、实现多个燃气轮机成组控制、调节不同相之间的功率平衡、允许远程调试和调度、快速削减出力、切换并网运行模式和独立运行模式。数字式电能控制监视器可监视多达200个变量，它可控制发电机转速、燃烧温度、燃料流动速度等变量，所有操作可在一套界面友好的软件系统上进行[4]。

微型燃气轮机在生产电力的同时回收利用燃烧后的废热，可以供给供暖及空调系统，使其在医院、机场、楼宇领域得到广泛应用。

2.2.2 航改型燃气轮机及微型燃气轮机厂家及产品特点

燃气轮机设备主要厂家有美国索拉透平公司（Solar Turbines）、川崎重工株式会社、美国通用电气公司（GE）、三菱日立电力系统公司，中国航发动力科技工程有限责任公司，微燃机厂家主要是美国凯普斯通涡轮公司（Capstone Turbine），这几个厂家的燃气轮机参数范围如表2-6所示。

表2-6 燃气轮机主要参数

项目	单位	制造厂					
		美国索拉透平公司	川崎重工株式会社	美国通用电气公司	三菱日立	中国航发动力科技工程有限责任公司	美国凯普斯通涡轮公司
发电出力范围	MW	1.2～15	0.6～18	18～50	17～98	2～26	0.03～1
供热出力范围	MW	2.5～18	1.8～26	20～40	21～110	11～32	0.05～1.2
发电效率范围	%	24～35	20～33	34～40	34～37	23～36	26～33
总热效率范围	%	73～80	73～82	70～76	76～82	81～83	72～73

1. 美国索拉透平公司

美国索拉透平公司生产的燃气轮机参数如表2-7所示。

表2-7 美国索拉透平公司生产的燃气轮机参数

项目	单位	燃气轮机型号							
		土星20 SATURN	半人马40 CENTAUR	金牛60 TAURUS	金牛65 TAURUS	金牛70 TAURUS	火星90 MASR	火星100 MASR	大力神130 TITAN
发电容量	kW	1210	3515	5670	6300	7552	9450	10690	15000

续表

项目	单位	燃气轮机型号							
		土星 20 SATURN	半人马 40 CENTAUR	金牛 60 TAURUS	金牛 65 TAURUS	金牛 70 TAURUS	火星 90 MASR	火星 100 MASR	大力神 130 TITAN
机组热耗	kJ/kWh	14795	12910	11425	10945	10650	11300	11090	10232
发电效率	%	24.33	27.89	31.51	32.89	33.80	31.86	32.46	35.18
燃气耗量	m^3/h	494	1253	1789	1904	2221	2945	3273	4237
机组排气量	kg/h	23540	67004	78280	75945	97000	144590	150390	179125
排气温度	℃	505	435	510	549	490	465	485	496
回收余热	kW	2450	5700	8256	8850	9720	13490	14860	18240
机组热效率	%	74.6	73.9	78.4	80.0	80.4	78.3	78.5	77.2

注 燃气为天然气，热值为 36220kJ/m^3；余热换热器排气温度为 125℃。

2. 日本川崎重工株式会社

川崎重工株式会社在燃气轮机的生产方面，累计生产超过 7000 余台，其中热电联产机组已销售超过 500 台。不仅应用于民用领域（主要包括医院、学校等），同时在电信、化工、机械等工业领域也得到了广泛使用，其燃气轮机参数如表 2-8 所示。

表 2-8 日本川崎重工株式会社生产的燃气轮机参数

项目		单位	燃气轮机型号						
			06	15D	30D	60D	70D	80D	180D
发电容量		kW	610	1450	2850	5280	6530	7250	17970
转速		r/min	1500	1500	1500	1500	1500	1500	1500
热耗		kJ/kWh	19062	15269	15499	12457	12085	11009	10690
发电效率		%	18.89	23.58	23.23	28.90	29.80	32.70	33.68
燃气耗量		kJ/s	3230	6150	12270	18270	21920	22170	53380
燃气耗量		m^3/h	291	554	1104	1644	1973	1995	4809
排 气 量		kg/s	5.01	7.92	15.8	21.6	26.6	26.8	59.2
排气温度		℃	477	534	534	545	516	512	545
余热	蒸汽量	t/h	2.49	4.70	9.40	13.4	15.0	14.9	36.8
	汽压	MPa	0.83						
	汽温	℃	177						
	热负荷	kW	1750	3300	6590	9400	10520	10470	25760
噪声		dB	85（距箱体 1mm 处）、90（距消声器出口）						
总热效率		%	73.0	77.2	76.9	80.3	77.7	79.8	81.9
布置尺寸	长	m	14	16	19	29	29	30	41
	宽	m	10	11	12.5	15	15	15	20

注 燃气为天然气，热值为 40000kJ/m^3。

3. 美国通用电气公司

美国通用电气公司生产的轻型燃气轮机有18～100MW范围内多种机型，可以灵活地使用在分布式供能系统，其中LM2500型燃气轮机具有最优的运行经验，运行小时数超过250万h，LM2500型机组可靠性高达99%以上。美国通用电气公司生产的轻型燃气轮机主要参数如表2-9所示。

表2-9　美国通用电气公司生产的轻型燃气轮机参数

型号	单位	燃气轮机型号					
		LM2000PS	LM2500PE	LM2500PH	LM2500+RC	LM6000PF	LM6000PS SPRINT
发电出力	MW	18.363	23.060	26.510	36.024	42.732	50.836
热耗	kJ/kWh	10647	10591	9155	9771	8673	8943
压比	—	16.0:1	18.0:1	19.4:1	23.1:1	30.1:1	23.3:1
转速	r/min	3000	3000	3000	3600	3600	3600
燃料耗量	m^3/h	4888	6106	6068	8800	9265	11366
排气量	kg/s	66	72	76	97	126	136
排气温度	℃	463	517	498	507	451	446
供热出力	MW	20.000	25.00	25.23	33.00	37.93	39.33
发电效率	%	33.81	33.99	39.32	36.84	41.51	40.25
总热效率	%	70.64	70.84	76.74	70.59	78.35	71.40

注　燃气为天然气，热值为40000kJ/m^3。

4. 日本三菱日立公司

日本三菱日立公司生产的H-15、H-25型燃气轮机，从1988年开始商业运行，至今运行在世界各地，具有机组效率高，模块化设计占地小，低排放等特点，其燃气轮机参数如表2-10所示。

表2-10　日本三菱日立公司生产的燃气轮机参数

项目	单位	燃气轮机型号		
		H-15	H-25	H-80
发电容量	MW	16.9	32.0	97.7
热耗	kJ/kWh	10500	10350	9860
发电效率	%	34.4	34.8	36.5
燃气耗量	m^3/h	4166	8280	24083
排气量	kg/s	52.9	96.6	289
排气温度	℃	564	561	538
供热出力	MW	21.0	38.0	108.0
NO_x排放量	μL/L	25	25	25
总热效率	%	82.0	76.1	77.0

注　燃气为天然气，热值为40000kJ/m^3。

5. 中国航发动力科技工程有限责任公司

中国航发动力科技工程有限责任公司隶属于中国航空发动机集团，是国内唯一一家拥有自主知识产权的以航空发动机技术衍生产品为核心业务的高科技公司，其机组参数如表2-11所示。

表2-11　中国航发动力科技工程有限责任公司生产的燃气轮机

项目	单位	燃气轮机型号			
		QD20	QD70	QD128	QD280
发电容量	MW	2	7	11.5	26.7
热耗	kJ/kWh	15650	11691	13337	9850
发电效率	%	23.0	30.8	28.0	36.6
燃气耗量	MW	8.70	22.73	41.07	72.95
燃气耗量	m^3/h	783	2046	3834	6575
排气量	kg/s	20.3	27.6	60.47	91.12
排气温度	℃	450	560	495	480
供热出力	MW	—	11.90	22.40	32.47
NO_x排放量	μL/L	—	—	—	—
总热效率	%	—	83.0	82.5	81.1

注　燃气为天然气，热值按40000kJ/m^3计算。

6. 美国凯普斯通公司

美国凯普斯通公司生产的微型燃气轮机规格如表2-12所示。

表2-12　美国凯普斯通公司生产的微型燃气轮机规格

项目	单位	型号系列			
		C30系列	C65系列	C200系列	C1000系列
额定发电出力	kW	30	65	200	600、800、1000
额定发电电压	V	400～480	400～480	400～480	400～480
额定发电周波	Hz	50/60	50/60	50/60	50/60
最大稳态输出电流	A	46	100	310	930、1240、1550
发电效率	%	26	29	33	33

美国凯普斯通公司生产的微型燃气轮机外形尺寸如表2-13所示。

表2-13　美国凯普斯通公司生产的微型燃气轮机外形尺寸　（mm）

微型燃气轮机形式		型号系列			
		C30系列	C65系列	C200系列	C1000系列
工业型	高度	1800	1900	2500	2900

续表

微型燃气轮机形式		型号系列			
		C30 系列	C65 系列	C200 系列	C1000 系列
工业型	宽度	760	760	1700	2400
	长度	1500	2000	3800	9100
海上型	高度	2337	2467	3100	—
	宽度	940	942	1900	—
	长度	2263	2644	3100	—
防爆型	高度	2334	2477	3100	—
	宽度	924	924	1900	—
	长度	2854	3233	3200	—
热电联产型（低排放型）	高度	—	2360（2600）	—	—
	宽度	—	760（760）	—	—
	长度	—	2200（2200）	—	—

美国凯普斯通公司生产的微型燃气轮机主要性能参数如表 2-14 所示。

表 2-14　美国凯普斯通公司生产的微型燃气轮机主要性能参数

项目	单位	燃气轮机型号					
		C30 型	C65 型	C200 型	C600 型	C800 型	C1000 型
发电容量	kW	30	65	200	600	800	1000
热耗	MJ/kWh	13.8	12.4	10.9	10.9	10.9	10.9
发电效率	%	26	29	33	33	33	33
燃气耗量	m^3/h	11.7	22.7	61.5	184.4	245.8	307.3
燃气耗量	MJ/h	415	807	2182	6545	8727	10909
排气量	kg/s	0.31	0.49	1.33	4.00	5.30	6.70
排气温度	℃	275	309	280	280	280	280
供热出力	kW	54	99	235	707	937	1185
总热效率	%	73	73	72	72	72	72

注　燃气为天然气，发热值按 35500kJ/m^3 计算。

美国凯普斯通公司生产的微型燃气轮机质量如表 2-15 所示。

表 2-15　美国凯普斯通公司生产的微型燃气轮机质量　（kg）

项目	型号系列			
	C30 系列	C65 系列	C200 系列	C1000 系列
工业型	578	1450	4400	—
海上型	1049	1450	4400	—

续表

项目	型号系列			
	C30 系列	C65 系列	C200 系列	C1000 系列
防爆型	—	1573	4545	—
热电联产型	—	1450	—	—

2.2.3 燃气轮机及微燃机分布式供能系统应用

燃气轮机分布式供能系统主要由燃气轮机驱动发电系统和排气余热回收系统组成。余热回收系统是回收发电排气的余热，排气余热以蒸汽方式回收利用。

用于分布式供能系统燃气轮机的发电量一般为 1～80MW，虽然发电效率略低于内燃机，但可以回收余热生产高参数的蒸汽，可以为工业用户提供工艺用汽，经济性较高，尤其是供热用燃气轮机，可以根据生产用汽和用电需求调节其负荷。燃气轮机运行噪声属于高周波，容易采取防噪声、防震等措施。

燃气轮机发电机组能在无外界电源的情况下快速启动与加载，很适合作为紧急备用电源和电网中尖峰负荷的调峰电源，能够较好地保障电网的安全运行[5]。

燃气轮机分布式供能系统能源利用效率示意如图 2-11 所示。

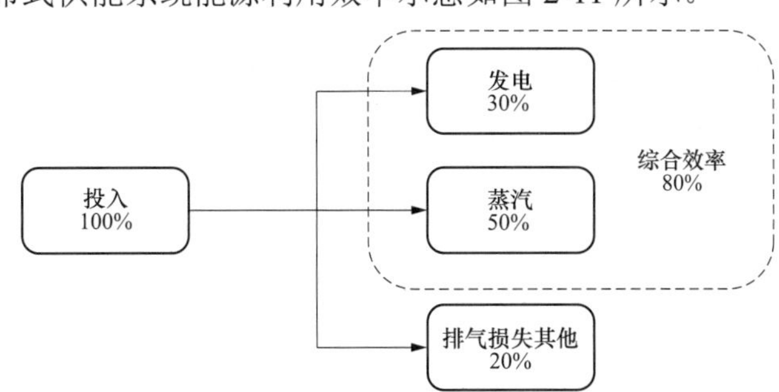

图 2-11　燃气轮机分布式供能系统能源利用效率示意图

燃气轮机热能利用流程如图 2-12 所示。

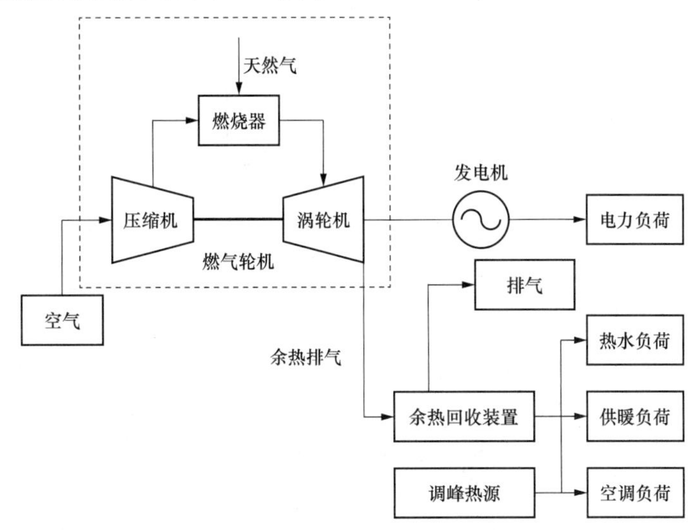

图 2-12　燃气轮机热能利用流程图

1. 燃气轮机+余热锅炉分布式供能系统

如图 2-13 所示，为燃气轮机+余热锅炉分布式供能系统。这种系统是最常见的系统，燃气轮机发电之后尾气进入余热锅炉生产蒸汽，蒸汽可以通过汽水换热器生产热水供给供热系统，实现热水采暖和热水供应；蒸汽通过吸收式冷水机组生产冷水，供给空调系统。

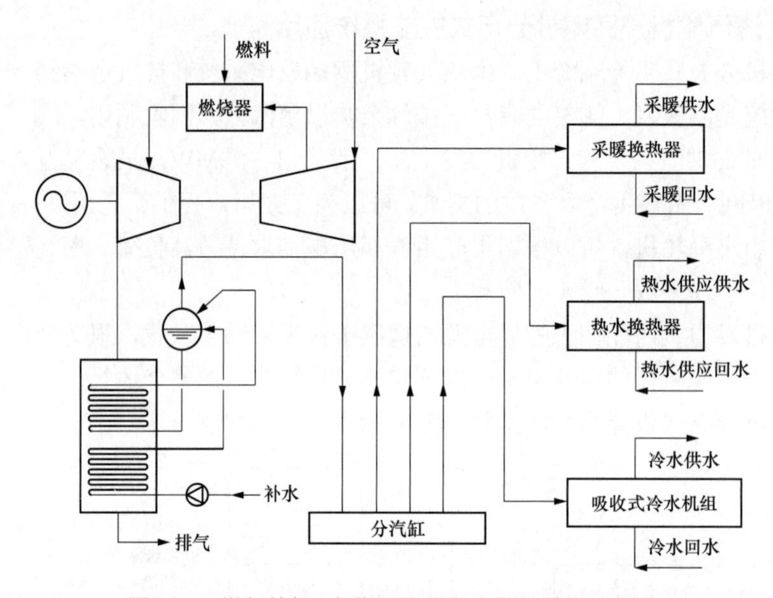

图 2-13 燃气轮机+余热锅炉分布式供能系统示意图

某大型酒店（建筑面积为 $3\times10^4m^2$）燃气轮机和余热锅炉分布式供能系统示意如图 2-14 所示。

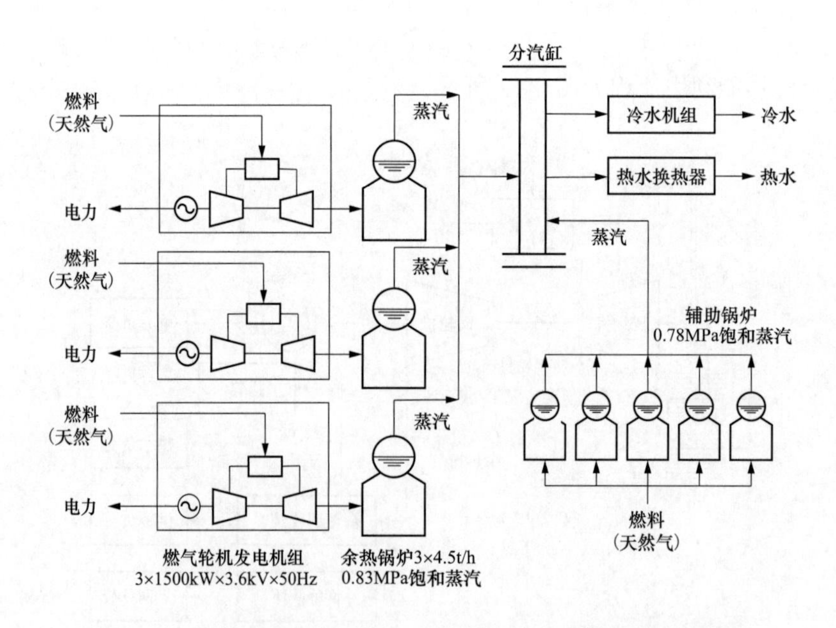

图 2-14 某大型酒店燃气轮机+余热锅炉分布式供能系统示意图

2. 燃气轮机+吸收式冷热水机组分布式供能系统

如图 2-15 所示，为燃气轮机+吸收式冷热水机组分布式供能系统。在这个系统中，燃气轮机排出的高温烟气直接进入直燃型吸收式冷热水机组，以烟气作为热源驱动冷热水机组，为供热、空调、热水供应系统提供热水及冷水。这种系统比较简单，省去了余热锅炉，热水直接接入采暖和热水供应系统，冷水直接接入空调冷水系统，但对于需要供蒸汽的情况下，本系统不大合适。

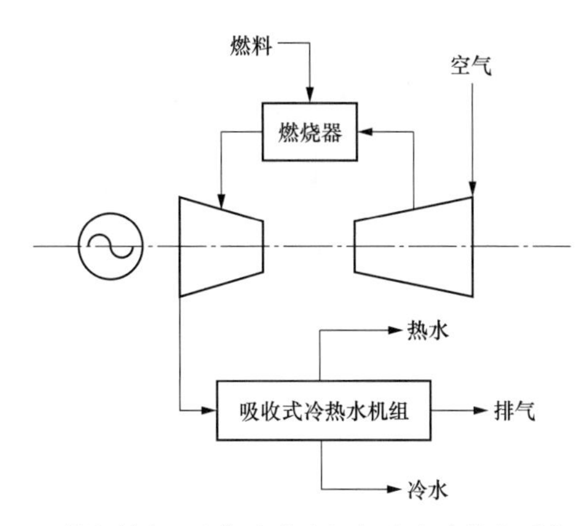

图 2-15 燃气轮机+吸收式冷水机组分布式供能系统示意图

3. 燃气轮机+余热锅炉+电动热泵分布式供能系统

如图 2-16 所示，为燃气轮机+余热锅炉+电动热泵分布式供能系统，这种系统利用燃气轮机发出的电力驱动电动热泵生产热水或冷水，冬季补充供热负荷，夏季补充空调负荷，这样可以利用燃气轮机发的电实现供热和制冷，热泵机组需要有污水、海水或地下水等余热水源。

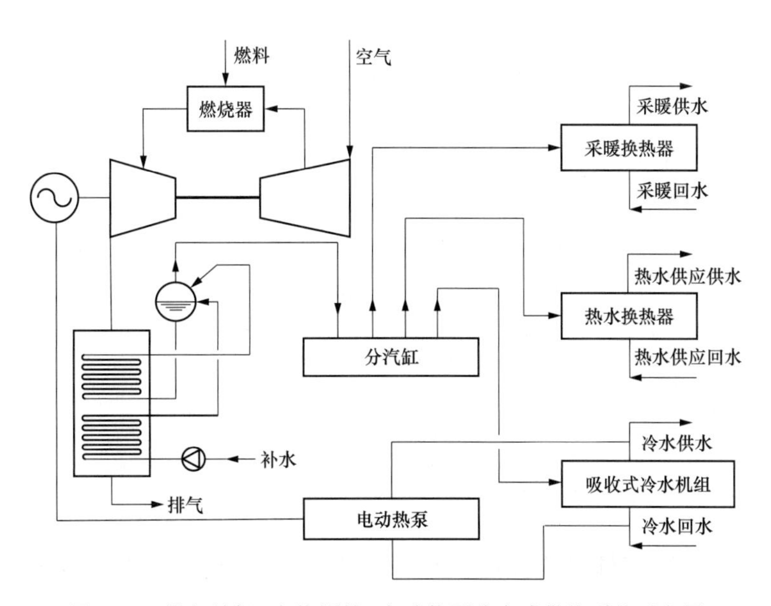

图 2-16 燃气轮机+余热锅炉+电动热泵分布式供能系统示意图

4. 燃气轮机+余热锅炉+电动冷热水机组分布式供能系统

如图 2-17 所示，为燃气轮机+余热锅炉+电动冷热水机组分布式供能系统，其利用燃气轮机发的电驱动电动冷热水机组，补充吸收式冷水机组制冷量的不足。

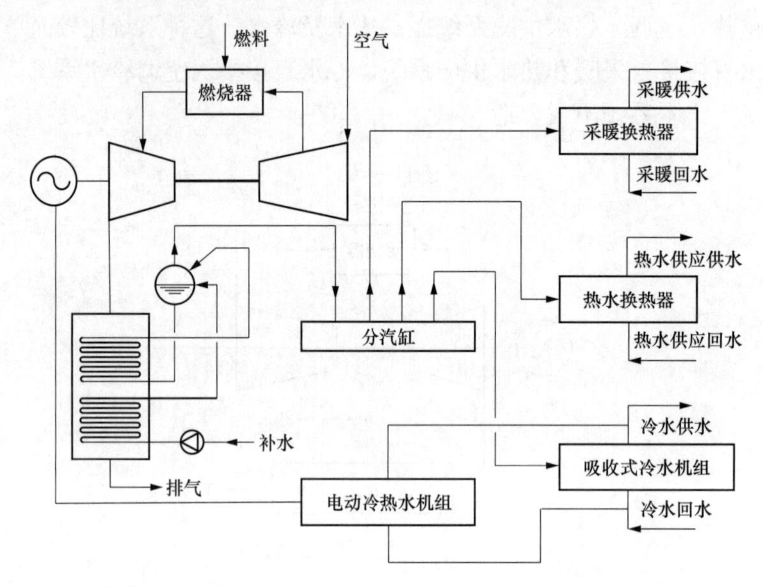

图 2-17　燃气轮机+余热锅炉+电动冷热水机组分布式供能系统示意图

5. 燃气轮机+吸收式冷热水机组+电动冷热水机组分布式供能系统

如图 2-18 所示，为燃气轮机+吸收式冷热水机组+电动冷热水机组分布式供能系统，同样，这种机组也是利用燃气轮机发的电驱动电动冷热水机组，从而补充吸收式冷热水机组冷水量的不足。

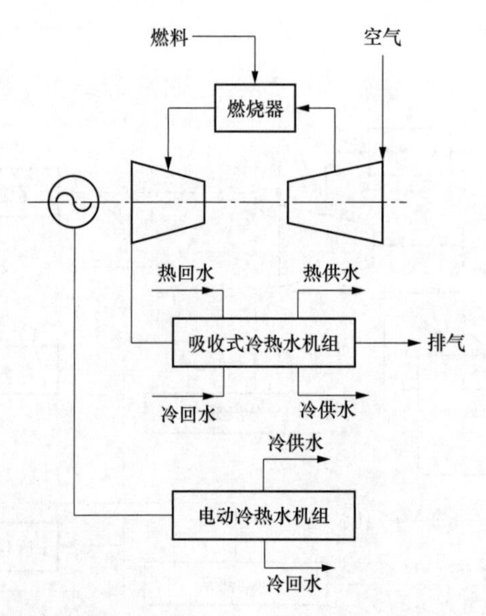

图 2-18　燃气轮机+吸收式冷热水机组+电动冷热水机组分布式供能系统示意图

燃气轮机+吸收式冷水机组+电动冷水机组大型冷水系统示意如图 2-19 所示。

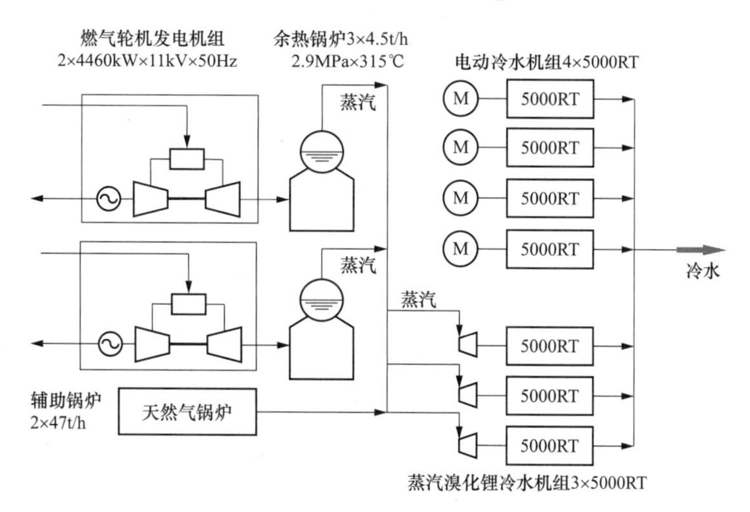

图 2-19　燃气轮机+吸收式冷水机组+电动冷水机组大型冷水系统示意图

注：RT 表示冷吨，图中指美国冷吨，1RT=3024kcal/h=3.517kW。

6. 燃气轮机+余热锅炉+太阳能供热分布式供能系统

为了进一步提高供能系统效率，可以利用太阳能来补充系统能量，太阳能供热系统作为余热锅炉补水，提高补水温度，提高热效率。如图 2-20 所示，为燃气轮机+余热锅炉+太阳能供热系统。

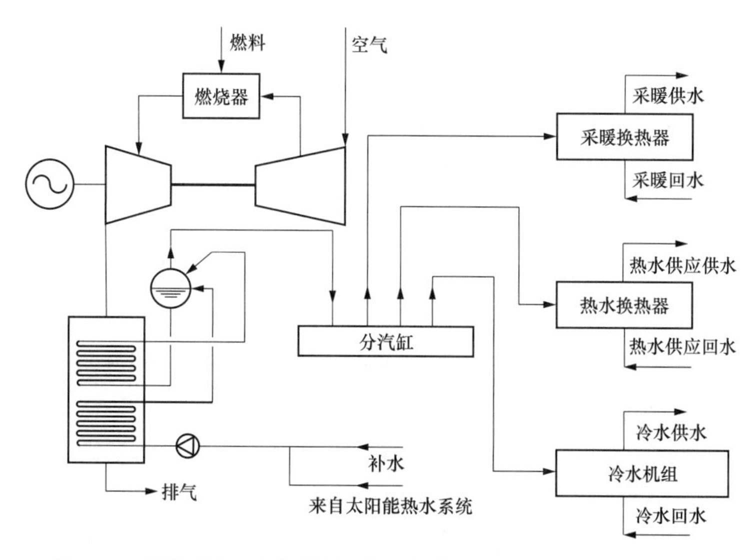

图 2-20　燃气轮机+余热锅炉+太阳能供热分布式供能系统示意图

2.3　燃料电池分布式供能系统

2.3.1　燃料电池的种类及特点

1. 燃料电池种类

目前最成熟常用的燃料电池有碱性燃料电池（alkaline fuel cell，AFC）、直接甲醇燃料电池（direct methanol fuel cell，DMFC）、质子交换膜燃料电池（protin exchange membrane fuel cell，PEMFC）、磷酸性燃料电池（phosphoric acid fuel cell，PAFC）、熔融碳酸盐燃料电池（molten carbonate fuel cell，MCFC），还有固体氧化物燃料电池（solid oxide fuel cell，SOFC），它们的种类及特点如表 2-16 所示。

表 2-16　　燃料电池的种类及特点

项目		按温度分类					
		低温型				高温型	
形式		碱性燃料电池	磷酸性燃料电池	质子交换膜燃料电池	直接甲醇燃料电池	熔融碳酸盐燃料电池	固体氧化物燃料电池
简称		AFC	PAFC	PEMFC	DMFC	MCFC	SOFC
发电效率（%）		50～70	40～45	30～40	35～45	45～60	45～60
电解质		KOH	H_2PO_4	质子交换膜	质子交换膜	Li_2CO_3-K_2CO_3 Li_2CO_3-NA_2CO_3	ZRO_2-Y_2O_3
运行温度		常温～200℃	190～220℃	60～120℃	80～90℃	600～700℃	800～1000℃
催化剂		白金系	白金系	白金系	白金系	不用	不用
对燃料限制		CO 中毒	CO 中毒	CO 中毒	CO 中毒	CO 可做燃料	CO 可做燃料
特点	优点	发电效率高、价格便宜	无 CO_2 影响、商用化最早	小型并启动快、维修简便	燃料处理系统简单	发电效率高、可用多种燃料、不用催化剂	发电效率高、可用多种燃料、不用催化剂
	缺点	电解质跟 CO_2 反应降低性能	CO 中毒贵金属催化剂	CO 中毒贵金属催化剂	CO 中毒贵金属催化剂，甲醇透过电解质	启动慢，需要 CO_2 系统，有镍短路现象	启动慢，技术在成熟过程中
用途		特殊用途如人造卫星等	电站、分布式	家用商用热电联供、汽车、移动式设备	便携式电源，如计算机、手机、数码相机等	电站、分布式热电联供	电站、分布式家用商用热电联供

2. 燃料电池基本特点

（1）发电效率高。传统的发电装置（汽轮机、燃气轮机、内燃机等）是把化石燃料通过高温高压锅炉，燃烧变成热能，再变成机械能，就是转动汽轮机发电机发电的方式。核电利用核聚变产生热能，虽然能源形态不同，但和火力发电原理是完全一样的。

与传统发电方式相比，燃料电池是把燃料所具有的化学能直接转变为电能，发电过程中损失少，可以得到更高的效率。目前商业运行的燃料电池发电效率：质子交换膜燃料电池（PEMFC）发电效率为 30%～40%；磷酸性燃料电池（PAFC）发电效率为 40%～45%；熔融碳酸盐燃料电池（MCFC）、固体氧化物型燃料电池（SOFC）发电效率为 45%～60%；碱性燃料电池（AFC）发电效率为 50%～70%。

另外根据发电效率，能源转换原理分析，传统发电设备是设备发电容量越大，效率越高的所谓“规模效益”，但燃料电池几乎没有这种规模效益，相反越小型机组效率越高。

（2）环境效益好。燃料电池发电前会将燃料中的有害物进行事先处理，且燃料电池发电并不靠燃烧，不产生火力发电厂发电过程中产生的废气废水等污染物，如粉尘颗粒、二氧化硫（SO_2）、废水、废渣等，氮氧化物（NO_x）、二氧化碳（CO_2）排放也远比火电厂少。与燃煤火电厂相比，燃料电池发电厂的氮氧化物（NO_x）排放量为 1/38，二氧化碳（CO_2）排放为 1/3。同时发电并不靠设备的旋转运动、往复运动，在静止状态下，靠电化学反应发电，大大减少了噪声，一般燃料电池电站噪声不超过 65dB（A）。因此，燃料电池发电会极大地降低对环境的影响，推动社会的可持续发展。

（3）燃料电池设置在最终用户处。燃料电池热电厂，由于无污染、噪声低，可建设在用户附近（或用户上），能源不用远距离输送，不仅节省建设投资，而且减少输送损失。

（4）燃料电池是模块化机组。目前世界各制造厂生产的燃料电池是模块化的，在制造厂制成模块到现场组装即可，这样从设计、安装到调试，大大缩短发电站建设期。同时扩建改建也方便。

（5）燃料电池效率跟容量及规模无关。因此，一直保持在高效率，因为燃料电池是无数个发电单元组成的发电堆，调节方便，容量可以随意增加或减少。

（6）安全可靠。由于燃料电池发电是通过化学反应，并不是通过高温高压锅炉、高速汽轮机、燃气轮机等转动部件，因此以不会有常规电厂那样的安全事故。

（7）占地少。燃料电池是由许多堆组成的模块机组，占地少，占地指标仅 80～200m^2/MW，是常规燃煤火力发电厂的 1/4，是燃气联合循环电厂的 1/2，是风力发电及太阳光热发电系统的 1/100。所以，选址容易，特别是可以建设在冷热电需求地区—城市中心。也可以作为分布式供能系统，就地实现供电、供热（冷）、热水供应，也可以建设在建筑物内。

（8）燃料多样化。燃料电池可以使用天然气、城市煤气、甲醇、乙醇、煤制气、煤油、石脑油、LNG、LPG、沼气等。

（9）操作性能良好。燃料电池是由许多发电堆组成的模块，所以对负荷的响应性极佳，参数调节容易，对突发性事故具有快速响应能力，也可以随意增减容量。可以大大减少储备电量、电容、变压器等辅助设备的容量。

（10）适应性强。燃料电池发电厂规划容量调节灵活，发电效率跟机组容量及规模无关，总是保持发电高效率，根据用户需求增减发电容量。

（11）建设周期短。燃料电池热电厂发电系统简单，设备安装容易、调试方便，建设周期短，一般在 4～8 个月内能够实现建成投产。

（12）燃料电池电站无人值守。整个燃料电池电站运行全部自动化，实现无人值守及远方监视及控制。

总之，燃料电池发电系统，不像汽轮机、燃气轮机等常规发电系统，存在规模效率、环境污染等问题，常规发电系统的进一步发展空间有限，而燃料电池发电系统越来越显出其优越性，并有广阔的发展前景。

2.3.2 燃料电池主要厂家及产品特点

1. 燃料电池主要制造公司

2012 年全球固定式燃料电池制造商如表 2-17 所示。

表 2-17　　2012 年全球固定式燃料电池制造商

序号	制造商	国家	产品型号	燃料电池形式	输出功率（kW）
1	Ballard Power Systems	美国	FCgen-1300	PEMFC	2～11
			CLEARgen	PEMFC	500 倍数
2	Bloom Energy	美国	ES-5400	SOFC	100
			ES-5700	SOFC	200
			UPM-570	SOFC	160
3	Cermic Fuel Cell	澳大利亚	BlueGen	SOFC	2
			Gennex	SOFC	1.5
4	CleaEdge Power	美国	PureCell System Model5	PEMFC	5
			PureCell System Model400	PAFC	400
5	ENEOS CellTech	日本	ENE-FARM	PEMFC	0.25～0.7
6	Fuel Cell Energy	美国	DFC-300	MCFC	300
			DFC-1500	MCFC	1400
			DFC-3000	MCFC	2800
			DFC-ERG	MCFC	兆瓦级
7	Heiocentris Fuel Cell AG	德国	Nexs1200	PEMFC	1.2
8	Norizon Fuel Cell Technologies	新加坡	GreenHub Powerbox	PEMFC	0.5～2
9	Hydrogenics	加拿大	HyPM Rack	PEMFC	2～200
			CommScope FC cabinet	PEMFC	2～16
10	松下	日本	ENE-FARM	PEMFC	0.25～0.7
11	东芝	日本	ENE-FARM	PEMFC	0.25～0.7
12	Altergy Systems	美国	Freedom Power System	PEMFC	5～30
13	Ballard Power Systems	加拿大	ElectraGen-ME	PEMFC	2.5～5
			ElectraGen-H2	PEMFC	1.7、2.5、5
14	Dantherm Power	丹麦	DBX-2000	PEMFC	1.7
			DBX-5000	PEMFC	5
15	Relion	美国	E-1000x	PEMFC	1.0～4
			E-1100	PEMFC	1.1～4.4
			E-2200x	PEMFC	2.2～17.5
			E-2500	PEMFC	2.5～20

续表

序号	制造商	国家	产品型号	燃料电池形式	输出功率（kW）
16	SFC Energy	德国	EFOY Pro-800	DMFC	0.45
			EFOY Pro-2400	DMFC	0.11
17	POSCO Energy	韩国	DFC-100	DCFC	100
			DFC-300	DCFC	300
			DFC-3000	DCFC	2800
18	BG Doosan Fuel Cell	韩国	FCP-1000	PEMFC	1
			FCP-5000	PEMFC	5
			PAFC-5000	PAFC	400

注　数据来源于美国能源部能源效率与可再生能源办公室《2012 Fuel Cell Technologies Market Report》。

2. 几种商业运行的燃料电技术参数

几种商业运行的比较成熟的燃料电池主要技术性能指标如表 2-18 所示。

表 2-18　几种商业运行的比较成熟的燃料电池主要技术性能指标

项目	单位	技术经济指标					
		1kW	10kW	400kW	100kW	300 kW	2.8MW
燃料电池形式	—	质子交换膜（PEMFC）	质子交换膜（PEMFC）	磷酸型（PAFC）	磷酸型（PAFC）	熔融碳酸盐（MCFC）	熔融碳酸盐（MCFC）
发电出力	kW	1	10	400	105	300	2800
供热出力	kW	1.74	15.5	453	123	240	2000
燃气耗量	m^3/h	0.288	2.6	83	22	61.6	546
	kW	3.2	—	—	—	—	—
发电效率	%	35	35	42	42	47	47
总热效率	%	85	85	90	92	80.3	80.5
发电气耗	m^3/kWh	0.130	0.130	0.130	0.106	0.132	0.130
供热气耗	m^3/GJ	25.0	25.0	25.0	25.0	25.5	25.5

2.3.3 燃料电池分布式供能系统应用

燃料电池分布式供能系统利用余热方式有燃料电池+溴化锂吸收式冷热水机组分布式供能系统、燃料电池+热泵机组分布式供能系统、燃料电池+排气换热器分布式供能系统。

1. 燃料电池+溴化锂吸收式冷热水机组分布式供能系统

如图 2-21 所示，为燃料电池+溴化锂吸收式冷热水机组分布式供能系统。燃料电池发电之后尾气进入溴化锂吸收式冷热水机组，生产热水及冷水，供给供暖、热水供应系统及空调系统。

2. 燃料电池+热泵机组分布式供能系统

如图 2-22 所示，为燃料电池+热泵机组分布式供能系统。燃料电池发电之后尾气进入热泵机组回收排气余热，生产热水及冷水，供给供暖、热水供应系统及空调系统。

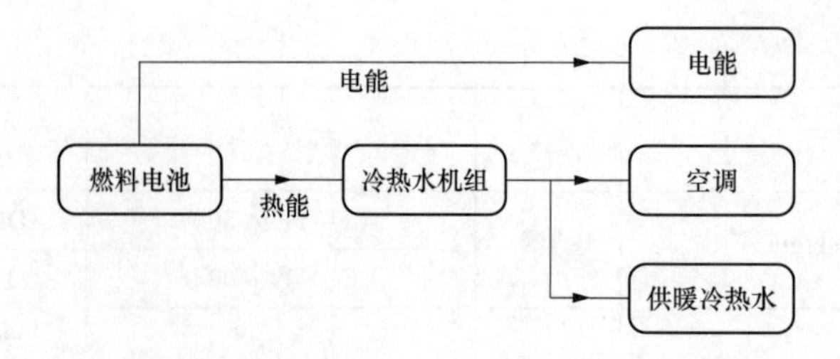

图 2-21　燃料电池+溴化锂吸收式冷热水机组分布式供能系统示意图

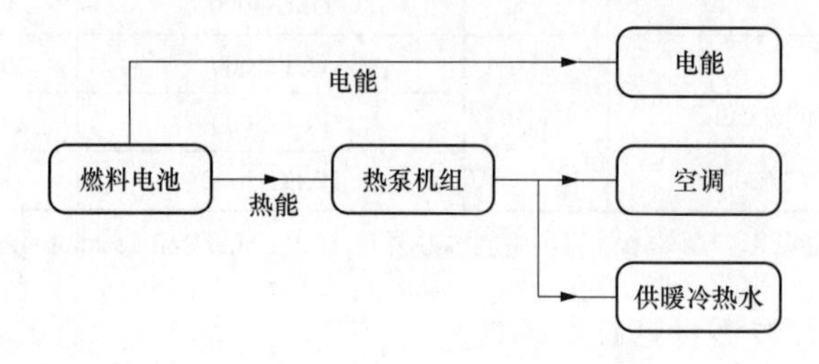

图 2-22　燃料电池+热泵机组分布式供能系统示意图

3. 燃料电池+余热换热器分布式供能系统

如图 2-23 所示，为燃料电池+余热换热器分布式供能系统。燃料电池发电之后尾气进入余热换热器回收排气余热，生产蒸汽，供给蒸汽溴化锂吸收式冷水机组，生产冷水供给空调系统，同时蒸汽直接供给工艺生产用蒸汽。

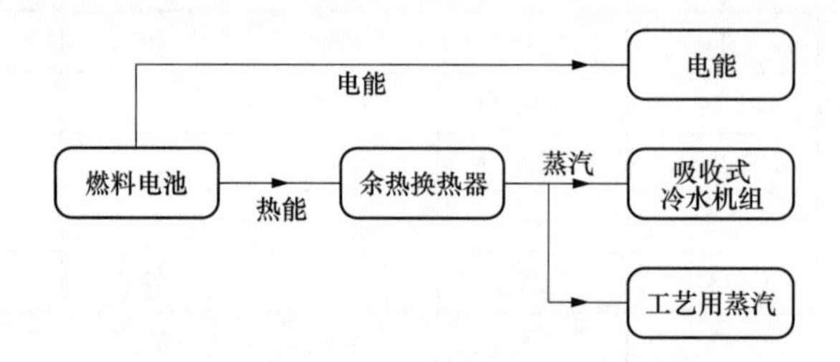

图 2-23　燃料电池+余热换热器分布式供能系统示意图

2.4　燃气热泵分布式供能系统

2.4.1　燃气热泵分布式供能系统简介

1. 燃气热泵分布式供能系统的组成

燃气热泵分布式供能系统是一种以燃气作为燃料，通过燃气发动机做功驱使压缩机工作，由制冷剂的气液两相转换，从而达到制冷及制热目的的系统。它由制冷系统、燃气系统、冷凝水系统、监控系统及电气系统组成。制冷系统包括室内机、室外机、制冷剂管道系统。一般这些设备由制造商组装成模块机组，称为天然气发动机驱动的热泵机组。

如图 2-24 所示，为一种典型燃气热泵分布式供能系统，主机（室外机）可以放在室外，室内可以放置各种各样室内机（末端设备），负荷可以根据需要灵活调节，满足不同房间的舒适性要求。

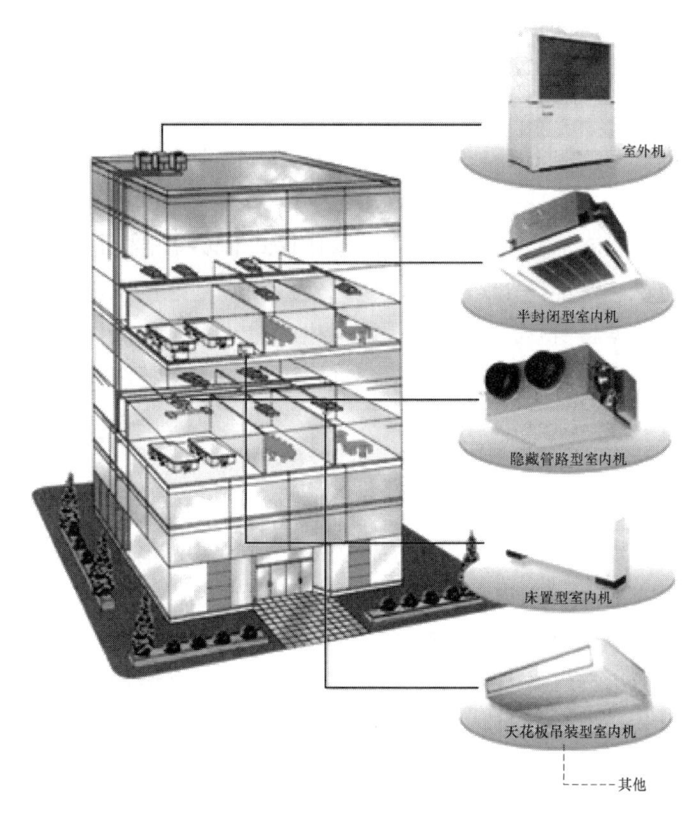

图 2-24　燃气热泵分布式供能系统示意图

如图 2-25 所示，燃气热泵分布式供能系统的室外机可以两台多联化，一般一台室外机组可以带 24 台室内机，这样两台室外机并联可以带 48 台室内机。

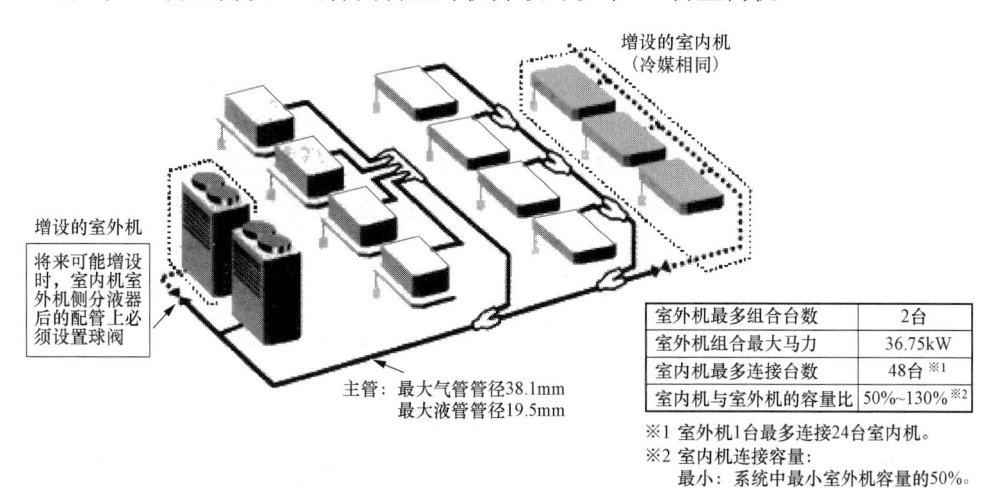

室外机最多组合台数	2台
室外机组合最大马力	36.75kW
室内机最多连接台数	48台※1
室内机与室外机的容量比	50%~130%※2

※1 室外机1台最多连接24台室内机。
※2 室内机连接容量：
最小：系统中最小室外机容量的50%。
最大：系统室外机合计容量的130%。

图 2-25　两台室外机并联增设容量示意图

2. 燃气热泵分布式供能系统的工作模式

夏季，燃气热泵系统采用制冷模式工作，室内机充当蒸发器，冷媒管中的制冷剂从液相转化成气相，吸收房间内的热量，达到制冷的目的。冬季，燃气热泵系统采用供暖模式工作，室内机充当冷凝器，冷媒管中的制冷剂从气相转化成液相，向房间内散发热量，达到制热的目的。

每台的室内机都有控制器，人们根据季节和个人需求，通过控制器调节室温，因为各个房间的室温不同，各个室内机工作状态不一，室外机可以智能化运行，即判断系统内各台室内机的工作状态，自动调节自身的工作模式和功率的配比来适应室内机，这样既能减少能源的消耗，又能降低运行费用。此外，各台室内机可以各自计量制冷或制热量，各个用户可以根据自身实际的使用量承担相应的费用，从而保证公平。

由于燃气轮机热泵冬季供暖时利用了燃气发动机的缸套和废气的余热，因此，在供暖模式下燃气轮机热泵与普通的电驱动热泵有较大的区别，该系统虽然不发电，但充分利用余热，能源效率高。

燃气热泵系统的燃料通常来说是天然气，天然气是清洁能源，燃气热泵直接利用天然气作为一次能源实现制冷制热，避免了采用高品质的电力驱动压缩机进行制冷制热，降低了输配电损失，减少了燃煤火力发电导致的环境污染。使用燃气热泵具有电力和燃气双重调峰作用。夏季是全年用电高峰期，空调用电是主要原因，同时夏季是全年燃气使用低谷，因此，使用燃气热泵既减少了夏季电力需求，又增加了夏季燃气需求，同时缩小两种能源峰谷差，提高两种能源设备的利用率[6]。

2.4.2 燃气热泵机组经济性分析

燃气热泵能利用发动机排气余热，实际上燃气热泵供热量比电动热泵少，冷凝器和蒸发器的换热面积少，二者的设备费用相差不大。因此，燃气热泵与电动热泵供热费用的比较主要取决于天然气和电的相对价格。

燃气热泵供热是能量梯级利用的一种方式，由燃气热泵的运行参数可知，供热能力为 0.5MW 时，天然气耗能仅为 0.313～0.356MW，其能量利用效率为 140%～160%，而天然气锅炉热效率为 85%～90%。前者供热总费用比后者低，天然气价格越高，燃气热泵的经济效益越显著[7]。由于冬季供热量随室外温度波动的影响大，需要有较大的储气能力，采用燃气热泵供热可减少天然气用量，相对减少了储气设施的投资，也减少了二氧化碳的排放量，有利于节能减排，燃气热泵是采用天然气供热的最佳选择之一。此外，燃气热泵机组，可直接利用城市管道煤气（燃气），不用升压，使用燃气压力为 2.0kPa（1.0～2.5kPa 之间）。

燃气热泵机组由于运行热效率高，能大大减少燃气耗量，所以经济性最好。燃气热泵机组的气耗远远低于其他分布式供能系统，制冷气耗为 16.3～20.7m^3/GJ，制热气耗为 16.3～18.3m^3/GJ。而燃气轮机、内燃机供热气耗为 28m^3/GJ，燃气锅炉供热气耗为 32m^3/GJ。几种供能系统成本热价如表 2-19 所示，即燃气热泵的运行成本约是燃气轮机的 2/3，约是燃气锅炉的 1/2。

表 2-19　　几种供能系统成本热价

供能系统	一次能源利用效率	供热气耗（m^3/GJ）	如下燃气价格时的热价（元/GJ）				
			1.0（元/m^3）	1.5（元/m^3）	2.0（元/m^3）	2.5（元/m^3）	3.0（元/m^3）
燃气热泵	150%	18	25.7	38.6	51.4	64.3	77.1
燃气轮机	85%	28	40.0	60.0	80.0	100.0	120
燃气锅炉	85%	32	45.7	68.6	91.4	114.3	137.1

表 2-20 为大连松下燃气热泵机组的主要技术经济指标，由此也可以看出，燃气热泵机组的制冷制热效率都是较高的。

表 2-20　　大连松下燃气热泵机组的主要技术经济指标

项目		单位	机型					
			280	355	450	560	710	850
制冷能力		kW	28.0	35.5	45.0	56.0	71.0	85.0
制热能力		kW	31.5	40.0	50.0	63.0	80.0	95.0
燃气耗量	制冷	kW	19.7	22.1	26.7	35.2	54.4	61.1
		m^3/h	1.88	2.11	2.71	3.30	5.24	5.84
	制热	kW	21.6	25.3	29.3	38.3	47.9	61.3
		m^3/h	2.06	2.42	3.11	3.67	5.01	5.86
燃气耗率	制冷	m^3/GJ	19.70	16.19	16.86	16.50	20.66	19.24
	制热	m^3/GJ	18.31	16.94	17.42	16.31	17.54	17.27
噪声		dB	56	57	57	58	62	63
COP	空调	—	1.42	1.40	1.58	1.62	1.30	1.39
	供暖	—	1.46	1.58	1.54	1.63	1.53	1.55

注　天然气热值按 37.68MJ/m^3 计算。

2.4.3　燃气热泵分布式供能系统应用

如图 2-26 所示，多联式空调+热水供应机组系统是烟气热泵分布式系统的典型应用，这种机组能够同时实现供暖、空调、热水供应，并具有节能、经济、舒适、环保、运行方便等特点。

在夏季，制冷时同时供应热水；过渡季或夏季不开空调时，利用补燃型燃气热水器供热水；冬季供暖时，也可以利用补燃型燃气热水器供热水。可以广泛地用于燃气商用/家用中央空调需要制冷、供暖、热水供应的场所。如别墅、公寓、住宅、办公楼、商场、饭店、健身房等。

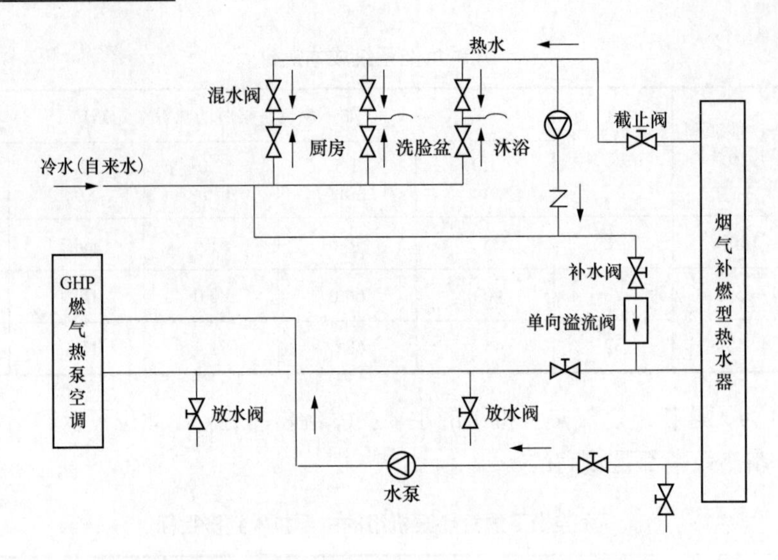

图 2-26　多联式空调+热水供应机组系统示意图

参考文献

[1] 袭建维．内燃机构造与修理［M］．北京：中国铁道出版社，2004.

[2] 刘俊．改变世界的 101 个发明［M］．北京：企业管理出版社，2009.

[3] 何伯述．热能与动力机械基础［M］．北京：清华大学出版社，2010.

[4] 赵豫，于尔铿．新型分散式发电装置——微型燃气轮机［J］．电网技术，2004，28（4）：47-50.

[5] 林汝谋，金红光．燃气轮机发电动力装置及应用［M］．北京：中国电力出版社，2004.

[6] 张荣荣，李书泽，林文胜，等．燃气机热泵供暖过程的计算与分析［J］．太阳能学报，2005，26（3）：349-353.

[7] 项凌，汪波，刘凤国．天然气热泵供热过程的经济性分析［J］．天然气工业，2011，31（7）：94-96.

3 可再生能源分布式供能系统

3.1 太阳能分布式供能系统

3.1.1 太阳能光伏发电系统

1. 太阳能光伏发电原理[1]

太阳能光伏发电是目前最主要的太阳能发电形式。太阳能光伏电池工作原理的基础是半导体 PN 结的光生伏特效应。当太阳光（或其他光）照射在光伏电池上时，电池吸收光能，产生电子-空穴对。在电池 PN 结内建电场的作用下，光生电子和空穴分离，电池两端出现异号电荷的积累，产生光生电压，即所谓的光生伏特效应。如果两侧引出电极并接上负载，则回路上有电流流过，从而获得功率输出。

2. 太阳能光伏发电系统类型

（1）按光伏电池类型划分[2]。目前市场上已经能进行产业化大规模生产的光伏电池组件类型主要有晶硅光伏电池和薄膜光伏电池两大类。根据光伏电池的类型，可对太阳能光伏发电站类型进行划分。

目前市面上常见的光伏电池类型有晶硅类光伏电池、薄膜电池两种。

1）晶硅类光伏电池。晶硅类光伏电池是目前最常见的太阳能光伏电池，又可分为单晶硅光伏电池和多晶硅光伏电池两大类。两者加工工艺类似，区别在于使用的基片原料是单晶硅还是多晶硅。多晶硅是将高纯度的硅熔化后浇筑成方形的硅锭，而单晶硅则是通过籽晶生长，拉伸成棒状而成。

晶硅类光伏电池片常见的规格尺寸主要有 125mm×125mm、150mm×150mm、156mm×156mm 等多种，单片电池的工作电压为 0.45～0.5V，工作电流为 35～30mA/cm^2，厚度为 180～220μm。目前市场上的多晶硅电池发电效率为 17%～18%，单晶硅电池效率为 18%～21%。单片电池通过串联并联且封装后，就成了太阳能电池组件，作为最小发电单元，可单独使用，也可再进行串联并联组成更大规模的发电系统。晶硅类光伏电池产品性能稳定，发电效率高，技术成熟，商业化完善，货源充足。目前国内外所建的太阳能光伏发电站绝大部分使用的是晶硅类电池，常见的光伏组件品牌有晶科、晶澳、天合光能、东方日升、正泰、韩华等。晶硅太阳电池组件的功率规格较多，从 5W 到 360W 不等，满足不同场合的需求。

常见光伏组件类型如图 3-1 所示。某多晶硅光伏组件典型参数如表 3-1 所示。

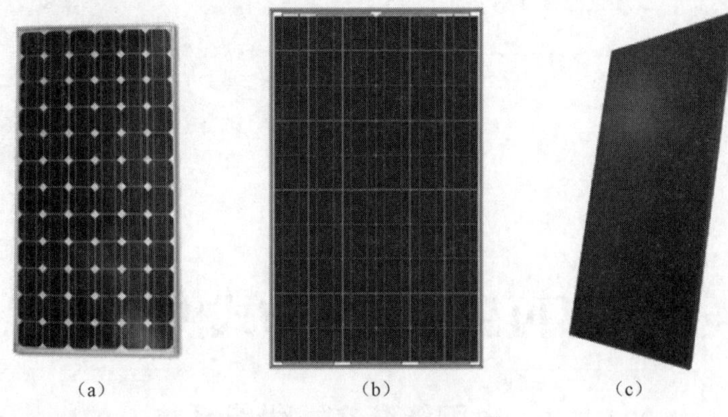

（a）　　（b）　　（c）

图 3-1　常见光伏组件类型

（a）单晶硅电池板；（b）多晶硅电池板；（c）薄膜电池板

表 3-1　　某多晶硅光伏组件典型参数

电池类型	多晶硅	最大功率	340W
电池片尺寸	156mm×156mm	最大功率电压	38.2V
电池片数量	72（6×12）	最大功率电流	8.91A
组件尺寸	1956mm×992mm×40mm	开路电压	47.5V
质量	22.5kg	短路电流	9.22A
前玻璃	3.2mm 超白玻璃，镀增透膜	组件效率	17.52%

注　在标准测试条件下，即 25℃，大气质量 AM1.5，风速为 0m/s，1000W/m^2。

2）薄膜太阳能电池。薄膜太阳能电池种类较多，目前已经能进行产业化大规模生产的薄膜电池主要有：硅基薄膜太阳能电池、铜铟镓硒薄膜太阳能电池（CIGS）、碲化镉薄膜太阳能电池（CdTe）三种。其中最常见的薄膜光伏组件是硅基的薄膜电池。硅基薄膜太阳能电池在材料结构上包括非晶硅、微晶硅，电池结构上包括非晶硅单结、非晶硅/非晶硅双结叠层、非晶硅/微晶硅双结叠层电池，也包括以硅为基础的各种合金材料和电池。薄膜电池成本较晶硅类光伏电池便宜，且便于与建筑结合，但发电效率偏低，一般为 6%～10%，且寿命和稳定性有待验证。目前国内市场上常见的品牌有汉能、天威、天裕、汉盛等。组件功率大小不等，各种规格均有。

晶硅类光伏电池与薄膜太阳能电池的性能比较如表 3-2 所示。

表 3-2　　晶硅类光伏电池与薄膜太阳能电池的性能比较

种类	类型	商用效率	实验效率	使用寿命	能力偿还时间	生产成本	优点	目前应用范围
晶硅类光伏电池	单晶硅	17%～21%	24%	25 年	2～3 年	高	效率高 技术成熟	中央发电系统 独立电源 民用消费品市场
	多晶硅	16%～18%	20%	25 年	2～3 年	较高	效率较高 技术成熟	中央发电系统 独立电源民用 消费品市场

续表

种类	类型	商用效率	实验效率	使用寿命	能力偿还时间	生产成本	优点	目前应用范围
薄膜太阳能电池	硅基	5%～7%	13%	20 年	2～3 年	较低	弱光效应好 成本相对较低	民用消费品市场 中央发电系统
	碲化镉	5%～8%	16%	20 年	2～3 年	相对较低	弱光效应好 成本相对较低	民用消费品市场
	铜铟镓硒	5%～8%	20%	20 年	2～3 年	相对较低	弱光效应好 成本相对较低	民用消费品市场 独立电源

（2）按光伏电站场址划分。光伏发电站可因地制宜选择适合的场址建设，根据光伏电站的场址，可划分为屋顶光伏发电系统、地面光伏发电系统、山地光伏发电系统、农光互补光伏发电系统、渔光互补发电系统等类型，如图 3-2 及表 3-3 所示。

（a）　（b）　（c）　（d）　（e）

图 3-2　各种类型光伏电站实景图

（a）农光互补光伏发电系统；（b）屋顶光伏光电系统；（c）渔光互补光伏光电系统；（d）山地光伏光电系统；（e）地面光伏光电系统

表 3-3　　几种常见的光伏发电系统

发电系统	典型类型	逆变器	注意事项
地面光伏发电系统	集中式	集中式	一般指平坦地面上建设的光伏发电系统，为常规类型的光伏发电系统
山地光伏发电系统	集中式	集中式	由于山地区域地形起伏，如沿着地面铺设，将会出现光伏组件朝向不一的情况。因此山地光伏的组件朝向需特别考虑，串联的组件尽量朝向相同
农光互补光伏发电系统	集中式	集中式	在建设农光互补项目之前，应提前选择适合的农作物，在设计过程中，需考虑农作物对光的需求，适当增加光伏组件间距，争取综合收益最大，避免发生片面增加发电量而大幅度影响农业收益的情况发生
渔光互补发电系统	集中式	集中式	需特别注意历史最高水位；由于光伏组件铺设在水面，选取光伏组件时候注意考虑湿度带来的影响；适当考虑由于水温下降对鱼类的影响；由于水面反射，渔光互补的效率一般高于计算值
屋顶光伏发电系统	分布式	组串式/集中式	根据屋面的具体条件，因地制宜建设；注意考虑临近建筑遮挡；注意考虑屋面荷载及对建筑的影响；所发电力尽量自发自用，余电上网；计算发电量及收益时候，根据屋顶类型及朝向把光伏项目细分为多个子项目，再进行综合

（3）按太阳能光伏电站规模划分。根据太阳能光伏电站规模，可分为集中式太阳能光伏发电系统和分布式太阳能光伏发电系统。

集中式光伏发电系统一般是指规模大于 3 万 kW，以 110kV 及以上电压等级接入电网的光伏发电系统，所发电量通过较高等级电网输送至负荷中心。

分布式光伏发电系统一般是指在用户场地附近建设，运行方式以用户侧自发自用、多余电量上网，且在配电系统平衡调节为特征的光伏发电设施，所产生的电力就近接入电网，并在并网点变电台区消纳。对于地面分布式光伏，以 35kV 及以下电压等级接入电网、单个项目容量不超过 2 万 kW。对于屋顶分布式光伏，一般而言，需在 10kV 以下接入电网，且单点容量不超过 6MW。分布式光伏发电系统在项目备案时可选择“自发自用、余电上网”或“全额上网”中的一种模式，运行过程中如负荷明显发生变化，允许模式变更。

可见，集中式和分布式光伏发电系统的划分除了装机规模外，还需考虑消纳和电网接入等级。集中式与分布式光伏发电系统特征比较如表 3-4 所示。

表 3-4　　集中式与分布式光伏发电系统特征比较

项目	分布式光伏系统	集中式光伏系统
容量规模	单个项目容量不超过 2 万 kW，对于屋顶分布式光伏，单点容量一般不超过 6MW	大于 3 万 kW
并网等级	35kV 及以下电网；对于屋顶分布式光伏，一般需在 10kV 以下接入电网	110kV 及以上
典型消纳方式	尽量以自发自用、就地消纳为主，余电上网为辅	全额上网，远距离输送至负荷中心

3. 分布式能源站中的光伏发电系统

在分布式能源多能互补、综合利用的背景下，分布式光伏发电可作为多能互补中的一能融入分布式能源站。利用分布式能源站中天然气发电的调峰作用，与分布式光伏发电系统耦合输出，在优先利用光伏发电的前提下，实现平稳输出，满足周边负荷。

典型的分布式光伏发电系统由光伏组件、逆变器、汇流箱、升压系统等组成，与电网、用户的关系如图 3-3 所示。

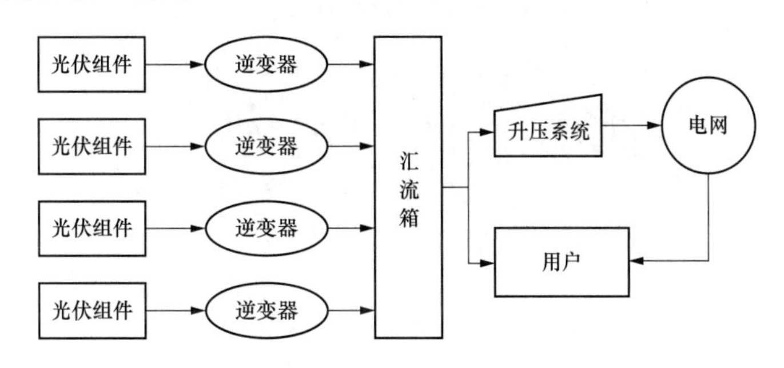

图 3-3 分布式光伏发电系统示意图

3.1.2 太阳能光热系统

1. 太阳能光热发电原理[1]

太阳能光热发电是太阳能利用中的重要形式。太阳能光热发电原理是利用聚光集热器将太阳能聚集起来，提高能量密度，将某种工质加热到数百摄氏度的高温，然后经过换热后驱动传统原动机产生电能。

典型的太阳能光热发电系统一般由集热子系统、热传输子系统、蓄热与热交换子系统、发电子系统四大模块组成，对于不同的光热系统，各模块的具体形式不同。太阳能光热发电的基本原理如图 3-4 所示，不同类型的光热发电系统组成有所不同。

太阳能光热发电的能量转换形式为：太阳辐射能—热能—电能。由于太阳能光热发电的中间状态是以热能的形式，热能存储较电能存储方便且经济，因此太阳能光热发电相比于太阳能光伏发电有存储优势。

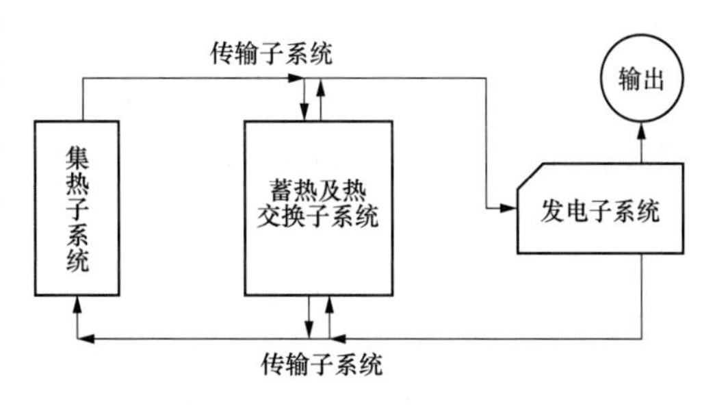

图 3-4 太阳能光热发电的基本原理示意图

2. 太阳能光热利用类型[1-3]

（1）塔式太阳能热发电系统。塔式太阳能热发电系统主要由定日镜、集热塔（含塔顶接收器）、熔盐罐、换热器、循环管路（含泵、阀、流量计等）、发电机组等部件组成。采用多个二维跟踪的定日镜，将太阳光发射到设置于集热塔顶端的接收器上，加热接收器中的导热介质，导热介质沿管路流下，通过换热系统产生高温蒸汽，驱动汽轮机运行，进而带动发电机发电。塔式发电系统的反射镜一般为平面镜或略带弧度的凹面镜。由于集热塔周边可以布置数量很多的定日镜，因此塔式太阳能发电系统的聚光比一般在 500～1000 倍，接收器受光面温度可超过

1200℃，导热介质温度一般在400～600℃，常用的导热介质有硝酸盐、水、空气等。塔式太阳能热发电系统反射镜制备相对简单，聚光倍数高，热转化率高，系统发电效率可达20%，因此塔式太阳能发电系统较便于实现大功率发电，并带储能系统，可平稳输出电力，并作为调峰电站，是最有希望大规模替代传统煤电的太阳能聚热电站，塔式太阳能发电站如图3-5所示。

图3-5　塔式太阳能发电站

自1950年苏联设计并建造的第一座50kW塔式太阳能发电试验装置以来，欧美各国投入了大量的资金进行塔式太阳能发电的开发和研究。1982年，美国的Solar One是真正现代意义上的塔式太阳能发电站，以水为介质，装机容量10MW；1995年，Soler One系统被改造成Solar Two系统，介质换成硝酸盐，为塔式太阳能发电的发展做出了里程碑式的贡献。2004年，Abengoa公司在西班牙建造了第一座商业化运行的塔式太阳能发电站PS10，装机容量11MW。随后，PS20、Gemasolar、Crescent Dunes、Ivanpah、Atacama1、Khi Solar One、Ashalim1等商业化电站如雨后春笋般兴起。我国塔式太阳能处于商业化起步阶段，只有像电工所延庆1MW塔式发电示范项目、中控德令哈10MW塔式发电站、首航节能敦煌10MW熔盐塔式电站等少数几个项目建成，且大多还处于试运行的阶段。2016年9月，国家能源局印发《关于建设太阳能热发电示范项目的通知》（国能新能〔2016〕223号），确定第一批20个太阳能热发电示范项目，其中塔式太阳能发电项目占了9个，具体信息如表3-5所示。

表3-5　　国家能源局第一批9个塔式太阳能热发电示范项目

序号	项目名称	项目投资企业	技术路线	技术来源与系统集成企业	系统转换效率（企业承诺）
1	青海中控太阳能发电有限公司德令哈熔盐塔式5万kW光热发电项目	青海中控太阳能发电有限公司	熔盐塔式，6h熔融盐储热	浙江中控太阳能技术有限公司	18%
2	北京首航艾启威节能技术股份有限公司敦煌熔盐塔式10万kW光热发电示范项目	北京首航艾启威节能技术股份有限公司	熔盐塔式，11h熔融盐储热	北京首航艾启威节能技术股份有限公司	16.01%

续表

序号	项目名称	项目投资企业	技术路线	技术来源与系统集成企业	系统转换效率（企业承诺）
3	中国电建西北勘测设计研究院有限公司共和熔盐塔式 5 万 kW 光热发电项目	中国电建西北勘测设计研究院有限公司	熔盐塔式，6h 熔融盐储热	浙江中控太阳能技术有限公司/中国电建西北勘测设计研究院有限公司	15.54%
4	中国电力工程顾问集团西北电力设计院有限公司哈密熔盐塔式 5 万 kW 光热发电项目	中国电力工程顾问集团西北电力设计院有限公司	熔盐塔式，8h 熔融盐储热	浙江中控太阳能技术有限公司/中国电力工程顾问集团西北电力设计院有限公司	15.5%
5	国电投黄河上游水电开发有限责任公司德令哈水工质塔式 13.5 万 kW 光热发电项目	国电投黄河上游水电开发有限责任公司	水工质塔式，3.7h 熔融盐储热	美国亮源能源有限公司/中国电力工程顾问集团西北电力设计院有限公司	15%
6	中国三峡新能源有限公司金塔熔盐塔式 10 万 kW 光热发电项目	中国三峡新能源有限公司	熔盐塔式，8h 熔融盐储热	北京首航艾启威节能技术股份有限公司/中国电建西北勘测设计研究院有限公司	15.82%
7	达华工程管理（集团）有限公司尚义水工质塔式 5 万 kW 光热发电项目	达华工程管理（集团）有限公司，中国科学院电工研究所	水工质塔式，4h 熔融盐储热	中国科学院电工研究所	17%
8	玉门鑫能光热第一电力有限公司熔盐塔式 5 万 kW 光热发电项目	玉门鑫能光热第一电力有限公司	熔盐塔式，熔岩二次反射 6h	上海晶电新能源有限公司/江苏鑫晨光热技术有限公司	18.5%
9	北京国华电力有限责任公司玉门熔盐塔式 10 万 kW 光热发电项目	北京国华电力有限责任公司	熔盐塔式，10h 熔融盐储热	北京首航艾启威节能技术股份有限公司	16.5%

（2）槽式太阳能热发电系统。槽式太阳能热发电系统主要由真空集热管、槽型聚光集热器、循环管路、存储系统、换热系统、发电机组等部件组成。槽型抛物面反射镜将太阳光聚焦到线性的真空集热管上，加热真空集热管内部流过的导热介质，并经过串联并联将能量汇聚，通过换热系统，产生高温高压蒸汽，推动汽轮机带动发电机发电。槽式太阳能发电站如图 3-6 所示。

图 3-6 槽式太阳能发电站

槽式太阳能发电系统的反射镜镜面为单轴抛物曲面，聚光形式为线聚光，聚光比一般在60～80倍，因此槽式太阳能发电导热介质温度比较低，一般在300～500℃，常见的导热介质有导热油、水、熔盐等，槽式发电系统整体效率在14%～18%，低于塔式和碟式。

然而，槽式太阳能热发电系统与碟式、塔式相比结构相对紧凑，集热器等装置一般安装于地面，安装维护较方便，且经济效益不受生产规模的限制，设备便于标准化生产，是目前最成熟的太阳能热发电技术。国际上已经出现了规模较大的成熟商业化槽式发电系统，如美国SEGS、西班牙Andasol、意大利Archimede、摩洛哥Noor2、阿联酋Shams 1等。据统计，全世界运行的槽式热发电站占整个太阳能热发电站的88%，占在建项目的97.5%。

2018年6月30日，我国首个大型商业化槽式光热电站——中广核新能源德令哈50MW光热项目一次带电并网成功，成功填补了我国大规模槽式光热发电技术的空白，使我国正式成为世界上第8个拥有大规模光热电站的国家。中国的槽式太阳能发电将迎来新的发展契机。国家能源局印发《关于建设太阳能热发电示范项目的通知》确定的第一批20个太阳能热发电示范项目中，槽式太阳能发电项目占了7个，具体信息如表3-6所示。

表3-6　　国家能源局第一批7个槽式太阳能热发电系统示范项目

序号	项目名称	项目投资企业	技术路线	技术来源与系统集成企业	系统转换效率（企业承诺）
1	常州龙腾太阳能热电设备有限公司玉门东镇导热油槽式5万kW光热发电项目	常州龙腾太阳能热电设备有限公司	导热油槽式，7h熔融盐储热	常州龙腾太阳能热电设备有限公司	24.6%
2	深圳市金钒能源科技有限公司阿克塞5万kW熔盐槽式光热发电项目	深圳市金钒能源科技有限公司	熔盐槽式，15h熔融盐储热	天津滨海光热发电投资有限公司	21%
3	中海阳能源集团股份有限公司玉门东镇导热油槽式5万kW光热发电项目	中海阳能源集团股份有限公司	导热油槽式，7h熔融盐储热	中海阳能源集团股份有限公司	24.6%
4	内蒙古中核龙腾新能源有限公司乌拉特中旗导热油槽式10万kW光热发电项目	内蒙古中核龙腾新能源有限公司	导热油槽式，4h熔融盐储热	常州龙腾太阳能热电设备有限公司/内蒙古中核龙腾新能源有限公司	26.76%
5	中广核太阳能德令哈有限公司导热油槽式5万kW光热发电项目	中广核太阳能德令哈有限公司	导热油槽式，9h熔融盐储热	中广核太阳能开发有限公司	14.03%
6	中节能甘肃武威太阳能发电有限公司古浪导热油槽式10万kW光热发电项目	中节能甘肃武威太阳能发电有限公司	导热油槽式，7h熔融盐储热	常州龙腾太阳能热电设备有限公司/中节能太阳能股份有限公司	14%
7	中阳张家口察北能源有限公司熔盐槽式6.4万kW光热发电项目	中阳张家口察北能源有限公司	熔盐槽式，16h熔融盐储热	天源公司/中阳张家口察北能源有限公司	21.5%

（3）菲涅尔式太阳能发电系统。菲涅尔式太阳能发电站主要由菲涅尔反射式聚光装置、塔杆顶接收器、储热装置、发电机组和监控系统等组成。

菲涅尔式光热发电技术可以称为是槽式技术的特例。其发电基本原理与槽式技术类似，与槽式的不同之处在于菲涅尔式发电系统使用的是平面反射镜，同时其集热管是固定式的，避免使用软管或球形接头等活动部件，一般不用真空绝热，有利于降低成本。由于使用平面反射镜，菲涅尔发电系统的聚光比一般比较小，因此工作温度较低，一般在 180～250℃，常见的介质为水，由于运行温度较低，也有部分项目不直接发电，而将菲涅尔系统作为电厂前级。菲涅尔式太阳能发电站如图 3-7 所示。

图 3-7 菲涅尔式太阳能发电站

由于菲涅尔式发电系统导热介质运行温度较低，因此在商业化发电站建设方面，菲涅尔式不如槽式成熟。但考虑到菲涅尔式的价格优势，国家能源局还是对菲涅尔式太阳能发电给予了重视。

国家能源局印发《关于建设太阳能热发电示范项目的通知》确定的第一批 20 个太阳能热发电示范项目中，菲涅尔式太阳能发电项目有 4 个，具体信息如表 3-7 所示。

表 3-7 国家能源局第一批 4 个菲涅尔式太阳能热发电示范项目

序号	项目名称	项目投资企业	技术路线	技术来源与系统集成企业	系统转换效率（企业承诺）
1	兰州大成科技股份有限公司敦煌熔盐线性菲涅尔式 5 万 kW 光热发电示范项目	兰州大成科技股份有限公司	熔盐线性菲涅尔式，13h 熔融盐储热	兰州大成科技股份有限公司	16.7%
2	北方联合电力有限责任公司乌拉特旗导热油菲涅尔式 5 万 kW 光热发电项目	华能北方联合电力有限责任公司	导热油菲涅尔式，6h 熔融盐储热	中国华能集团清洁能源技术研究院	18.5%
3	中信张北新能源开发有限公司水工质类菲涅尔式 5 万 kW 光热发电项目	中信张北新能源开发有限公司	水工质类菲涅尔式，14h 全固态配方混凝土储热	北京兆阳光热技术有限公司	10.5%
4	张北华强兆阳能源有限公司张家口水工质类菲涅尔式 5 万 kW 太阳能热发电项目	张北华强兆阳能源有限公司	水工质类菲涅尔式，14h 全固态配方混凝土储热	北京兆阳光热技术有限公司	11.9%

（4）碟式太阳能发电系统。碟式太阳能热发电系统主要由斯特林发电机、支撑构架、立柱、支撑悬臂、反射镜、控制系统、驱动系统等组成。碟式发电原理是采用碟状抛物面反射镜，将太阳光聚焦到集热器上，传热介质流经集热器被加热，驱动汽轮机运转，

进而带动发电机发电，一般在焦点上安装斯特林发电机发电。由于碟式发电系统的反射镜镜面为双曲抛物面，聚光形式为点聚光，聚光比一般为500～2000倍，因此导热介质可以达到很高的温度，从而提供发电效率。因此在各种太阳能光热发电中，碟式系统的发电效率最高，一般在28%～30%，且系统占地面积小，单机容量一般5～25kW。碟式可单台或几台运行，没有规模效应，因此相比于塔式、槽式等必须大规模才能降低单位造价的太阳能发电系统，碟式太阳能发电项目可小规模建设。碟式太阳能发电站如图3-8所示。

图3-8　碟式太阳能发电站

碟式太阳能发电系统几十年的发展过程中，主要有SES、Euro Dish、SUN Dish、DISTAL等企业的商业化产品，技术方面比较成熟，在国外已经有较大规模的商业化电站建设，如SES建设的一期项目850MW，二期项目900MW。近几年来，国内的宏海、聚达、齐耀动力、西航、湘电等企业，也开始了碟式太阳能发电系统的研究工作，促进碟式太阳能发电的产业化进程。目前，国内外主要厂家的碟式太阳能发电系统相关参数如表3-8所示。

表3-8　　主要厂家的碟式太阳能发电系统相关参数

项目	MDAC	SES	SUN Dish	DISTAL	Euro Dish	宏海	聚达
发电容量（kW）	25	25	22	9	10	25	25
机组效率（%）	29	27	23	32	22	28	28
聚光器直径（m）	10.57	10.57	12.25	8.5	8.5	12	11.73
聚光器类型	多聚光镜	多聚光镜	多镜面张膜	镜面张膜	聚光镜拼接	多聚光镜	多聚光镜
反射镜数（块）	82	82	16	1	12	82	82
反射率（%）	91	90	90	94	94	93	93
聚光比	2800	2500	3200	3000	3000	3000	2800

虽然国家能源局印发《关于建设太阳能热发电示范项目的通知》确定的第一批 20 个太阳能热发电示范项目中并没有碟式太阳能发电系统项目，然而碟式太阳能发电系统因其小快灵的特点，在与分布式能源结合方面，相比其他太阳能光热发电却有明显的优势。槽式和塔式等其他几种光热发电类型，大多是规模巨大，占据大片平坦的土地，只适合在西北部人烟稀少的地区建设，即便是在技术突破，可规模化建设运行后，消纳和传输也是要面对的问题，尤其是目前风电和光伏已经出现大规模弃电的情况下，这个问题更为严峻。而碟式太阳能发电系统单机容量小，可分可合，对土地平整度要求不高，便于和分布式能源站结合。由于分布式能源站一般靠近负荷中心，碟式太阳能发电基本可以就地消纳，不用远距离输送，且周边区域用电价格远比西北地区高，可允许单位造价比其他几种类型聚热电站高。在补贴逐年退坡的形势下，碟式太阳能发电依托分布式能源系统，将获得崭新的生命力，甚至有可能比塔式和槽式更具有生存能力，更有希望实现无补贴下的商业化运行。随着分布式能源的大规模发展，碟式太阳能发电有可能会获得新的发展契机。

（5）太阳能热水器。按集热类型划分，目前市场上主要的热水器是真空太阳能热水器和平板式太阳能热水器两个大类。

1）真空太阳能热水器可细分为全玻璃真空管式、热管真空管式、U 形管真空管式/真空管集热、储热一体化闷晒式。常用的为全玻璃真空管式，如图 3-9（a）所示，其优点：对流损失小，集热效率高，冬季可提供温度较高的热水；缺点在于体积比较庞大、玻璃管易碎、管中容易集结水垢、不能承压运行。

2）平板式太阳能热水器也可分为管板式、翼管式、蛇管式、扁盒式、圆管式和热管式。具有整体性好、寿命长、故障少、安全隐患低、能承压运行，安全可靠，吸热体面积大，易于与建筑相结合，耐无水空晒性强等优点，其热性能也很稳定，如图 3-9（b）所示。缺点在于盖板内为非真空，保温性能差，故环境温度较低时集热性能较差，采用辅助加热时相对耗电。环境温度低或要求出水温度高时热效率较低。

（a）

（b）

图 3-9　真空太阳能热水器和平板式太阳能热水器

（a）全玻璃真空管式；（b）平板式太阳能热水器

3. 太阳能光热发电关键设备[3,7]

太阳能光热发电关键设备既是太阳能光热技术急需突破的重点，也是商业化推广的技术难点，主要有塔式太阳能发电系统、槽式太阳能发电系统、碟式太阳能发电系统。

（1）塔式太阳能发电系统。

1）接收器。塔式太阳能发电系统中，接收器被放置在集热塔顶端，起着将太阳辐射能转化为热能的作用。由于塔式太阳能发电站往往条件不一，因此目前塔式太阳能发电系统的接收器基本是每个项目单独设计。塔式太阳能发电站常用的导热介质有熔盐、水、空气，根据介质不同，接收器也相应有不同的设计。此外，纬度也是影响接收器设计的重要因素，低纬度地区一般采用全向型，高纬度地区采用单向型。

接收器需承受上千倍的聚光比，且辐射密度和温度的不均匀分布，使得接收器承受着巨大的应力。如何使得接收器在高密度的能量和温度梯度下正常工作，并尽可能地提高吸热效率，减少热辐射，是急需解决塔式太阳能接收器设计和加工的难点所在。

2）定日镜。定日镜装置为一种定向投射太阳光的平面镜装置。典型的定日镜主要由反射银镜、支撑构架、跟踪驱动系统、支撑立柱等部件组成。一个塔式太阳能系统往往有上千个定日镜，通过二维驱动系统，驱动定日镜随时跟踪太阳，确保反射光指向集热塔顶的接收器，将太阳光汇聚至接收器。定日镜是塔式太阳能系统建设中投资占比最大的一个部分，占了初始投资的40%以上，因此定日镜的成本能否大幅度下降，定日镜产品寿命能否达到预期，是实现塔式太阳能发电技术的商业化的关键。定日镜的跟踪控制系统也是一项关键技术，由于每个定日镜与接收器所在的集热塔的相对位置不同，每个定日镜的跟踪程序都不同，且对跟踪精度有较高要求，尤其对于规模较大的塔式太阳能发电系统，定日镜距离接收器较远，微小的偏离也可能使得反射光偏出接收器范围，因此跟踪精度将是有待改进的难点。

已建塔式项目的定日镜面积从几平方米到一百多平方米不等。大面积定日镜有助于降低单位面积的驱动系统及支撑构架的成本，但是光斑相应增大，控制精度要求更高，且反射镜需要做成微弧面，生产成本相应增加；小面积定日镜则相反，光斑较小，可以直接使用平面反射镜，且对控制要求相对低，但是单位面积的驱动系统和支撑构架相应增加。做大和做小是定日镜发展的两个方向，也都有现成的例子，各个企业根据自己实际加工能力选择合适的尺寸进行加工，在成本与性能之间选择最优的点。

塔式太阳能发电系统的接收器和定日镜如图3-10所示。

（a）

（b）

图3-10　塔式太阳能发电系统的接收器和定日镜

（a）接收器；（b）定日镜

3）熔盐系统。按功能划分，熔盐系统分为蓄热系统、换热系统、循环管道系统、加盐熔解系统等几大部分。蓄热系统主要部件是熔盐罐（低温熔盐罐、高温熔盐罐）；换热系统的部件主要包括预热器、蒸汽发生器、过热器等；循环管道系统一般包括熔盐的管道、泵、阀、流量计、保温伴热设备等部件；加盐熔解系统主要起着熔化熔盐的作用。熔盐系统原理示意图如图 3-11 所示。

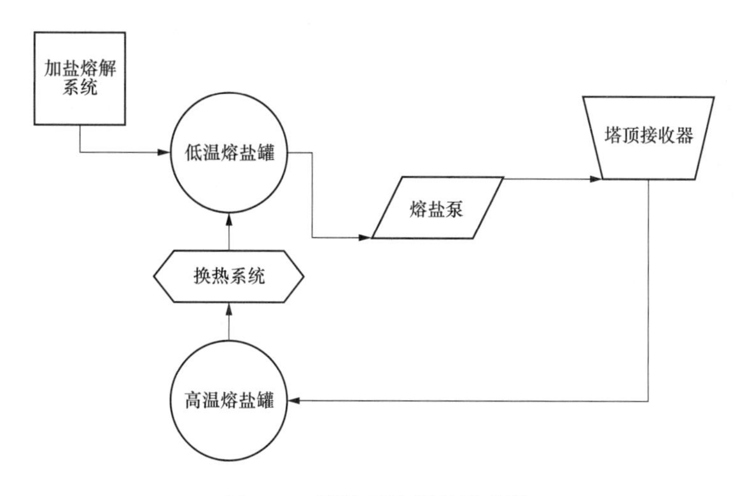

图 3-11　熔盐系统原理示意图

经熔解系统熔化的液态熔盐进入低温熔盐罐，熔盐温度为 260～280℃，熔盐在回路中循环，熔盐泵把低温罐里的熔盐抽到塔顶，被定日镜反射来的太阳光加热，温度升高到 550～650℃，熔盐从塔顶带走热量，回流到地面，汇入高温熔盐罐，或者到换热器换热，产生高温高压蒸汽，熔盐温度下降，流入低温熔盐罐，完成一个闭环。由于熔盐温度很高，有一定腐蚀性，且低于 230℃时候容易凝固堵塞等原因，使得熔盐循环系统中各个部件都比常规的导热介质有更高的要求，不光要耐高温、耐腐蚀、高温下维持强度，同时还需要做管道保温和伴热处理。目前熔盐管道、熔盐罐等，可考虑国内企业加工，但熔盐泵、熔盐阀、流量计等关键部件，主要还是需要依赖国外进口。塔式太阳能发电系统熔盐罐如图 3-12 所示。

图 3-12　塔式太阳能发电系统熔盐罐

（2）槽式太阳能发电系统。

1）真空集热管。槽式太阳能发电系统中的集热管是一种光热转换装置。通过集热管表面选择性吸收涂层对汇聚的光进行吸收实现光能到热能的转化，并通过流经管内的导热介质将能量带走。由于槽式太阳能发电系统的集热长度很长，一座 50MW 电站的集热管长度超过 50km，表面积达 1.15 万 m^2，每平方米的微小散热，都会对热效率有巨大影响，因此必须严格控制热损耗，所以主流的集热管基本都是真空集热管。

真空集热管是槽式太阳能发电系统的关键部件，由吸热管、玻璃管、膨胀节（波纹管）、衔接部件等部分组成。吸热管一般是镀制选择性吸收涂层的不锈钢管，玻璃管一般采用带增透膜的高硼硅玻璃，膨胀节主要吸收不锈钢管和玻璃管之间热胀冷缩的尺寸变化。槽式真空集热管生产的难点主要有：维持管的真空度、玻璃和金属焊接、选择性吸收涂层的镀制、膨胀节设计和生产。

目前国际上槽式真空集热管供货商主要有以色列 Solel（已被西门子收购）、德国 Schott 和意大利的阿基米德公司。目前，市场上占主流的是 Solel 和 Schott，大多数项目都采用这两家公司的产品，两家公司年产量总和可达 1600MW；而阿基米德主要生产熔盐介质的集热管，目前应用范围较小。国内虽有常州龙腾、山东中信、陕西宝光等企业尝试涉足真空集热管领域，且有初步的商业化产品，但目前主要还是需要依赖进口。Solel 和 Schott 真空集热管主流产品的主要技术参数如表 3-9 所示。

表 3-9　Solel 和 Schott 真空集热管主流产品的主要技术参数

项目	Solel	Schott
主要尺寸	20℃，管长 4060mm	20℃，管长 4060mm
吸热管	外径 70mm，吸收率＞96%，400℃时候辐射率＜9%	外径 70mm，吸收率＞96%，400℃时候辐射率＜9.5%
玻璃管	外径 115mm，透过率＞96.5%	外径 125mm，透过率＞96.5%
热损失	400℃时候＜250W/m；300℃时候＜125W/m	400℃时候＜250W/m；300℃时候＜125W/m
真空度	0.1Pa，保持真空度超过 25 年	0.1Pa
运行压力	＜4MPa	＜4MPa

2）槽式反射镜。槽式反射镜是起到反射太阳能，汇聚能量的作用。平面银镜经一维弯曲后，可将太阳光反射汇聚成线，线状的反射光斑落在真空集热管上，形成的聚光比 60～80 倍。槽式反射镜是槽式太阳能系统中所占面积最大的部件，要求镜面具有高反射率和低吸收率，同时具有较高的反射精度，一般要求选取的反射点 99.5%落在焦点区域。热弯精度、曲面镀银、耐久性是槽式反射镜加工的难点所在。

国际上最主要的槽式反射镜厂家是德国的玻璃公司 FLABEG，全球分公司达 11 家，供应了目前大部分已建成槽式太阳能发电站的反射镜。FLABEG 提供的主流槽式反射镜产品主要是 4mm 和 5mm，尺寸规格如表 3-10 所列。槽式反射镜的膜层结构为玻璃—过渡层—银膜—同模—保护漆 1 层—保护漆 2 层，镜面反射率约 94.5%。

表 3-10　　**FLABEG 公司槽式抛物面反射镜参数**

项目	单位	RP-2	RP-3	RP-4
内侧镜尺寸	mm×mm	1570×1400	1700×1641	1570×1900
外侧镜尺寸	mm×mm	1570×1324	1700×1501	1570×1900
内侧镜面积	m^2	2.2	2.79	2.98
外侧镜面积	m^2	2.08	2.55	2.98
开口尺寸	mm	4908	5657	6618
4mm 内侧玻璃重	kg	22	28	30
4mm 外侧玻璃重	kg	21	25	30
5mm 内侧玻璃重	kg	28	35	37
5mm 外侧玻璃重	kg	26	32	37
镜面反射率		＞93.5%	＞93.5%	＞93.5%
70mm 聚焦度		＞99.7%	＞99.7%	＞99.5%

国内的槽式反射镜生产处于起步阶段，基本是根据客户需求定制，目前还没有大规模生产的标准产品。国内槽式反射镜的供应商主要有秦皇岛瑜阳、武汉圣普、上海众顺、天津滨海等。

槽式真空集热管和槽式反射镜如图 3-13 所示。

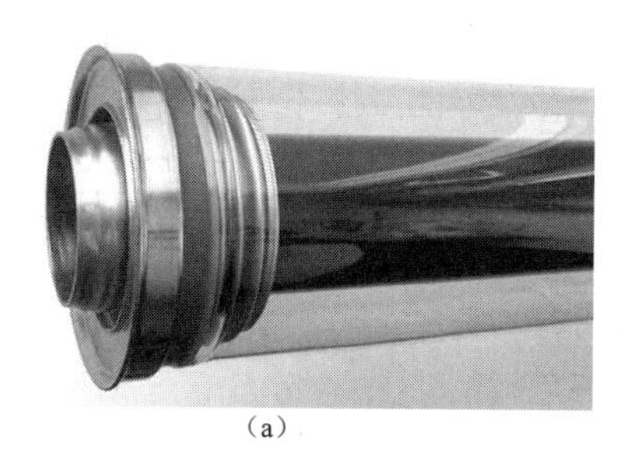

（a）

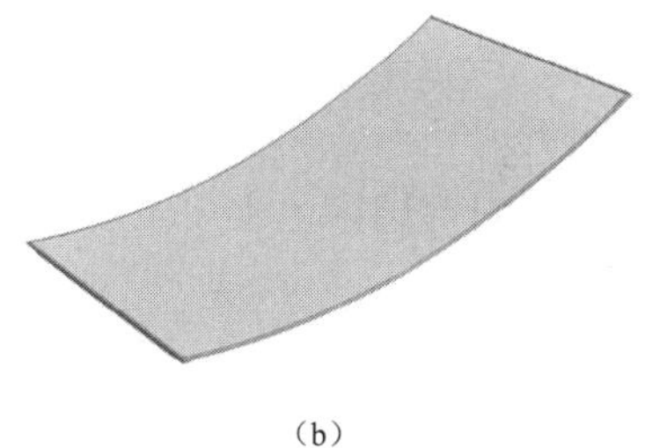

（b）

图 3-13　槽式真空集热管和槽式反射镜

（a）真空集热管；（b）槽式反射镜

3）软管或球形接头。真空集热管与固定管道之间的衔接需要软管或连有球形接头的直管。由于导热介质高温高压，长期运行，多次冷热循环冲击，对软管的耐久性有很大的考验，如使用球形接头，密封将是主要问题。目前槽式太阳能发电系统中的软管或球形接头主要依赖进口。

（3）碟式太阳能发电系统。

1）斯特林发电机。斯特林发电机是一种能以多种燃料为能源的闭循环回热式发电机，工作介质一般为氢气或氦气。由于效率不及内燃机，有一段时间几乎销声匿迹，然而近几年来，由于碟式太阳能发电系统的需求，使得斯特林发电机获得了新的发展。斯特林发动机是通过气缸内工作介质（氢气或氦气）经过冷却、压缩、吸热、膨胀为一个周期的循环来输出动力。国外斯特林发电机生产厂家主要有瑞典 Cleanergy、美国 INFINA 和 SES 等。近年来，齐耀动力、西航、宏海、聚达等企业在斯特林发电的系统设计和产品制造方面做了大量工作，使得国内斯特林发电机技术有一定的进展。目前国内主流斯特林发电机单机功率为 25kW，工作温度 750℃，工质压力 14MPa，转速 1500r/min，工作环境温度–20～80℃，工作寿命预计 10 万 h，系统最大发电效率达 30%。碟式太阳能发电系统的斯特林发电机如图 3-14 所示。

图 3-14　碟式太阳能发电系统的斯特林发电机

2）抛物面反射镜。碟式发电系统的抛物面反射镜与槽式反射镜类似，差别在于碟式抛物面反射镜的面型是空间曲线，热弯的难度比槽式反射镜大。面型的精度决定了最终光斑尺寸，对系统效率有较大影响。由于碟式太阳能发电不像槽式那样商业化完备，加上各项目碟面尺寸不一，目前基本上是客户直接定制碟式抛物反射镜，市面上没有标准尺寸产品供应。目前国际上主要供应商也是 FLABEG，而国内主要生产厂家为秦皇岛瑜阳公司。

4. 太阳能光热发电系统在分布式能源站中的应用[5]

目前，分布式能源系统以天然气作为主要的能量来源，如何与其他能源，尤其是可再生能源结合，实现多能互补，是未来要面对的问题。太阳能光热发电系统可直接并网发电，为分布式能源网络提供电力，也可在集热部分就将蒸汽或热水引出，进入分布式能源系统进行综合管理。以下是太阳能集热系统在分布式能源系统中可能发挥的作用。

（1）直接发电。最适合与分布式能源站结合，以直接提供电力入网的光热系统是使用斯特林机发电的碟式太阳能系统。碟式太阳能系统因其占地较小，排布灵活，既能多个串并联，也可单个独立运行的特点，较适合建设在分布式能源站周边，直接提供电力，同时借助常规天然气分布式系统的燃机调峰功能，降低太阳能不稳定性带来的影响，形成稳定的电力供应，提高系统的供能品质，并增加可再生能源所占的比例。

塔式太阳能发电系统需要大面积的平坦土地，不适合常规的分布式系统。但是在一些特殊情况，如在太阳能资源较好，又有大量平坦土地的荒漠里的绿洲或研究中心，或者像埃及尼罗河谷那样人口及负荷中心临近荒漠地带的区域，塔式太阳能发电系统因此可存储、可调峰的特性，可以作为分布式系统的主力能源提供电力，乃至冷热电三联供。

塔式太阳能发电系统聚光比超过 1000 倍，介质温度可达 500～600℃，发电过后，蒸汽的余热温度也较高，可为附近区域提供蒸汽或制冷，提高能源综合利用率。这种塔式太阳能供电供热模式是一种特殊的分布式能源站，是突破传统天然气分布式能源观念，因地制宜进行综合能源利用的典范。直接发电的太阳能光热发电系统如图 3-15 所示。

（2）提供热水。太阳能热水器没有经过聚光，产生的热水在 50～80℃之间，可作为生活热水直接供应，也可为余热锅炉的用水提供前级预热，或作为减温减压时候的用水，减少低温段加热的能耗。平板式热水器因其成本低、寿命长、故障少、安全可靠，吸热体面积大，易于与建筑相结合，尤其是可承压等优点，便于进行大规模的串并联汇流，在分布式系统中规模化集热时候，比真空热水器更有优势。因此，据估计平板式热水器将会在分布式系统中获得更多的应用，尤其是楼宇式的分布式能源系统，与建筑融为一体，既美观、实用，还节省了部分材料，可充分利用高层建筑侧面进行集热，极大地扩展了楼宇的集热面积，更充分地利用太阳能，并降低室内能耗。

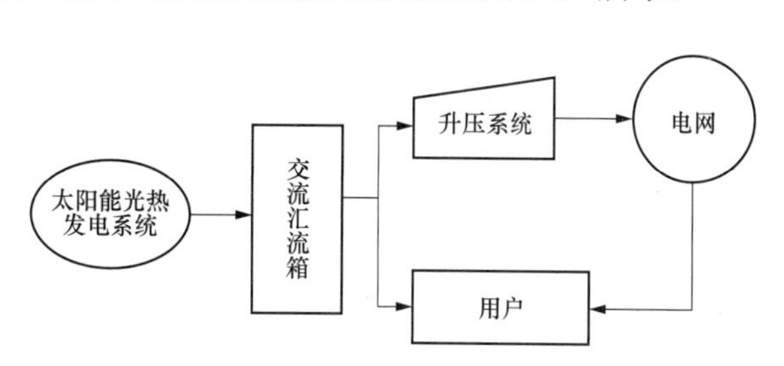

图 3-15　直接发电的太阳能光热发电系统

（3）提供中温蒸汽。考虑与分布式系统的结合，槽式集热系统不再像常规那样直接发电，而是将蒸汽引出，导入分布式能源系统中进行综合管理。根据客户需求，可以直接给客户供热，或通过溴化锂机组制冷，也可以用天然气加热后再发电。槽式集热器聚光比一般为 50～80 倍，如果采用非真空的集热管直接走水，考虑到对流损失，将水加热到 150～200℃之间是比较经济的；如果使用真空集热管，以导热油为介质，并与水换热，可提供更高品质的饱和蒸汽，达 200～350℃。槽式集热系统所产生的中温蒸汽可用于为附近的企业供应所需的蒸汽，或者用于制冷机组，为附近商场或厂房提供能冷。菲涅尔式情况与槽式类似，由于聚光比较低，且一般不用真空管，所供蒸汽一般在 150～200℃较为经济。槽式和菲涅尔式都需要平坦的地面，对于楼宇式的分布式系统，只能放在屋顶或楼下平坦的地面。提供中温蒸汽的太阳能集热系统在分布式能源中的利用示意图如图 3-16 所示。

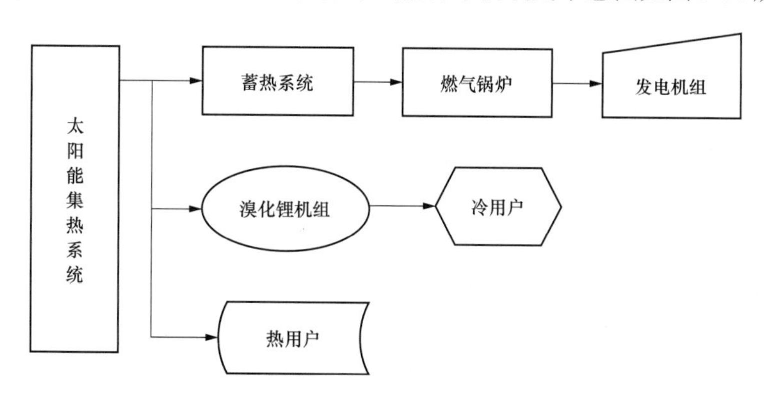

图 3-16　提供中温蒸汽的太阳能集热系统在分布式能源中的利用示意图

（4）作为负荷。太阳能集热系统除了具有发电和供热的一面，还有作为负荷的一面。太阳能集热系统有较大的厂用电消耗，如反射镜的跟踪驱动装置，用于介质循环的各种泵阀，管道伴热（熔盐作为介质的系统），以及其他日常用电，整体而言用电量大于一般的电厂。然而作为负荷，熔盐储热系统更为引人注意，储盐罐往往规模巨大，熔盐用量可达万吨级别，可以吸纳大量的富余热量，在需要时候进行供热或供电。除了把冷盐加热成热盐，利用其显热进行存储外，还可将富余热或电用作固体盐的融化，利用其巨大的潜热进行存储，新产生的液态熔盐，可对熔盐循环系统中的熔盐进行更新和补充，避免循环系统中的熔盐由于长期运行带来的物性变化，确保系统正常运行。

3.2 风能分布式供能系统

3.2.1 风力发电工作原理和基本组成

1. 风力发电工作原理

风能具有一定动能，当风以一定的速度吹向风力机时，在风轮上产生的力矩驱动风轮转动。将风的动能转换成风轮旋转的动能。

$$P=M\Omega \tag{3-1}$$

式中 P——风轮输出功率，W；

M——风轮的输出转矩，N·m；

Ω——风轮转动角速度，r/s。

风轮的输出功率通过主传动系统传递，主传动系统可以将扭矩和转速发生变化。

$$P_m=M_m\Omega_m=M\Omega\eta_m \tag{3-2}$$

式中 P_m——主传动系统的输出功率，W；

M_m——主传动系统的输出转矩，N·m；

Ω_m——主传动系统的输出轴转动角速度，r/s；

η_m——主传动系统的总效率。

主传动系统将动力传递给发电系统，发电系统把机械能变为电能。

$$P_e=P_m\eta_m \tag{3-3}$$

式中 P_e——发电系统的输出功率，W；

η_m——发电系统的总效率。

对于并网型风力发电机组，发电系统输出的交流电经过变压器升压后，即可输入电网。风力发电机组工作原理如图 3-17 所示。

2. 风力发电系统基本组成

风力发电系统主要包括风力机、发电系统、传动链、偏航系统、控制系统、液压系统等构成[6-8]。

（1）风力机。风力机是用来捕捉风能的旋转机械，核心部件是风轮。风轮的作用是把风的动能转换成风轮的旋转机械能，并通过传动链传递给发电机，进而转换成电能。

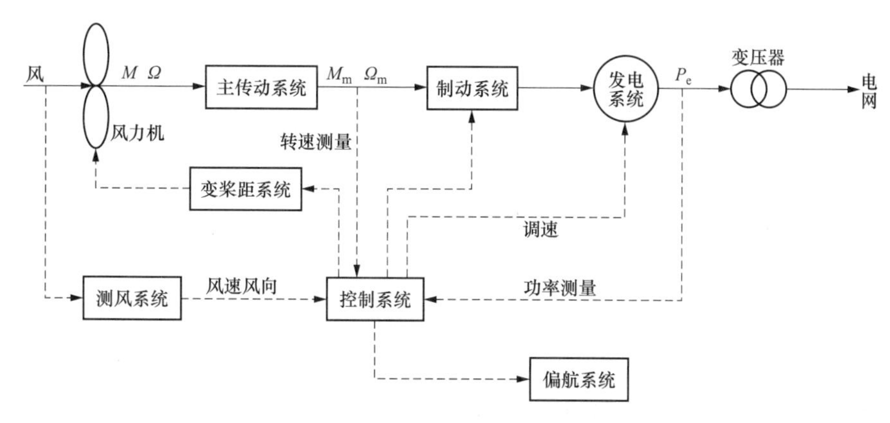

图 3-17 风力发电机组工作原理

风轮是风电机组最关键的部件，其成本占风电机组总造价的 20%～30%，设计寿命为 20 年。风轮一般由一个、两个或两个以上的几何形状相同的叶片和一个轮毂组成，此外还有相关的控制机构。从吸收风能的能力角度来讲，风轮的扫掠面积越大，捕获的风能越多，制造安装的难度也越大。综合考虑其经济成本，应合理选择叶片数和轮毂等参数。

1）叶片。叶片是风轮上的执行元件，用于捕获风能。水平轴风电机组风轮叶片的结构主要为梁、壳结构。

叶片由特殊气动外形的壳体和盒式大梁组成，盒式大梁为基本承载结构，包括两个单轴向梁盖和双轴向夹芯剪切腹板，叶片根部镶嵌在盒式大梁内，盒式大梁支撑两个空气动力学半叶壳，两个半叶壳在前后翼缘黏结成一个完整的叶片翼型。

（a）叶片主体采用硬质泡沫夹芯结构，玻璃纤维增强复合材料（GRP）的主梁作为叶片的主要承载部件，常用形式有 D 形、O 形、矩形和 C 形等，蒙皮 GRP 结构较薄，仅 2～3mm，主要保持翼型和承受叶片的扭转载荷。这种类型的叶片以丹麦 Vestas 和荷兰 CTC 公司为代表，如图 3-18 所示。特点是叶片质量轻，但由于叶片前缘强度和刚度较低，在运输过程中局部易于损坏，因此对叶片运输要求比较高。

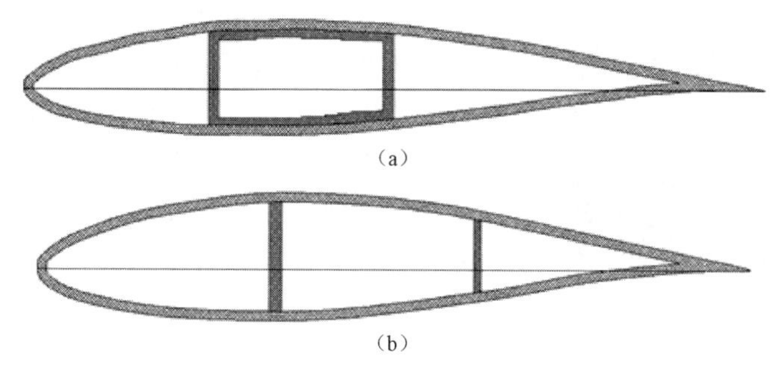

图 3-18 叶片断面结构

（a）丹麦 Vestas 公司；（b）荷兰 CTC 公司

D 形、O 形和矩形梁在缠绕机上缠绕成型；在模具中成型上、下两个半壳，再用结构胶将梁和两个半壳黏结起来。另一种方法是先在模具中成型 C（或 I）形梁，然后在模具中成型上、下两个半壳，利用结构胶将 C（或 I）形梁和两半壳黏结。

（b）叶片蒙皮以 GRP 层板为主，厚度为 10～20mm。为减轻叶片后缘重量，提高叶片整体刚度，在叶片上、下蒙皮后缘局部采用硬质泡沫夹芯结构，叶片上、下蒙皮是其主要承载结构。主梁设计相对较弱，为硬质泡沫夹芯结构，与蒙皮黏结后形成盒式结构，共同提供叶片的强度和刚度。这种结构形式叶片以丹麦 LM 公司为主，如图 3-19 所示。其优点是叶片整体强度和刚度较大，在运输、使用中安全性好，但叶片比较重，比同型号的轻型叶片重 20%～30%，制造成本相对较高。

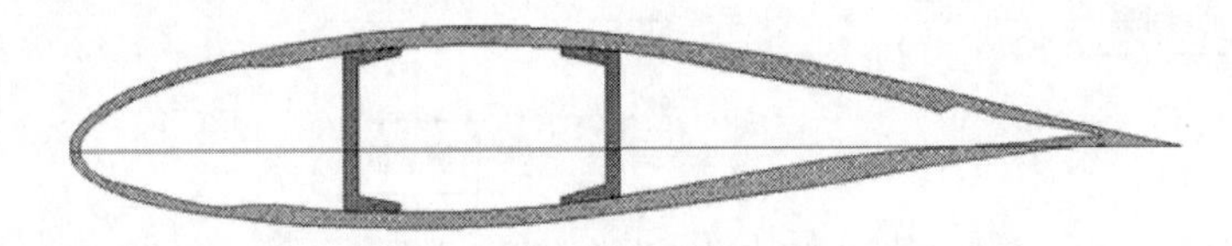

图 3-19　LM 公司叶片断面结构

C 形梁用玻璃纤维夹芯结构，以使其承受拉力和弯曲力矩达到最佳。叶片上、下蒙皮主要以单向增强材料为主，并适当铺设±45° 层来承受转矩，再用结构胶将叶片蒙皮和主梁牢固粘贴在一体。

2）轮毂。轮毂是将叶片和叶片组固定在转轴上的装置，将风轮的力和力矩传递到主传动机构。

轮毂的材料通常是球墨铸铁，利用球墨铸铁良好的成型性能铸造而成。

轮毂有铰链式和固定式两种。铰链式轮毂允许叶片沿不同方向做小幅度摆振，以改善受力状态，常用于单叶片和两叶片风轮；固定式轮毂常用于三叶片风轮，叶片没有摆振功能，但制造成本低、维护少、没有磨损。

固定式轮毂有球形和三圆柱形两种结构，多采用铸造成型，铸造材料是铸钢或球磨铸铁。固定式球形轮毂如图 3-20 所示。

图 3-20　固定式球形轮毂

（2）发电系统。用于风力发电的发电机主要有感应发电机、同步发电机、双馈（交流励磁）发电机、直流发电机四种。目前，市场广泛采用前三种类型，直流发电机已经很少应用。发电机的选型与风力机类型及控制系统控制方式直接相关。当采用定桨距风力机和恒速恒频控制方式时，应选用感应发电机。采用变桨距风力机时，应采用笼型感应发电机或双馈感应发电机。采用变速恒频控制时，应选用双馈感应发电机或同步发电机。同步发电机中，一般采用永磁同步发电机，为了降低控制成本，提高系统控制性能，可采用混合励磁（既有电励磁，又有永磁）的同步发电机。对于直驱式风力发电机组，一般采用低速（多极）永磁同步发电机。

1）基于感应发电机的发电系统。感应发电机属于异步发电机，结构简单、价格低廉、可靠性高、并网容易。可分为笼型和绕线转子型两种。

笼型感应发电机基本结构如图 3-21 所示，由定子和转子两部分组成，定、转子之间有气隙。定子绕组是笼型感应发电机的电路部分，主要作用是感应电动势，通过电流以实现机电转换。定子绕组的槽内布置分为单层、双层两种。容量较大的感应发电机一般都采用双层短距绕组。转子绕组不必由外接电源供电，可以自行闭合而构成短路绕组。定子、转子之间必须有一定的气隙，为降低空载电流和提高功率因数，在工艺允许的情况下，气隙应尽可能小。

发电机内冷却风扇与转子同轴，安装在非驱动端侧，基座上有座位孔，外盖上有吊装孔，定子接线盒起到保护接线作用。

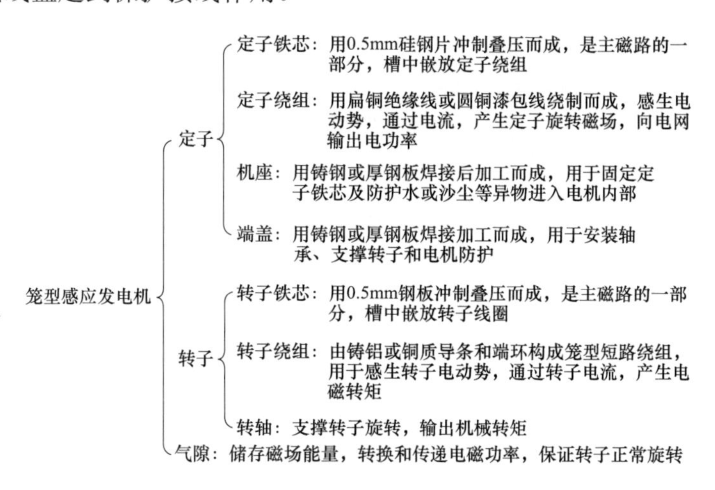

图 3-21　笼型感应发电机基本结构

绕线转子感应发电机的定子与笼型感应发电机相同，转子绕组电流通过集电环和电刷流入流出。

大型感应发电机通常采用晶闸管软并网。在感应发电机的定子和电网之间每相串入一只双向晶闸管，通过控制晶闸管的导通角来实现并网时的冲击电流，从而得到一个平滑的并网暂态过程，如图 3-22 所示。

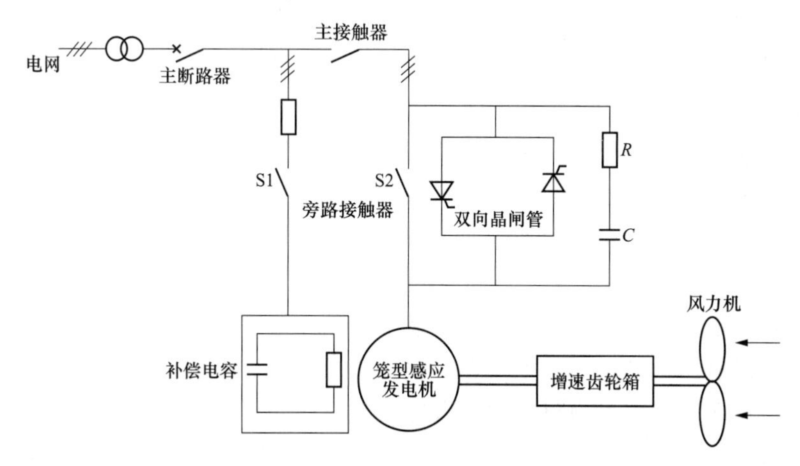

图 3-22　感应发电机经晶闸管软并网

感应发电机在向电网输出有功功率的同时，必须从电网中吸收滞后的无功功率来建立磁场和满足漏磁需要，这会影响电网的稳定性，因此，并网运行的感应发电机必须进行无功功率的补偿，以提高功率因数及设备利用率，改善电网电能的质量和输电效率。目前，调节无功的装置主要有同步调相机、有源静止无功补偿器、并联补偿电容器等。同步调相机、有源静止无功补偿器价格较高且结构、控制比较复杂，并联电容器结构简单、经济、控制和维护方便、运行可靠，因此市场应用的最多。并网运行的感应发电机并联电容器后，它所需要的无功电流由电容器提供，从而减轻电网负担。

2）基于同步发电机的发电系统。同步发电机有电励磁和永磁两类，基本结构及区别如图 3-23 所示。

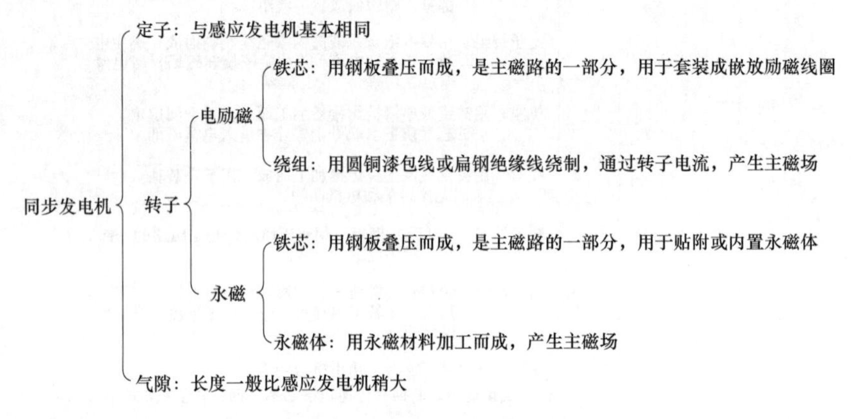

图 3-23　同步发电机基本结构

当发电机转速一定时，同步发电机的频率稳定，电能质量高。同步发电机运行时可通过调节励磁电流来调节功率因数，既能输出有功功率，也能提供无功功率，可使功率因数为 1。其用于风力发电直接并网运行时，转速必须严格保持在同步速度，否则就会引起发电机的电磁振荡甚至失步，因此同步发电机的并网技术比感应发电机的要求更严格。由于风速的随机性，使发电机轴上输入的机械转矩很不稳定，风轮的巨大惯性也使发电机的恒速恒频控制十分困难，不仅经常发生无功振荡和失步等事故，而且并网本身都很难满足并网条件的要求，常发生较大的冲击甚至并网失败。因此，基于同步发电机的发电系统多采用间接并网。

多极电励磁同步发电机的定子绕组通过全额变流器与电网相连接，组成直驱式变速恒频风力发电系统。当风速变化时，为实现最大风能捕获，风力机和发电机的转速随之变化，发电机发出的是变频交流电，通过变流器转化后获得恒频交流电输出，再与电网并联。

永磁发电机的优点是转子上没有励磁绕组，因此没有励磁绕组的铜损耗，发电机效率高；转子上没有集电环，运行更可靠。缺点是难以用调解磁场的方法控制输出电压和功率因数。在直驱型风力发电机组中，永磁发电机的磁极对数往往很多，质量也较大，导致单位功率质量比下降。

同步发电系统可以通过网侧逆变器实现几乎无冲击并网，通过采样得到电网电压的幅值、频率和相位，在折算到升压变压器的低压侧并考虑到线路的电感和电阻对其进行修正，可以得到网侧逆变器的目标电压，调节逆变器的输出达到软并网条件后进行并网。

3）基于双馈发电机的发电系统。双馈发电机又称为交流励磁发电机，在一定工况下，双馈发电机的定子、转子都可以向电网输送能量。其结构及功能如图 3-24 所示。

- 双馈发电机
  - 定子：与笼型感应发电机基本相同
  - 转子
    - 铁芯：用钢板叠压而成，是主磁路的一部分，用于嵌放转子线圈
    - 绕组：用圆铜漆包线或扁钢绝缘线绕制，用来感生转子电动势，通过转子电流，产生主磁场
  - 集电环：由铜环与绝缘材料构成，与电刷配合使转子绕组与外部电路相连接
  - 电刷装置：由电刷、刷握、刷架、汇流排等构成，与集电环配合使转子绕组与外部电路相联接

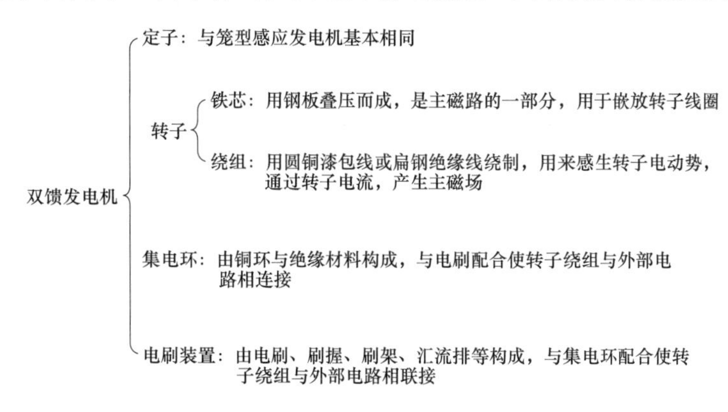

图 3-24　双馈发电机的构造及功能

双馈发电机可通过励磁电流的频率、幅度和相位的调节，实现变速运行下的恒频及功率调节。当风力发电机的转速随风速及负载的变化而变化时，通过励磁电流频率的调节实现电能频率的稳定；改变励磁电流的幅值和相位，可以改变发电机定子电动势和电网电压之间的相位角，从而实现有功功率和无功功率的调节。由于这种变速恒频方案是在转子电路中实现的，流过转子电路中的功率为转差功率，一般只为发电机额定功率的 1/4～1/3，因此变流器的容量可以较小，大幅度降低了变流器的成本和控制难度；定子直接连接在电网上，使系统具有很强的抗干扰性和稳定性。缺点是发电机仍有电刷和集电环，工作可靠性受影响。

双馈发电系统中，发电机转子绕组经变流器与电网实现连接，由电力电子器件组成的交流器把三相交流电的频率变换成与电网频率相同的频率，以便实现并网；同时，通过变流器进行有功、无功功率控制。

（3）传动链。风电机组传动链是指将风轮获得的动力以机械方式传递给发电机的整个轴系及其组成部分，主要包括主轴、齿轮箱、联轴器等组成。

1）主轴。风电机组主轴（见图 3-25）连接风轮并将风轮的转矩传递给齿轮箱，通过主轴轴承将轴向推力、气动弯矩传递给底座。作用在主轴的载荷除了与风轮传来的外载荷有关外，还与风轮（主轴）的支撑形式及主轴支撑的相对位置有关。

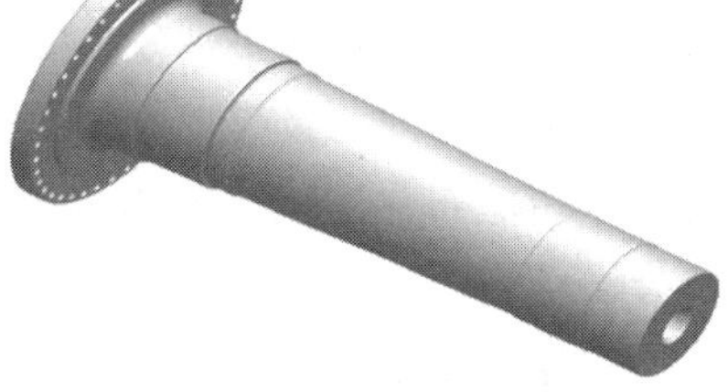

图 3-25　主轴

主轴的安装结构一般有两种，如图 3-26 所示。挑臂梁结构主轴由两个轴承架所制成。悬臂梁结构主轴的一个支撑为轴承架，另一支撑为齿轮箱，也就是所谓三点式支撑。这种结构前支点为刚性支撑，后支点（齿轮箱）为弹性支撑，能够吸收来自叶片的突变负载。

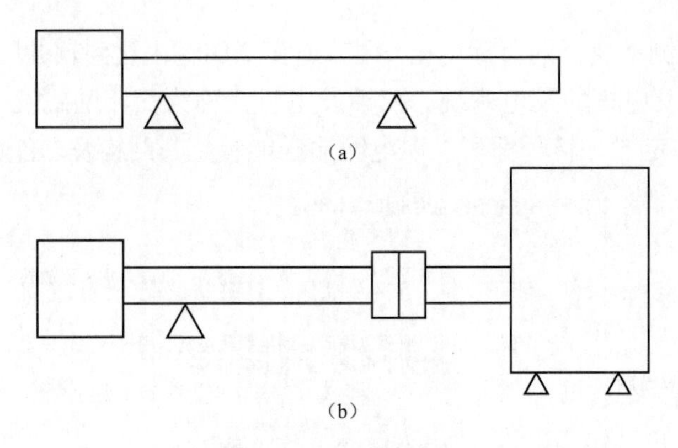

图 3-26　主轴的安装

（a）挑臂梁结构；（b）悬臂梁结构

当作用在主轴上的弯矩和轴向力可以忽略时，主轴直径 d（mm）可按下式做粗略计算。

$$d \geqslant A\sqrt[3]{\frac{P}{n}} \tag{3-4}$$

式中　A ——与材料有关的系数（A=105～115，材料较好时取小值）；

P ——主轴传递的功率，kW；

n ——主轴的转速，r/min。

常用主轴材料有 42CrMoA 和 34CrNiMo6 等。根据风电场的气候环境情况，材料还应具有耐低温冲击和抗冷脆性能。主轴毛坯应是锻件，经反复锻打改善金属的纤维组织以提高其承载能力，经过适当的热处理后应使成品材质均匀和具有规定的机械强度，并且要求无裂纹和其他缺陷。精加工后各台阶过渡处均为光亮无刀痕的圆角，以防止发生应力集中。

2）齿轮箱。除了直驱式风力发电机组外，其他型式的机组都要应用齿轮箱。齿轮箱是风电机组中的一个重要的机械部件，主要功能是将风轮在风力作用下所产生的动力传递给发电机并使其得到相应的转速。风轮的转速很低，远达不到发电机发电的要求，必须通过齿轮箱齿轮副的增速来实现，因此也称齿轮箱为增速箱。

风电机组齿轮箱齿轮传动种类很多，按传动类型可分为平行轴圆柱齿轮传动、行星齿轮传动及它们互相组合起来的传动；按传动级数可分为单级传动齿轮箱和多级传动齿轮箱；按传动布置形式可分为展开式、分流式、同轴式及混合式等。较小功率的机组可采用较为简单的两级或三级平行轴齿轮传动。功率更大时，由于平行轴展开尺寸过大，不利于机舱布置，多采用行星齿轮传动或行星齿轮与平行轴齿轮的负荷传动及多级分流、差动分流传动。

确定传动方案要结合机组载荷工况和轴系的整体设计，满足动力传递准确、平稳而又结构紧凑、重量轻、便于维护的要求。

传动齿轮副置于箱体之中，箱体必须具有足够的刚性去承受力和力矩的作用，防止变形，保证传动质量。批量生产时，常采用铸铁箱体；单件、小批生产时，常采用焊接或焊接与铸造相结合的箱体。为减少齿轮箱传到机舱机座的震动，齿轮箱可安装在弹性减振器上。

齿轮箱上常采用的轴承有圆柱滚子轴承、圆锥滚子轴承、调心滚子轴承等。其中，调心滚子轴承的承载能力最大，且能够广泛应用在承受较大负载或者难以避免同轴误差和挠曲较大的支承部位。

3）联轴器。联轴器是用来连接不同机构中的两根轴（主动轴和从动轴），使之共同旋转以传递转矩的机械零件，一般由两个半联轴节及连接件组成，通常两半联轴节分别与主动轴、从动轴采用连接件等连接。

常见的联轴器有刚性联轴器和弹性联轴器两种，刚性联轴器结构简单，成本低，但对被连接的两轴间的相对位移缺乏补偿能力，因此要求被连接的两轴具有很高对中性。在风电机组中常常在主轴和齿轴箱输入轴（低速轴）连接处应用刚性联轴器，如胀套式联轴器。

弹性联轴器对被连接两轴的轴向、径向和角向偏移具有一定的补偿能力，能够有效减小振动和噪声。在风电机组的齿轮箱和发电机与机座之间采用弹性减震垫，在机组安装时及正常工作状态下，齿轮箱输出轴的中心线与发电机输入轴的中心线之间的相对位置（轴向、径向和角向）不可避免地出现相对位置偏差，参见图 3-27，所以需要在齿轮箱输出轴与发电机输入轴之间使用高弹性的联轴器来补偿彼此间产生的相对位移，同时要求联轴器在补偿相对位移时产生的反作用力越小越好，以减小施加在齿轮箱和发电机轴承上的附加载荷。齿轮箱输出轴（高速轴）与发电机输入轴连接处采用的弹性联轴器有膜片联轴器和连杆式联轴器等。

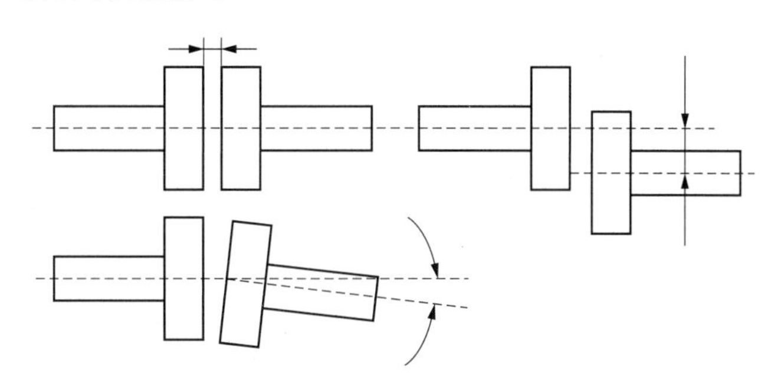

图 3-27　两轴间的轴向、径向和角向位移及偏差

（4）偏航系统。偏航系统是风电机组特有的伺服系统，主要有两个功能：一是使风电机组叶轮跟踪变化的风向；二是当风电机组由于偏航作用，机舱内引出的电缆发生缠绕时，自动解除缠绕。

偏航系统有被动偏航系统和主动偏航系统两种。被动偏航系统是当风轮偏离风向时，利用风压产生绕塔架的转矩使风轮对准风向，若是上风向，则必须有尾舵；若是下风向，则利用风轮偏离后推力产生的恢复力矩对风。但对大型风电机组，由于被动偏航系统不能实现电缆自动解扭，易发生电缆过扭故障，因此很少采用。主动偏航是采用电力或液压驱动的方式让机舱通过齿轮传动使风轮对准风向完成对风动作。

偏航系统一般为电动机驱动，少数整机厂商选择液压驱动形式。偏航电动机通过速比非常大的行星减速器以调向小齿轮与偏航回转支撑的齿环啮合。偏航电动机一般为2～4个，除了偏航制动盘的制动夹钳起到制动效果外，偏航电动机本身也带电磁制动器。

当风向改变时，风向仪将信号输入控制系统，控制驱动装置工作，小齿轮在大齿圈上转动，从而带动机舱旋转，使得风轮对准风向。

机场可以两个方向旋转，旋转方向由传感器进行检测。当机舱向同一个方向偏航的圈数达到设定度数时，一般由限位开关将信号输入控制装置后，控制机组快速停机，并反转解缆。

偏航控制系统是伺服系统，当风向与叶轮轴线偏离一个角度时，控制系统经过一段时间的确认后，会控制偏航电动机将叶轮调整到与风向一致的方位。偏航控制系统原理图如图3-28所示。

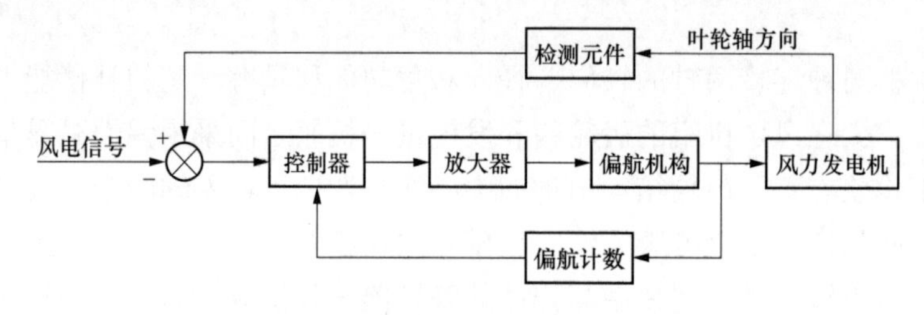

图3-28　偏航控制系统框架图

3.2.2　风力发电机组厂家及产品特点

目前国内风机市场主要厂家包括华锐风电、金风科技、明阳智能等。其中，各厂家主要产品及参数如表3-11～表3-19所示。

表3-11　　华锐风电1.5、2MW风机参数

机组型号		SL1500/70	SL1500/77	SL1500/82	SL1500/90	SL1500/93	SL2000/100	SL2000/110	SL2000/116	SL2000/121
机组	额定功率（kW）	1500					2000			
	切入风速（m/s）	3								
	切出风速（m/s）	25	25	25	22	20	25	25	25	22
	额定风速（m/s）	11.5	11	10.5	10	9.5	10.5	9.5	9	8.7
	平均风速（m/s）	10	8.5	8.5	7.5	7.5	8.5	7.5	7	6.5
	生存风速（m/s）	70/80	59.5	59.5	52.5	52.5	59.5	52.5	52.5	52.5
	运行环境温度（℃）	常温型−15～+45，低温型−30～+45					常温型−10～+40，低温型−30～+40			
	生存环境温度（℃）	常温型−25～+50，低温型−45～+50					常温型−20～+50，低温型−40～+50			

续表

机组型号		SL1500/70	SL1500/77	SL1500/82	SL1500/90	SL1500/93	SL2000/100	SL2000/110	SL2000/116	SL2000/121
叶轮	叶片数量	3								
	叶轮直径（m）	70	77	82	90	93	100	110	116	121
	叶片长度（m）	34	37.5	40.25	43.5/44	45.3	48.8	53.4	56.5	59.6
	扫掠面积（m^2）	3879	4705	5398	6280/6421	6793	7885	9400	10477	11518
发电机	结构形式	2级行星+1级平行轴齿轮					1级行星+2级平行轴齿轮			
	类型	双馈异步					双馈感应			
	额定输出电压（V）	690								
	频率（Hz）	50								
	额定转速（r/min）	1800							1200	
变桨系统	功率因数	容性0.9，感性0.9								
偏航系统	驱动控制	电动机+减速机								
制动系统	类型	主动式								
	空气制动	叶片独立变桨								
控制方式	机械制动	液压盘式制动器								
塔筒	控制方式	PLC+远程监控								
	类型	钢制锥形塔筒								
	轮毂高度（m）	65/70		65/70/80/100	70/80/100		80/90/100			

表3-12　　华锐风电3、5、6MW风机参数

机组型号		SL3000/90	SL3000/105	SL3000/113	SL3000/121	SL5000/128	SL5000/155	SL6000/128	SL6000/155
机组	额定功率（kW）	3000				5000		6000	
	切入风速（m/s）	3	3	3	3	3.5	3.5	3.5	3.5
	切出风速（m/s）	25	25	25	22	25	25	25	22
	额定风速（m/s）	13	12	11	10.5	12.5	10	13	11
	平均风速（m/s）	10	8.5	7.5	7.5	10	8	10	8.5

续表

机组型号		SL3000/90	SL3000/105	SL3000/113	SL3000/121	SL5000/128	SL5000/155	SL6000/128	SL6000/155
机组	生存风速（m/s）	70	59.5	52.5	52.5	70	59.5	70	59.5
	运行环境温度（℃）	常温型–10～+40，低温型–30～+40				–10～+40			
	生存环境温度（℃）	常温型–20～+50，低温型–40～+50				–20～+50			
叶轮	叶片数量	3				3			
	叶轮直径（m）	90	105	113	121	128	155	128	155
	叶片长度（m）	44/45	50.3	55	58/58.3	62	75	62	75
	扫掠面积（m^2）	6358	8654	10023	11493	12861	18617	12861	18617
发电机	结构形式	2 级行星+1 级平行轴齿轮				2 级行星+1 级平行轴齿轮			
	类型	双馈异步				双馈异步			
	额定输出电压（V）	690				6300			
	频率（Hz）	50/60				50			
	额定转速（r/min）	1200							
变桨系统	功率因数	容性 0.9～感性 0.9							
偏航系统	驱动控制	电动机+减速机							
制动系统	类型	主动式							
	空气制动	叶片独立变桨							
控制方式	机械制动	液压盘式制动器							
塔筒	控制方式	PLC+远程监控							
	类型	钢制锥形塔筒							
	轮毂高度（m）	80/90	80/90/100/110	90/100/110	90/100/110	100	110	100	110

表 3-13　金风科技 2、*X*MW 机型参数

机组型号		GW2000/108	GW2000/115	GW2100/115	GW2200/115	GW2000/121	GW2200/126	GW2200/131	GW2300/131
机组	额定功率（kW）	2000	2000	2100	2200	2000	2200	2200	2300
	切入风速（m/s）	3	2.5	2.5	2.5	2.5	2.5	2.5	2.5

续表

机组型号		GW2000/108	GW2000/115	GW2100/115	GW2200/115	GW2000/121	GW2200/126	GW2200/131	GW2300/131
机组	切出风速（m/s）	22	19	19	19	19	23	23	23
	额定风速（m/s）	9.5	9	9.2	9.4	8.8	8.8	8.6	8.8
	运行环境温度（℃）	−30～+40							
	生存环境温度（℃）	−40～+50							
叶轮	叶片数量	3	3	3	3	3	3	3	3
	叶轮直径（m）	108	115	115	115	121	126	131	131
	叶片长度（m）	52.5	57	57	57	60	62	64	64
	扫掠面积（m^2）	9156	10382	10382	10382	11548	12463	13471	13471
发电机	类型	永磁同步发电机							
	额定输出电压（V）	720							
	频率（Hz）	50/60							
	功率因数	容性 0.95～感性 0.95							
偏航系统	驱动控制	电动机驱动/四级行星减速							
制动系统	空气制动	气动刹车							
	机械制动	液压机械制动系统							
控制方式	控制方式	PLC							
塔筒	类型	钢制锥形							
	轮毂高度（m）	80	80/85/90/100			85/90/100	85/90		

表 3-14　　　　金风科技 2.5MW 机型参数

机组型号		GW2500/103	GW2500/109	GW2500/121	GW2500VP/109	GW2500VP/109	GW2500/103
机组	额定功率（kW）	2500				2750	
	切入风速（m/s）	3	3	2.5	2.5	2.5	2.5
	切出风速（m/s）	25	25	22	20	25	20
	额定风速（m/s）	10.8	10.3	9.3	8.9	10.7	9.7

续表

机组型号		GW2500/103	GW2500/109	GW2500/121	GW2500VP/109	GW2500VP/109	GW2500/103
机组	运行环境温度（℃）	−35～+40					
	生存环境温度（℃）	−40～+50					
叶轮	叶片数量	3	3	3	3	3	3
	叶轮直径（m）	103	109	121	130	109	121
	叶片长度（m）	50.5	53.8	59.5	63.5	53.8	59.5
	扫掠面积（m^2）	8397	9931	11595	13172	9931	11595
发电机	类型	永磁同步发电机					
	额定输出电压（V）	690					
	频率（Hz）	50/60					
	功率因数	容性 0.95～感性 0.95					
偏航系统	驱动控制	电动机驱动/四级行星减速					
制动系统	空气制动	气动刹车					
	机械制动	液压机械制动系统					
控制方式	控制方式	PLC					
塔筒	类型	钢制锥形塔筒					
	轮毂高度（m）	80	80/90	90/120	90/120	80/90	90/120

表 3-15　金风科技 3～6MW 机型参数

机组型号		GW3000/140	GW4000/136	GW6700/154	GW6450/164	GW6450/171
机组	额定功率（kW）	3000～3400	4000～4200	6700	6450	6450
	切入风速（m/s）	2.5	2.5	3	3	3
	切出风速（m/s）	≥20	≥20	25	25	25
	额定风速（m/s）	11.2～12	11.2～12	12	11.5	10.5
	运行环境温度（℃）	−20～+40		−20～+40		
	生存环境温度（℃）	−30～+50		−30～+50		

续表

<table>
<tr><td colspan="2">机组型号</td><td>GW3000/140</td><td>GW4000/136</td><td>GW6700/154</td><td>GW6450/164</td><td>GW6450/171</td></tr>
<tr><td rowspan="3">叶轮</td><td>叶片数量</td><td>3</td><td>3</td><td>3</td><td>3</td><td>3</td></tr>
<tr><td>叶轮直径（m）</td><td>136/140</td><td>136</td><td>154</td><td>164</td><td>171</td></tr>
<tr><td>扫掠面积（m^2）</td><td>15474</td><td>14712</td><td>18617</td><td>21124</td><td>22960</td></tr>
<tr><td rowspan="4">发电机</td><td>类型</td><td colspan="5">永磁同步发电机</td></tr>
<tr><td>额定输出电压（V）</td><td>690</td><td>740</td><td colspan="3">720</td></tr>
<tr><td>频率（Hz）</td><td colspan="2">50</td><td colspan="3">50/60</td></tr>
<tr><td>功率因数</td><td>容性 0.925～感性 0.925</td><td>容性 0.9～感性 0.9</td><td colspan="3">—</td></tr>
<tr><td>偏航系统</td><td>驱动控制</td><td colspan="5">电动机驱动/四级行星减速</td></tr>
<tr><td rowspan="2">制动系统</td><td>空气制动</td><td colspan="5">气动刹车</td></tr>
<tr><td>机械制动</td><td colspan="2">发电机刹车</td><td colspan="3">液压制动</td></tr>
<tr><td>控制方式</td><td>控制方式</td><td colspan="2">PLC</td><td colspan="3">PLC</td></tr>
<tr><td rowspan="2">塔筒</td><td>类型</td><td colspan="2">钢制锥形/钢混塔筒</td><td colspan="3">钢制锥形</td></tr>
<tr><td>轮毂高度（m）</td><td>100～160</td><td>110～160</td><td>103</td><td>104</td><td>108</td></tr>
</table>

表 3-16　　明阳 1500 系列风机参数

<table>
<tr><td colspan="2">机组型号</td><td>MY1500/70</td><td>MY1500/77</td><td>MY1500/82</td><td>MY1500/89</td></tr>
<tr><td rowspan="6">机组</td><td>额定功率（kW）</td><td colspan="4">1500</td></tr>
<tr><td>切入风速（m/s）</td><td>3.5</td><td colspan="3">3</td></tr>
<tr><td>切出风速（m/s）</td><td colspan="4">25</td></tr>
<tr><td>额定风速（m/s）</td><td>12</td><td>11.3</td><td>10.8</td><td>10</td></tr>
<tr><td>运行环境温度（℃）</td><td colspan="4">常温型−10~+40，低温型−30~+40，超低温型−40~+40</td></tr>
<tr><td>生存环境温度（℃）</td><td colspan="4">常温型−20~+50，低温型−40~+50，超低温型−45~+50</td></tr>
<tr><td rowspan="3">叶轮</td><td>叶片数量</td><td colspan="4">3</td></tr>
<tr><td>叶轮直径（m）</td><td>70</td><td>77.1</td><td>82.6</td><td>89.1</td></tr>
<tr><td>额定叶轮转速（r/min）</td><td>20</td><td>17.4</td><td>17.4</td><td>16.6</td></tr>
</table>

续表

机组型号		MY1500/70	MY1500/77	MY1500/82	MY1500/89
发电机	类型	双馈异步发电机			
	额定功率（kW）	1550			
	额定输出电压（V）	690			
制动系统	第一安全系统	独立叶片顺浆			
	第二安全系统	独立叶片顺浆+机械刹车			
控制方式	控制方式	PLC			
塔筒	类型	钢制塔筒			
	高度（m）	65/70/80/100			

表 3-17　　明阳 **MY2000** 系列风机参数

机组型号		MY2000/87	MY2000/93	MY2000/100	MY2000/104	MY2000/110	MY2000/118
机组	额定功率（kW）	2000					
	切入风速（m/s）	3					
	切出风速（m/s）	25					
	额定风速（m/s）	10.9	10.6	10	10.5	10	9.5
	运行环境温度（℃）	常温型-10~+40，低温型-30~+40，超低温型-40~+40					
	生存环境温度（℃）	常温型-20~+50，低温型-40~+50，超低温型-45~+50					
叶轮	叶片数量	3					
	叶轮直径（m）	87	93	100	104	110	118
	额定叶轮转速（r/min）	17	15.9	15.7	13.32	13.32	13.32
发电机	类型	双馈异步发电机					
	额定功率（kW）	2100					
	额定输出电压（V）	690					
制动系统	第一安全系统	独立叶片顺浆					
	第二安全系统	独立叶片顺浆+机械刹车					
控制方式	控制方式	PLC					
塔筒	类型	钢制塔筒					
	高度（m）	70/75	80/90	85/90	80/85	80/85	90

表 3-18　　明阳 MySE3.0 系列风机参数

<table>
<tr><td colspan="2">机组型号</td><td colspan="4">MySE3.0 系列</td></tr>
<tr><td rowspan="7">机组</td><td>额定功率（kW）</td><td>2500</td><td>3000</td><td>3000</td><td>3000</td></tr>
<tr><td>切入风速（m/s）</td><td colspan="4">3</td></tr>
<tr><td>切出风速（m/s）</td><td colspan="3">25</td><td>20</td></tr>
<tr><td>额定风速（m/s）</td><td>9.5</td><td>11</td><td>10</td><td>9.3</td></tr>
<tr><td>运行环境温度（℃）</td><td colspan="4">–30~+40</td></tr>
<tr><td>生存环境温度（℃）</td><td colspan="4">–40~+50</td></tr>
<tr><td>—</td><td colspan="4"></td></tr>
</table>

<table>
<tr><td rowspan="2">叶轮</td><td>叶片数量</td><td colspan="4">3</td></tr>
<tr><td>叶片材料</td><td colspan="4">GRP</td></tr>
<tr><td rowspan="3">发电机</td><td>类型</td><td colspan="4">永磁同步发电机</td></tr>
<tr><td>额定功率（kW）</td><td>2700</td><td colspan="3">3250</td></tr>
<tr><td>额定输出电压（V）</td><td colspan="4">690</td></tr>
<tr><td rowspan="4">变频器</td><td>类型</td><td colspan="4">全功率变频</td></tr>
<tr><td>额定功率（kW）</td><td>2620</td><td colspan="3">3150</td></tr>
<tr><td>功率因数</td><td colspan="4">–0.95~+0.95</td></tr>
<tr><td>效率</td><td colspan="4">0.97</td></tr>
<tr><td rowspan="2">制动系统</td><td>主制动系统</td><td colspan="4">叶片独立顺桨</td></tr>
<tr><td>第二制动系统</td><td colspan="4">液压盘式制动器</td></tr>
<tr><td>控制方式</td><td>控制方式</td><td colspan="4">PLC+远程监控</td></tr>
<tr><td rowspan="2">塔筒</td><td>类型</td><td colspan="4">钢制锥形</td></tr>
<tr><td>轮毂高度（m）</td><td colspan="3">85</td><td>90</td></tr>
</table>

表 3-19　　明阳 MySE4.0/6.0 系列风机参数

<table>
<tr><td colspan="2">机组型号</td><td>MySE4.0/145</td><td>MySE4.0/156</td><td>MySE5.5/155</td><td>MySE7.0/158</td></tr>
<tr><td rowspan="2">机组</td><td>额定功率（kW）</td><td colspan="2">4000</td><td>5500</td><td>7000</td></tr>
<tr><td>切入风速（m/s）</td><td colspan="2">2.5</td><td>3</td><td>3</td></tr>
</table>

续表

<table>
<tr><th colspan="2">机组型号</th><th>MySE4.0/145</th><th>MySE4.0/156</th><th>MySE5.5/155</th><th>MySE7.0/158</th></tr>
<tr><td rowspan="4">机组</td><td>切出风速（m/s）</td><td colspan="2">20</td><td>25</td><td>25</td></tr>
<tr><td>额定风速（m/s）</td><td colspan="2">9.9</td><td>10.1</td><td>11.1</td></tr>
<tr><td>运行环境温度（℃）</td><td colspan="2">–30~+40</td><td colspan="2">–10~+40</td></tr>
<tr><td>生存环境温度（℃）</td><td colspan="2">–40~+50</td><td colspan="2">–20~+50</td></tr>
<tr><td rowspan="2">叶轮</td><td>叶片数量</td><td>3</td><td>3</td><td>3</td><td>3</td></tr>
<tr><td>叶片直径（m²）</td><td>145</td><td>156</td><td colspan="2">158</td></tr>
<tr><td rowspan="2">发电机</td><td>类型</td><td colspan="2">永磁同步发电机</td><td colspan="2">永磁同步发电机</td></tr>
<tr><td>额定电压（V）</td><td colspan="4">690</td></tr>
<tr><td rowspan="6">变流器</td><td>类型</td><td colspan="4">全功率变流</td></tr>
<tr><td>额定输出功率（kW）</td><td colspan="2">4100</td><td>5800</td><td>7350</td></tr>
<tr><td>额定输出电压（V）</td><td colspan="4">690</td></tr>
<tr><td>额定频率（Hz）</td><td colspan="4">50</td></tr>
<tr><td>功率因数</td><td colspan="4">–0.95~+0.95</td></tr>
<tr><td>效率</td><td colspan="4">0.97</td></tr>
<tr><td rowspan="2">制动系统</td><td>主制动系统</td><td colspan="2">叶片独立顺浆</td><td colspan="2">叶片独立顺浆</td></tr>
<tr><td>第二制动系统</td><td colspan="2">液压盘式制动器</td><td colspan="2">液压盘式制动器</td></tr>
<tr><td>控制方式</td><td>控制方式</td><td colspan="2">PLC</td><td colspan="2">PLC</td></tr>
<tr><td rowspan="2">塔筒</td><td>类型</td><td colspan="2">钢制锥形</td><td colspan="2">钢制锥形</td></tr>
<tr><td>轮毂高度（m）</td><td>90</td><td>100</td><td colspan="2">—</td></tr>
</table>

3.2.3 分布式风能供能系统应用

分布式风力发电系统主要运用领域：可在农村、牧区、山区，发展中的大、中、小城市或商业区附近建造，解决当地用户用电需求。

技术特点如下：

（1）环境适应性强，无论是高原、山地，还是海岛、边远地区，只要风能达到一定的条件，都可以正常运行，为用户终端供电。

（2）分布式风力发电系统中各电站相互独立，用户可以自行控制，不会发生大规模停电事故，安全可靠性比较高。

（3）分布式风力发电可以弥补大电网安全稳定性的不足，在意外灾害发生时继续供电，是集中供电方式不可缺少的重要补充。

（4）可对区域电力的质量和性能进行实时监控，非常适合向农村、牧区、山区，发展中的中、小城市或商业区的居民供电，大大减小环保压力。

（5）输配电损耗很低，甚至没有，无需建配电站，可降低或避免附加的输配电成本，同时土建和安装成本低。

（6）可以满足特殊场合的需求，如用于重要集会或庆典的（处于热备用状态的）移动分散式发电车。

（7）调峰性能好，操作简单，由于参与运行的系统少，启停快速，便于实现全自动。

3.3 生物质能分布式供能系统

生物质能是分布广泛、资源丰富的可再生能源，利用过程中不产生或者很少产生污染物，既是对传统一次能源的重要补充，又是未来能源结构的基础，对能源可持续发展起着重要的作用[9-11]。生物质能在分布式供能系统中的利用方式主要包括生物质直燃发电、生物质气化发电及沼气发电技术三种类型。

3.3.1 生物质直燃发电

1. 生物质发电工作原理

生物质直燃发电系统主要包括生物质原料收集系统、预处理系统、储存系统、给料系统、燃烧系统、热利用系统和烟气处理系统。生物质发电工艺流程如图 3-29 所示，农作物秸秆、稻壳等生物质原料从附近各个收集点运送到生物质直燃电厂，经破碎、分选、压实等预处理后存放在原料储存仓库；由原料输送装置将预处理后的生物质送入特定的生物质锅炉内燃烧，通过锅炉换热产生高温高压蒸汽，再利用蒸汽推动汽轮机发电系统进行发电。生物质燃烧后的灰渣落入除灰装置，由输灰机送至灰坑，进行灰渣处理。烟气经处理后排放。生物质直燃发电原理与燃煤锅炉火力发电相似。

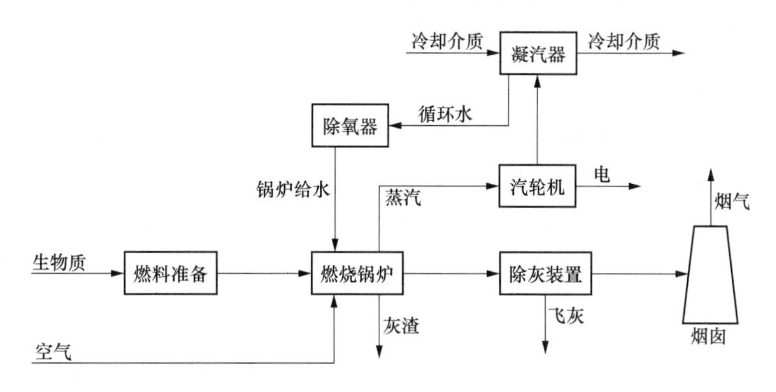

图 3-29 生物质直燃发电系统图

生物质直燃发电工艺成熟，整套生物质发电系统可以连续稳定地运行，并能高效率、大规模地处理多种废弃生物质，且原料易于就地收集、运营维护成本相对较低，适宜大规模推广。

2. 生物质直燃发电系统基本组成

本节主要介绍燃烧系统及热利用系统中最重要的设备生物质直燃锅炉及汽机。

（1）生物质直燃锅炉。由于生物质燃料具有高氯、高碱、挥发分高、灰熔点低等特点，燃烧时易腐蚀锅炉，并产生结渣、结焦等，对生物质直燃锅炉的设计有特殊的技术要求。根据不同燃料的特点发展了不同的种类。目前市场上主要应用的炉型有水冷振动炉排炉、循环流化床锅炉、链条炉排炉、往复炉排炉及联合炉排炉。不同炉型的对比分析如表 3-20 所示。

表 3-20　炉型对比分析表

项目	水冷振动炉排炉	循环流化床锅炉	联合炉排炉
燃料的适应性	单一燃料，燃烧较稳定，黄秆和灰秆应设计不同的炉排角度，燃料收集具有局限性，对异物适应性差	仅适应于空隙率比较小及特殊燃料，如稻壳、棕榈壳、木屑、木糖渣等，燃料收集具有局限性，异物会导致锅炉无法流化	各种农作物秸秆（包括黄秆和灰秆）谷物壳类、树皮、枝条，加工厂废料，基本上所有生物质燃料均可燃烧，燃料收集范围广，对异物适应性好
燃料预处理	稍复杂，需破碎 50mm 左右，特别是黄秆燃料（体积大、重量轻、密度小），为满足锅炉燃烧发热量，需打捆至规定体积和重量，前期投资大	稍复杂，需增加燃料破碎等预处理工艺和设备，破碎至 30mm 左右，前期投资大	简单，仅破碎 100mm 左右，即可入炉燃烧，前期投资小
结焦情况	水冷炉排开孔较小，透风率较小，燃料中灰分较大时易结焦	因生物质热值不稳定，床温变化大，燃料杂质多时受床温影响易结焦	因透风率较大，对灰分、杂质较多的燃料，有很好的适应性，不易结焦，即使有小的结焦，炉排移动过程有自清灰功能
燃烧充分性	通过炉排按一定频率振动（可根据燃料调整），调节手段少，调节范围较小	要求燃料粒径和密度均一，否则无法充分燃烧，在给料稳定、合适尺寸的燃料下燃烧较充分	往复炉排和链条分别可以变频调速，多级风室配风，燃料在炉排上充分与空气接触、充分燃烧
设备磨损程度	循环流化床锅炉蓄热床料燃烧后产生的飞灰硬度较高，容易磨损锅炉受热面，其他两种锅炉设备磨损度较小		
运行成本	循环流化床锅炉运行过程中需不定时添加沙子、高铝砖屑等床料，运营成本高于其他两种锅炉		
厂用电情况	循环流化床锅炉需增加流化风机等特殊设备，厂用电稍高于其他两种锅炉		

目前国内应用较多的是水冷振动炉排炉和循环流化床锅炉。水冷振动炉排炉具有运行稳定、技术成熟、热效率高的特点，锅炉效率可达到 89%～90%，年连续运行小时数可达到 8000h 以上。循环流化床锅炉着火及时、NO_x 排放低，锅炉造价相对较低，但循环流化床生物质锅炉对于生物质燃料存在一定磨损，尤其是国内燃料普遍存在较多的杂质（土、石等），会导致锅炉运行可靠性降低。

（2）汽轮机。目前直燃发电机组主要以高温高压参数为主，为了提高电站的经济性，国内有向高温超高压和高温超高压带再热机组过渡的趋势，并相继有机组陆续投产。

不同参数的典型机组性能对比如表 3-21 所示。

表 3-21　　不同参数机组性能比较表

项目	单位	30MW 高温高压	30MW 高温超高压机组	30MW 高温超高压带再热机组
汽轮机纯凝工况热耗	kJ/kWh	9790	9636	8865
额定纯凝工况进汽量	t/h	116	115.5	95
锅炉效率	%	90	90	90
管道效率	%	99	99	99
厂用电消耗	kW	基准	124	–99
年供电量	kWh	基准	–992000	792000
全厂热效率	%	基准	+0.52	+3.42
电价	元/kWh	0.7373	0.7373	0.7373
售电收入	万元	基准	–73	58
燃料热值	kcal/kg	2202.6	2202.6	2202.6
年利用小时数	h	8000	8000	8000
年耗燃料量	万 t	28.63	28.18	25.93
秸秆价格	万元/t	300	300	300
燃料费用	万元	基准	–135	–810
合计年毛收入差值（售电收入-燃料费用）	万元	基准	62	868
其他说明		技术成熟，主机可选择厂家较多	技术相对成熟，可选的汽轮机厂家较少	新技术，生产、运行经验较少，有生产能力的主机厂较少

高温超高压和高温超高压带再热机组主要配置循环流化床锅炉，由于技术限制的原因，水冷振动炉排炉目前均采用高温高压参数。

3.3.2 生物质气化发电技术

1. 生物质气化发电工作原理

生物质气化发电基本原理是生物质在气化炉中气化生成可燃气体，净化后推动燃气发电设备进行发电。

生物质气化发电系统主要包括气化系统、净化系统、发电系统，其工艺流程主要包含三个过程：①生物质气化，把固体生物质转化为气体燃料；②气体净化，气化出来的燃气带有一定的杂质，包括灰分、焦炭和焦油等，需要经过净化系统去除杂质，以保证燃气发电系统的正常运行；③燃气发电，利用燃气内燃机或燃气轮机进行发电，为提高发电效率，燃气轮机/内燃机后可以增加余热锅炉和蒸汽轮机。生物质气化发电工作原理与燃气发电相似，发电流程示意图如图 3-30 所示。

生物质气化发电技术具有以下两个特点：①技术灵活。生物质气化发电可以采用内燃机、燃气轮机、余热锅炉和汽轮机等多种类型，可以根据规模大小选用合适的发电设备，保证任何规模下都有合理的发电效率，可以很好地满足生物质分散利用的特点；②清洁环保。生物质本身属于可再生能源，可有效减少 CO_2、SO_2 等有害气体的排放，且气化过程的温度较低（一般 700～900℃），NO_x 生成量很少，能有效控制 NO_x 的排放。

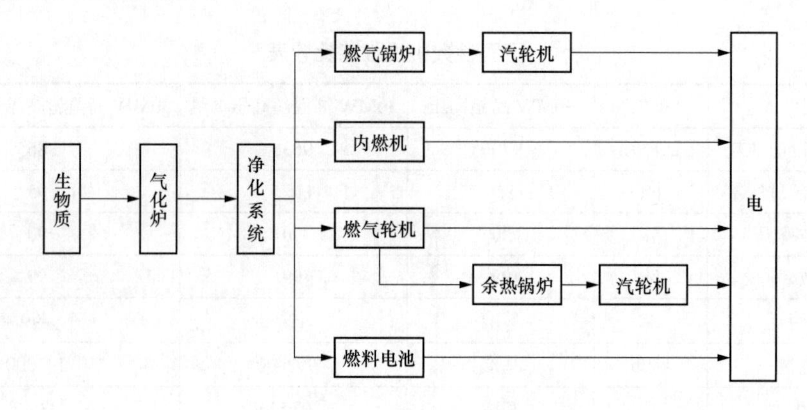

图 3-30　生物质气化发电流程示意图

2. 主要设备介绍

生物质气化发电系统核心设备是气化炉，本节主要介绍气化炉的主要类型及特点。

气化炉。生物质气化有多种工艺流程，理论上讲，任何一种气化工艺都可以构成生物质气化发电系统。但从气化发电的质量和经济性来讲，生物质气化发电要求达到发电频率稳定、发电负荷连续可调两个基本要求，因此对气化设备来说，必须达到燃气质量稳定、可调，且必须连续运行，在此前提下，气化能量转化效率的高低才是气化发电系统运行成本的关键所在。

目前市场上常用的气化炉主要是固定床气化炉与流化床气化炉两种类型，其特点如表 3-22 所示。

表 3-22　　各种气化炉特性

特性	固定式气化炉		流化床气化炉	
	上吸式	下吸式	鼓泡流化床	循环流化床
原料适应性	适应不同形状尺寸原料，含水量在 15%～45%，可稳定运行	大块原料不经预处理可直接使用	原料尺寸控制较严，需预处理过程	能适应不同种类的原料，但要求为细颗粒，原料需预处理过程
燃气特点，后处理过程的简单性	H_2 和 C_xO_y 含量少，CO_2 含量高，需要复杂净化处理	H_2 含量增加，焦油经高温去裂解含量减少	与直径相同的固定床气化炉相比，产气量大 4 倍，焦油少，燃气成分稳定，后处理过程简单	焦油含量少，产气量大，气体热值比固定床气化炉高 40%左右，后处理简单
设备适用性、单炉生产能力、结构复杂程度、制造维修费用	生产强度小，结构简单，加工制造容易	生产强度小，结构简单，容易实现连续加料	生产强度是固定床的 4 倍，但受气流速度的限制，故障处理容易，维修费用低	生产强度是固定床的 8～10 倍，流化床的 2 倍，单位容积的生产能力最大，故障处理容易，维修费用低
与发电系统的匹配性	安全稳定	安全稳定	操作安全稳定，负荷调节幅度受气流速度限制	负荷适应能力强，设备启停容易，调节范围大，运行平稳

固定床气化炉比较适合于小型、间歇性运行的气化发电系统。优点是原料不用预处理，设备结构简单、紧凑，燃气含灰量较低，净化可以采用简单的过滤方式。缺点是固定床不便于放大，难以实现工业化，发电成本一般较高。另外，由于加料和排灰问题，

不便于设计为连续运行方式，对气化发电系统的连续运行不利，且燃气质量易波动，发电质量不稳定，由此限制了固定床气化技术在气化发电系统中的大量应用。

流化床气化技术，包括鼓泡流化床、循环流化床、双流化床等，运行稳定，包括燃气质量、加料与排渣均非常稳定，且流化床的运行连续可调。更重要的是流化床易于放大，适合生物质气化发电系统的工业应用。流化床的缺点在于：一是原料需要进行预处理，使原料满足流化床与加料的要求；二是流化床气化产生燃气中飞灰含量较高，不便于后续的燃气净化处理；三是生物质流化床运行费用比较高，不适合小型气化发电系统，只适合大中型气化发电系统。

3.3.3 沼气发电技术

1. 工作原理

沼气是各种有机物在隔绝空气时，保持一定的湿度、浓度、酸碱度等条件下，经过各类厌氧微生物的分解代谢而产生的一种可燃性气体，主要成分是甲烷和二氧化碳，其中甲烷含量为 50%～70%，二氧化碳含量为 30%～40%（容积比），此外还含有少量的硫化氢、氮气、氧气、氢气等气体，占总含量的 10%～20%。

沼气经过预处理或提纯，去除其中的水分、硫化氢等杂质之后可作为燃料发电，发电原理与生物质气化发电原理相同。

2. 主要设备

沼气发电系统的主要设备有沼气发动机、发电机和热回收装置[12]。

沼气发动机一般由煤气机、汽油机、柴油机改制而成，要求沼气在进气前必须进行脱水、脱硫、脱二氧化碳及卤化物，目前国内主要有全部使用沼气的单燃料发动机及部分使用沼气的双燃料沼气-柴油发动机。表 3-23 为两种发动机的性能比较。

表 3-23　　单燃料式发动机及双燃料式发动机性能对比

项目	单燃料式发动机	双燃料式发动机
点火方式	电点火方式	压缩点火方式
原理	将“空气-沼气”的混合物在气缸内压缩，用火花塞使其燃烧，通过火塞的往复运动得到动力	将“空气-燃料气体”的混合物在气缸内压缩，用点火燃料使其燃烧，通过火塞的往复运动得到动力，是复合燃料发动机
优点	（1）不需要辅助燃料油及其供给设备。 （2）燃料为一个系统，在控制方面比可烧两种燃料的发动机简单。 （3）维修更简单。 （4）价格比双燃料式发动机便宜	（1）用液体燃料或气体燃料都可工作。 （2）对沼气的产量和甲烷浓度的变化都能适应。 （3）如用气体燃料转为用柴油燃料，再停止工作，发动机内不残留未燃烧的气体，因而耐腐蚀性好
缺点	工作受到供给的沼气数量和质量影响	（1）用气体燃料工作时也需要液体辅助燃料。 （2）需要液体燃料供给设备。 （3）控制机构更复杂。 （4）价格比单燃料式发动机更高

单燃料发动机在沼气产量大的场合可连续稳定地运行，适合在大、中型沼气工程中使用，可以使用天然气发动机，也可用柴油发动机改装而成。由于气体燃料的组分、热

值、物理性能、着火温度、爆炸极限、燃烧特性等存在很大差异，当利用天然气发动机燃烧沼气时，需对发动机的相关部件进行必要调整和改装。另外，单燃料发动机必须根据实际的燃气特性进行现场调试，将空燃比和点火提前角调整到最佳范围，使发动机达到设计的性能指标。

沼气-柴油双燃料发动机是对柴油机的进气混合系统和双燃料调节系统进行改装而来，其工作原理是：沼气与空气在混合器中形成可燃混合气，被吸入气缸后，当活塞压缩接近上止点时，向燃烧室内喷入少量引燃柴油，柴油燃烧后点燃缸内混合气进行燃烧做功。正常工况下，引燃柴油量在 8%～20%（单位时间内引燃油耗量与改装前额定工况下柴油耗量的比值）。双燃料式发动机适用于产气量较少的场合。

3.4 地热能分布式供能系统

3.4.1 地源热泵

1. 定义及原理

地源热泵是一种通过输入少量高位能（电能），实现从浅层地能（土壤热能、地下水中的低位热能或地表水中的低位热能）向高位热能转移的热泵系统[13]。

典型地下水源热泵系统图如图 3-31 所示，主要由四部分组成：浅层地能采集系统、水源热泵机组（水/水热泵或水/空气热泵）、室内采暖空调系统和驱动能源输配系统。其中浅层地能采集系统是指通过水或防冻剂的水溶液将岩土体或地下水、地表水中的热量采集出来并输送给水源热泵系统，通常有地埋管换热系统、地下水换热系统和地表水换热系统。水源热泵主要有水/水热泵和水/空气热泵两种。室内采暖空调系统主要有风机盘管系统、地板辐射采暖系统、水环热泵空调系统等。驱动能源输配系统是指电的输配、用户燃气的输配、用户燃油储存与输配。

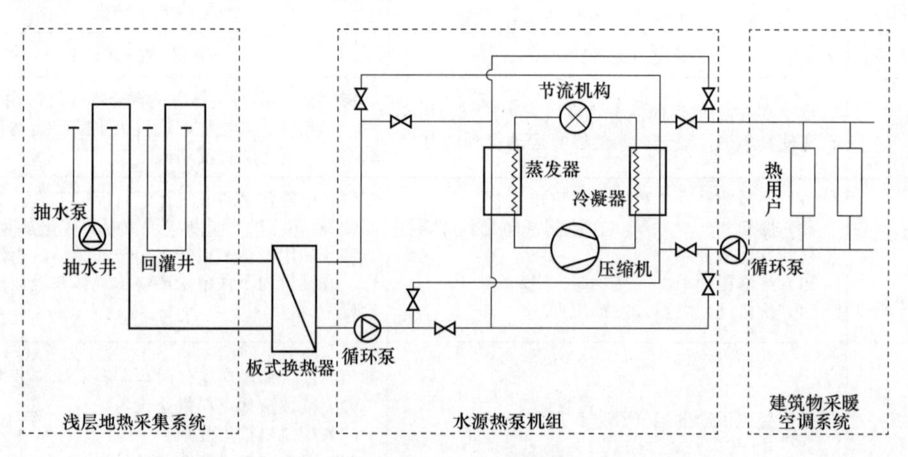

图 3-31　典型地下水源热泵系统图

通过水循环或添加防冻液的水溶液循环来完成浅层地能采集系统与水源热泵机组之间的耦合关系，通过水或空气的循环来实现热泵机组与建筑物空调之间的耦合。

地源热泵系统包括地表水源热泵系统、地下水源热泵系统、土壤耦合热泵系统三种类型，如图 3-32 所示。

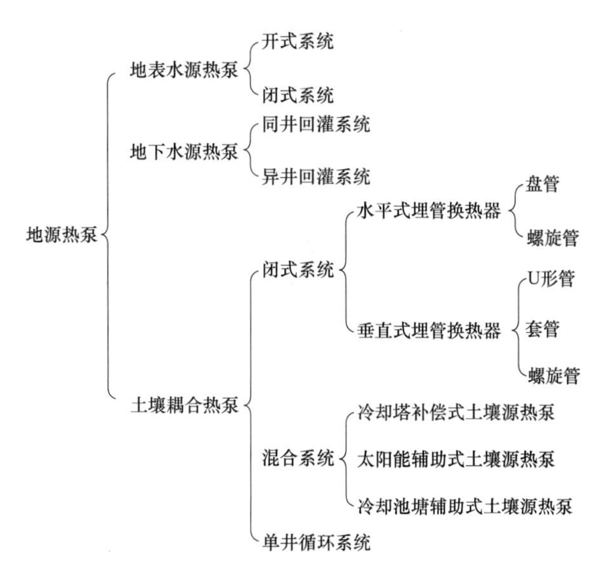

图 3-32 地源热泵系统分类[13]

2. 地表水源热泵系统

地表水源热泵系统可分为开式地表水换热系统和闭式地表水换热系统。开式地表水换热系统是通过取水口，并经简单污物过滤装置处理，然后将地表水处理后直接送入机组作为机组的热源；闭式地表水换热是通过中间换热装置将地表水与机组冷媒水通过换热器隔开的系统形式。

地表水间接利用的方式主要有通过塑料盘管做换热器的系统形式和通过板式换热器换热的系统形式。

板式换热器是一种高效、紧凑的换热设备，目前国内可制造单板传热面积在 0.04～1.3m^2 之间，其波纹形式为水平平直波纹、人字形波纹、球形波纹、斜波纹、竖直波纹等。与管壳式换热器相比，特点如下：

（1）在完成同一换热任务时，板式换热器的换热面积为管壳式换热面积的 1/3～1/4。主要原因在于板式换热器传热系数高，一般为管壳式的 3～5 倍，且水在板式换热器内的流动方式是并流或逆流，对数平均温差大。

（2）在完成同一换热任务时，板式换热器的占地面积为管壳式换热器占地面积的 1/5～1/10。主要原因在于板式换热器结构紧凑，单位体积内的换热面积为管壳式的 2～5 倍，且不需要像管壳式换热器那样预留抽出管的检修场地。

（3）在完成同一换热任务时，板式换热器的重量一般为管壳式换热器的 1/5 左右。主要原因在于板式换热器的换热面积比管壳式的要小，其板片厚度仅为 0.6～0.8mm，管壳式的换热厚度为 2.0～2.5mm，且管壳式换热器的壳体比板式换热器的框架重很多。

（4）板式换热器拆卸清洗方便。

（5）板式换热器的板间通道很窄，一般为 3～5mm，因此不宜进行易堵塞通道的介质的换热，或应在入口装设过滤器。

（6）板式换热器的密封周长长，因此泄漏的可能性加大。塑料盘管换热器是由一定长度的塑料盘管圈成盘状的换热器。塑料盘管放于地表水中，热泵机组循环水在盘管内流动，盘管换热器利用管内外液体的温差进行换热。

塑料盘管换热器中的盘管长度取决于供冷工况时水环路的最大散热量或供热工况时水环路的最大吸热量[14]。供冷工况时水环路的最大散热量包括每个分区的总冷负荷、热泵机组耗功产生的热量和中央泵站释放的热量的综合。供热工况时水环路的最大吸热量为各分区热负荷加上水环路的热损失减去热泵机组耗功产生的热量再减去集中泵站加到水环路中的热量。

3. 地下水源热泵系统

（1）地下水源热泵系统可分为分散式系统和集中式系统两种，如图 3-33 所示。集中式系统选用大中型水/水热泵机组，集中安装在空调冷、热站内，集中制备热媒（冷媒），然后由热媒（冷媒）循环泵通过空调水管路系统，将热媒（或冷媒）输送到各个空调房间的末端装置内，以实现供暖（供冷）；分散式系统选用小型水/空气热泵机组，将小型水/空气热泵机组分别设置在各个空调房间内或各个区域内，由小型水/空气热泵机组直接向室内供暖（供冷）。

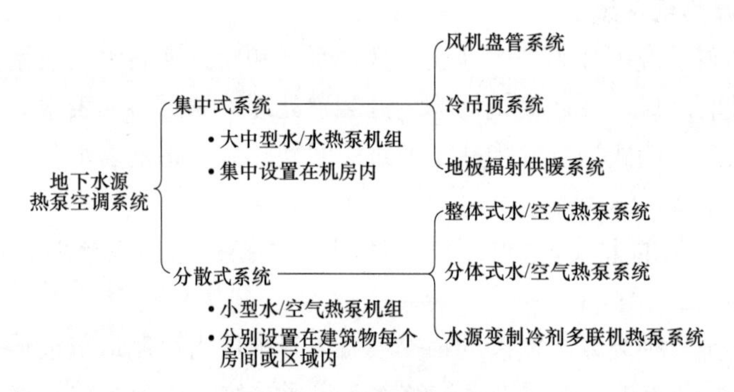

图 3-33 地下水源热泵系统分类

地下水换热系统是地下水源热泵系统所特有的系统，其功能是将地下水中的低位热能（10～25℃）输送到水源热泵系统，作为机组低位热源。地下水换热系统形式很多，根据生产井和回灌井的位置不同，可分为同井回灌系统和异井回灌系统两种。每种系统又可根据地下水是否直接供给水源热泵机组，分为直接供水系统和间接供水系统。

1）直接供水系统是指由井泵将井水直接送到水/水热泵机组或水/空气热泵机组中，经换热器后，再重新返回统一含水层中。具体流程为：地下水→井泵→水源热泵机组→回灌井；间接供水系统是指地下水作为一次水进入板式换热器，与二次水换热，换热后的地下水通过回灌井返回地下同一含水层。板式换热器的另一侧的二次水，在二次水循环泵作用下，输送给水源热泵机组。

2）间接供水系统可以保证水源热泵机组不受地下水质不好的影响，防止机组出现结垢、腐蚀、泥渣堵塞等现象，从而减少维修费用、延长系统使用寿命。

（2）地下水回灌技术是地下水源热泵系统运行成败的关键技术，目前回灌方法主要有真空回灌、重力（自流）回灌和压力回灌三种。

1）真空回灌又称负压回灌，在具有密封装置的回灌井中，开泵扬水时，井管和管路内充满地下水，停泵，并立即关闭泵出口的控制阀门，这时由于重力作用，井管内水迅速下降，在管内的水面和控制阀之间造成真空状态。这时，开启控制阀门和回灌水管路上的进水阀，靠真空虹吸作用，水迅速进入井管内，并克服阻力向含水层渗透。

2）重力回灌又称无压自流回灌，是依靠井中回灌水位和静水位之差产生的自然重力进行回灌。

3）压力回灌是通过提高回灌水压的方法，将热泵系统用后的地下水回灌，适用于高水位和低渗透性的含水层和承压含水层。

地下水灌抽比理论上可以达到 100%，但是往往由于水文地质条件不同，常常影响到回灌量大小的不同。一般而言，对于砂粒较粗的含水层，由于孔隙较大，相对而言，回灌较为容易。表 3-24 为不同地质条件下的地下水系统参数。

表 3-24　不同地质条件下的地下水系统参数[15]

含水层类型	灌抽比（%）	井的布置	井的流量（t/h）
砾石	＞80	一抽一灌	300
中粗砂	50～70	一抽二灌	100
细砂	30～50	一抽三罐	50

4. 土壤耦合热泵系统

土壤耦合热泵系统又称为地埋管地源热泵系统，与传统空调系统的主要区别在于增加了一个地埋管换热器，即地下埋管环路。地埋管换热器进行的是埋管中的流体和固体（地层）的换热，这种换热过程是非稳态的，涉及的时间跨度很长，空间区域也很大，条件复杂。

根据地埋管换热器埋管方式的不同，可以分为水平埋管换热器与竖直埋管换热器两大类。水平埋管方式的优点是在软土地区造价较低，但传热条件受到外界冬夏气候一定的影响，主要缺点是占地面积大。竖直地埋管换热器是在若干竖直钻孔中设置地下埋管的地埋管换热器，由于竖直地埋管换热器具有占地少、工作性能稳定等优点，目前是工程应用中的主导形式。当可利用地表面积较大，地表层不是坚硬的岩石时，宜采用水平地埋管换热器，否则，宜采用竖直地埋管换热器。

水平埋管时，根据一条沟中埋管的多少和方式，水平埋管换热器又分为单管、双管、多管和螺旋管等多种形式。在没有合适的室外用地时，竖直地埋管换热器还可以利用建筑物的混凝土基桩埋设，即将 U 形管捆扎在基桩的钢筋网架上，然后浇灌混凝土，使 U 形管固定在基桩内。

竖直式地热换热器的构造主要有竖直 U 形埋管和竖直套管。竖直 U 形埋管的换热器采用在钻孔中插入 U 形管的方法，一个钻孔中可设置一组或两组 U 形管，钻孔深度一般为 60～100m。尽管单 U 形埋管的钻孔内热阻比双 U 形埋管大 30%以上，但是双 U 形埋管比单 U 形埋管仅可提高 15%～20%的换热能力，这是因为钻孔内热阻仅是埋管传热总热阻的一部分。钻孔外的岩石层热阻，对双 U 形埋管和单 U 形埋管几乎是一样的。双 U 形埋管管材用量大，安装较复杂，运行中水泵的功耗也相应增加，因此一般地质条件下，多采用单 U 形埋管，对于较坚硬的岩石层，选用双 U 形埋管比较合适。

3.4.2 地热发电

1. 地热发电原理

地热发电的热能主要来源于地球内部的核衰变，通常是通过人为的手段将工质注入地下交换地体中的热量，再将工质获得的热能在地表转换为电能。根据热源储存方式的差异，可分为水热、地压热和干热岩热能[16]。地热发电技术原理与火力发电原理相同，都是利用工质的热能在膨胀机内做功转化为膨胀机的机械能，最终转化为电能，做功后工质的热品质降低。与火力发电的区别在于地热能工质的热能初品质相对较低，发电效率相对比较低，受地热田分布限制较大。

2. 主要地热发电技术

（1）干蒸汽发电技术。该项技术起源于传统的大型涡轮机组发电模式，要求进入该发电系统做功的工质应具备一定的干度，且蒸汽的压力温度参数较高，在低温发电领域对热田的要求比较苛刻。干蒸汽发电技术的工质对干热岩发电的热储要求较高，一般要求产出的蒸汽温度达到 250℃以上并具有一定的压力。其采用的工质就是经过热储加热后产生的干蒸汽，通过分离器去除蒸汽中携带的杂质，再进入进汽轮机中做功。如图 3-34 所示为干热岩发电技术中的干蒸汽法发电示意图。

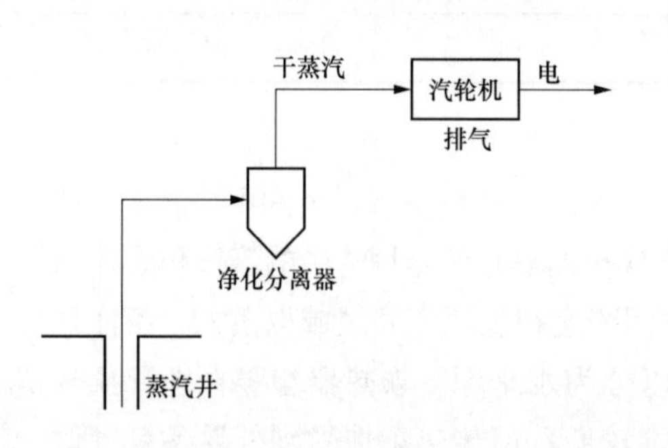

图 3-34 干热岩发电技术中的干蒸汽法发电示意图

干蒸汽法发电技术在大型热能机组中应用很广，系统简单、技术成熟、安全可靠性高，在低温余热机组的热循环效率也可达到 20%。但干蒸汽发电技术只适用于干热岩发电中温度较高的热田，大部分地区的干热岩热储很难满足干蒸汽发电的产热需求。

（2）闪蒸技术发电技术。闪蒸发电技术主要针对地热发电的中高温热田（130℃$<t<$250℃），其热源的适用范围类似于干热岩热源，能够直接应用于干热岩发电。

闪蒸发电技术根据闪蒸扩容的次数，分为一级扩容发电和二级扩容发电。闪蒸发电技术系统简单、技术成熟，该系统主要是通过汽水分离的原理将蒸汽分离出来送进汽轮机做功；二级扩容技术通过降压扩容办法，将一部分饱和水变为蒸汽，送入汽轮机做功。如图 3-35 所示为二级闪蒸扩容发电技术示意图。

闪蒸发电技术适用的热源范围较广，其发电效率略低于干蒸汽发电技术。闪蒸发电技术存在比较大的热源浪费，除了汽轮机的冷端损失外，在扩容器内尚有很大一部分液态热源没有做功。闪蒸发电技术对工质的品质要求较高，由于它是在负压的条件下将工质中的蒸汽进行分离、吸收做功，会导致一部分杂质进入汽轮机内，引起汽轮机内结垢和腐蚀。

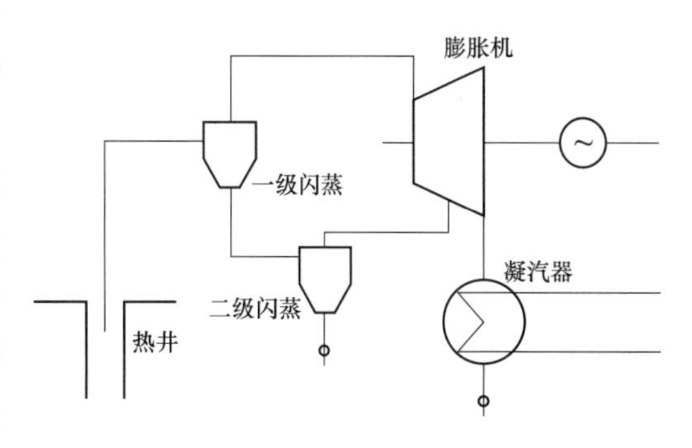

图 3-35 二级闪蒸扩容发电技术示意图

（3）双工质循环发电技术。双工质循环发电技术也被称之为有机工质朗肯循环发电技术[17]，利用有机工质蒸发温度低的特点，能够吸收品质较低的热源用来做功。该发电系统主要适用于中低温热源，当热源品质较高时，采用双工质循环发电技术反而热利用效率较低。

双工质循环发电技术中采用间壁换热技术，将有机工质与低温热水资源隔离开，低温热水将热量传递给有机工质，将有机工质变成具有一定热力特性的气态工质，进入膨胀机内膨胀做功，做功后的有机物进入冷凝器内冷却为液态，通过工质泵加压重新打入换热器进行换热，形成一个热力循环过程。双工质循环发电示意图如图 3-36 所示。

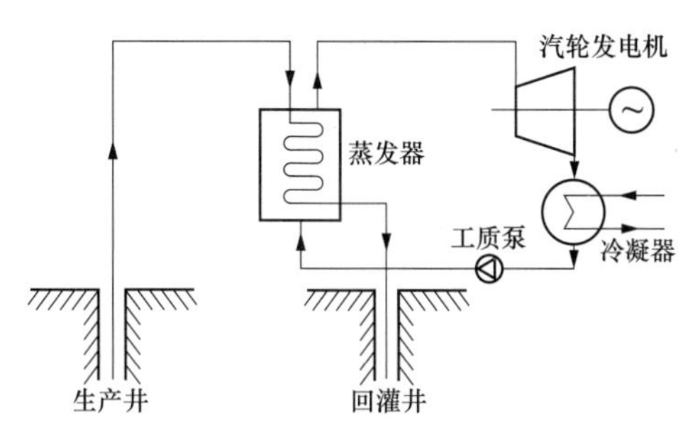

图 3-36 双工质循环发电示意图

双工质循环系统的工作介质为低沸点的有机物，由于有机工质多数存在易燃、易爆现象，因此对系统密封要求较高。这种间接做功的发电模型，系统变得复杂，成本投入相对以上几种较高。但双工质循环发电技术换热效率较高，对低温发电、干热岩发电这种热源温度较低的发电方式提供了更多可能。

（4）卡琳娜循环发电技术。卡琳娜循环发电技术对热源品质要求较低，一般吸收热源的温度不大于 90℃，卡琳娜循环发电技术能够适应变化的热源条件，并且能够保证获得较高的发电效率，在低温发电领域有较强的实用性[18]。

卡琳娜循环发电技术的工作原理类似于双工质循环发电技术，它以氨水混合物为吸热侧工质，氨水混合物在换热器内与热源换热，经过汽水分离后蒸汽进入汽轮机做功，氨水在换热器中换热后流回冷凝器中。其工作原理如图 3-37 所示。

卡琳娜循环发电技术与其他低温发电技术相比优势较大，其循环效率不随热源温度而改变，热源适应能力强，可回收品质较差的热源。由于该技术采用工质为氨水，对环境有一定的影响，和双工质循环类似对系统密封性能要求严苛，系统比较复杂。

（5）全流发电技术。全流发电技术的核心是将携带一定热能的工质送入全流发电机中做功，将工质的热能转化为膨胀机的机械能，由膨胀机带动发电机发电。全流膨胀机对工质的适应能力很强，对工质热源形态要求不高，不像干蒸汽发电要求高温热源和闪蒸发电必须将汽水分离后才能利用，全流发电技术能够采用气液两相工质直接做功，这对以往的发电技术是一个质的突破。如果条件允许，工质可以在全流膨胀机机内完全膨胀，做功到冷凝状态再排出膨胀机，全流膨胀机拥有理论最大做功能力。

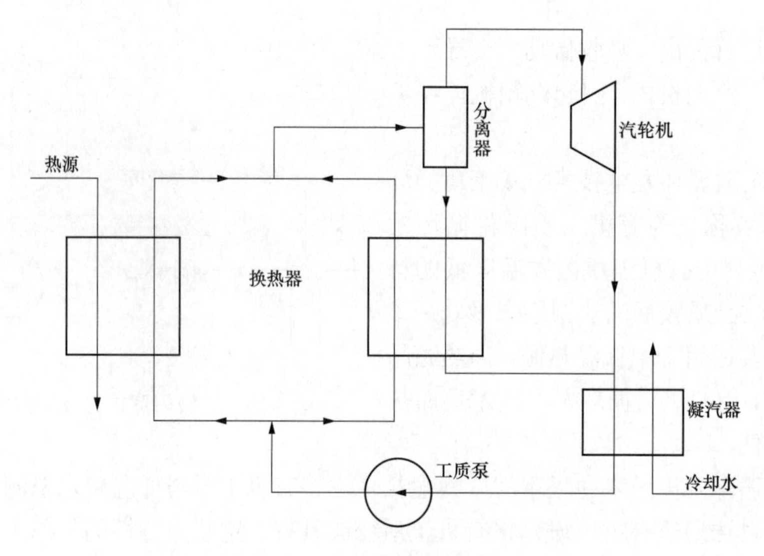

图 3-37　卡琳娜循环发电示意图

实际工程应用中，全流膨胀机的热效率并不高，液态的工质虽然携带了一定的热源进入膨胀机内，但是过多液态工质的存在也增加了膨胀机转子动能的消耗。现有的全流发电技术排气温度较高，不能充分利用工质的热能，传统的全流式膨胀机转子容易受到腐蚀和结垢，造成膨胀机的热效率下降。现有的双螺杆膨胀技术很好地解决了结垢、腐蚀的现象，但其热利用效率依旧不高。在双螺杆膨胀机的全流发电系统中研究发现，两相流的干度控制合适，两相流中的液态工质对系统做功有一定的积极意义，一定程度上可以减少膨胀机的泄漏损失，增加膨胀机机内的做功工质。

3.5　海洋能分布式供能系统

3.5.1　海洋能供能主要工作原理

海洋能主要来源于太阳辐射和月球的引力，主要包括波浪能、潮汐能、潮流能、温差能、海流能等[19-20]。太阳辐射的不均匀致使地球大气流动产生风，从而使海洋表面产生波浪运动，形成波浪能；在近海岸由于月球引力引起的海平面相对于海岸升高形成的位能，成为潮汐能；由月球引力引起的有规则双向海水流动的动能成为潮流能；太阳照射海洋表面，太阳能被海水吸收，致使海水表层温度升高，从而形成海水表层与海水深部的温度差，形成温差能；由风以及海水自身密度差等因素引起海水非潮流的流动能，称为海流能。通常通过对海水动能、热能转化成机械能，再由机械能转化成电能。

3.5.2　主要技术路线

1. 波浪能发电技术

波浪能发电的原理主要是利用物体或者波浪自身上下浮动和摇摆运动将波浪能转变为机械能，再将机械能转变为旋转机械（如水力透平、空气透平、液压电动机、齿轮增速机构）的机械能，然后再通过电动能转换为电能，也有一些波浪能发电装置是直接俘获波浪能驱动发电机进行发电，目前，波浪能发电技术主要包括振荡水柱技术、阀式技术、振荡浮子技术等。

振荡水柱技术是利用空气作为介质，采用波浪压缩空气，经过喷管驱动空气透平，带动发电机进行发电的一种发电方式。筏式技术利用相互铰接的筏体随波浪上下起伏运动来驱动液压泵，将波浪的动能转化成液压能，驱动液压电动机转动，从而带动发电机进行发电。振荡浮子技术是一种点吸收式发电技术，这种装置的尺度与波浪的尺度相比很小，它是利用波浪的升降运动吸收波浪能。

2. 潮汐能技术

潮汐能技术原理与水力发电类似，技术组成也基本相同，都是利用水的位能驱动水轮机进行发电。主要有以下三种形式：①单库单向发电，即落潮发电。涨潮时水库打开进行蓄水，等到落潮后用水库中水的势能驱动水轮机进行发电。②单库双向发电。用一个水库，但是涨潮与落潮时均可驱动轮机发电，只是在平潮时不能发电。③双库双向发电。采用高低水位的两个水库，在两个水库之间布置发电机组，涨潮时上水库蓄满水，落潮时下水库放水，始终维持两个水库的水位差，这种方式不仅在涨落潮全程中都可以连续不断地发电，还能使电力输出比较平稳，其原理俯视图如图 3-38 所示。

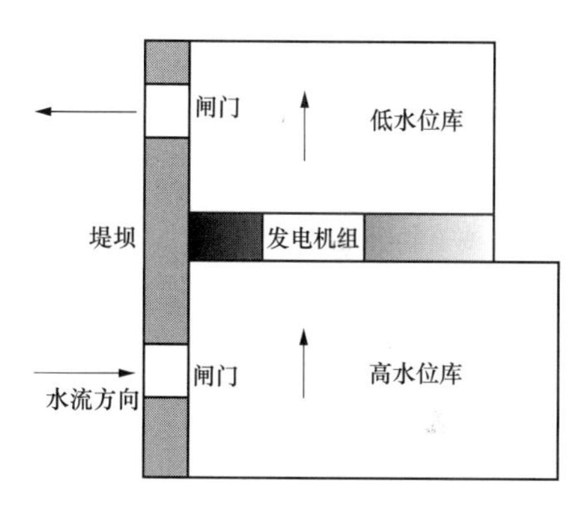

图 3-38 双库双向发电原理俯视图

3. 潮流能发电技术

潮流能发电技术不同于传统的潮汐能发电机组，它是一种开放式的海洋能捕获装置，该装置叶轮转速相对要慢很多，一般来说最大流速在 2m/s 以上的流动能都具有利用价值，潮流能发电装置根据其透平机械的轴线与水流方向的空间关系可分为水平轴式和垂直轴式两种结构。

水平轴式潮流能发电装置具有效率高、自启动性能好的特点，若在系统中增加变桨或对流机构，则可使机组适应双向的潮流环境。垂直式发电系统顾名思义就是指轮机的转轴与海面垂直，海水流动驱动叶片，带动转轴垂直转动，从而驱动发电机发电。

4. 温差能利用

海洋温差能是因为太阳辐射海面，造成海面与深海之间产生温差，这就提供了一个总量巨大且比较稳定的能源。海洋温差能发电主要是利用海洋表面高温海水（26～28℃）加热工质，使之汽化以驱动汽轮机，同时利用深海的低温海水（4～6℃）将做功后的乏气冷凝，使之重新回到液体状态。海洋温差发电技术一般可以分为以下三类：开式循环、闭式循环、混合循环。

海洋温差能开式循环发电技术是利用海面表层温海水作为工质，当温海水进入真空室后，低压使之发生闪蒸，形成蒸汽，该蒸汽膨胀驱动低压汽轮机转动产生动力，从而驱动电机进行发电。开式循环中不断从海洋表层抽取温海水作为工质，闪蒸的蒸汽做功冷凝后又可作为淡水资源。

闭式循环发电系统中，采用氨水等低沸点工质，利用温海水与氨水在热交换器中产生热交换，使氨水蒸发产生不饱和蒸气，蒸气膨胀后驱动汽轮机进行发电。然后进入另一个热交换器与冷海水进行热交换，将氨蒸气冷凝成液体，减小汽轮机的背压，冷凝后工质被泵输送到蒸发器开始下一次循环。

混合式循环中既含有开式循环又含有闭式循环。其中，开式循环中温海水在真空室闪蒸成不饱和水蒸气，并穿过一个换热器后冷凝生成淡水，同时在换热器的另一侧安装一个闭式循环系统，利用温海水的热量加热闭环工质，产生不饱和蒸气，膨胀后驱动汽轮机，从而进行发电。做功后的乏气进入另一个换热器与冷海水换热冷凝，降低汽轮机的背压，并被泵送到蒸发器参与下一次循环。

参考文献

[1] 罗运俊，何梓年，王长贵．太阳能利用技术［M］．2版．北京：化学工业出版社，2014.

[2] 沈辉，曾祖勤．太阳能光伏发电技术［M］．北京：化学工业出版社，2005.

[3] 黄湘，王志峰，等．太阳能热发电技术［M］．北京：中国电力出版社，2013.

[4] 张耀明，邹宁宇．太阳能热发电技术［M］．北京：化学工业出版社，2016.

[5] 刘润宝，周宇昊．太阳能热利用在分布式能源系统中的应用［J］．节能，2018（02）.

[6] 龙源电力集团股份有限公司．风力发电基础理论［M］．北京：中国电力出版社，2016.

[7] 姚兴佳，宋俊，等．风力发电机组原理与应用［M］．北京：机械工业出版社，2017.

[8] 刁瑞盛，徐政，常勇．几种常见风力发电系统的技术比较［J］．能源工程，2006（02）：20-25.

[9] 闫金定．我国生物质能源发展现状与战略思考［J］．林业化学与工业，2014，34（4）：151-157.

[10] 李大忠．生物质发电技术与系统［M］．北京：中国电力出版社，2014.

[11] 陈冠益，马隆龙，颜蓓蓓，等．生物质能源技术与理论［M］．北京：科学出版社，2017.

[12] 张全国．沼气技术及其应用［M］．北京：化学工业出版社，2017.

[13] 马最良，吕悦．地源热泵系统设计与应用［M］．2版．北京：机械工业出版社，2013.

[14] 徐伟，等．地源热泵工程技术指南［M］．北京：中国建筑工业出版社，2001.

[15] 邬小波．地下含水层储能和地下水源热泵系统中地下水回路与回灌技术现状［J］．暖通空调，2004，34（1）：19-22.

[16] 石金华，施尚明，山口勉．20世纪地热利用技术的变迁——地热发电［J］．石油石化节能，2001，17（5）：53-54.

[17] Astolfi M，Romano M C，Bombarda P，et al．Binary ORC（orginic rankine cycles）power plants for the exploitation of medium－low temperature geothermal sources-Part B：Techno-economic optimization［J］．Energy，2014，66（4）：435-446.

[18] 朱家玲，卢志勇，张伟，等．Kalina 地热发电循环分析［J］．科技导报，2012，30（32）：46-50.

[19] 游压戈，李伟，刘伟民，等．海洋能发电技术的发展现状与前景［J］．电力系统自动化，2010，34（14）：1-12.

[20] 古云蛟．海洋能发电技术的比较与分析［J］．装备机械，2015，04：69-74.

4 分布式储能技术

储能是指通过介质或设备把能量存储起来，在需要时再释放出来的过程。它是解决可再生能源间歇性和不稳定性、提高常规电力系统和区域能源系统效率、安全性和经济性的迫切需要，是发展“安全、高效、低碳”的能源技术、占领能源技术制高点的“战略必争领域”，对于保障电网安全、提高可再生能源比例、提高能源利用效率、实现能源的可持续发展均具有重大的战略意义。

储能是实现分布式可再生能源应用的重要技术。利用储能可以实现可再生能源平滑波动、跟踪调度输出、调峰调频等，使可再生能源发电稳定可控输出，满足可再生能源电力的大规模接入并网的要求。储能技术实质上是解决能量供求在时间和空间上不匹配的矛盾，用于满足人们在工程和产品的技术经济要求而又提高能源利用率的有效手段。分布式储能系统中，电力系统和热力系统互补特性强，电力系统的传输性能使得其在能源的大空间范围输送和优化配置上具有天然的优势，而热力系统中建筑围护结构和输配管网具备一定的天然储热特性，相对于电力系统而言是一个惯性很大的系统，其自身对于电能输入的波动和短时间歇就具有一定的平抑和耐受功能。如果在电力系统和热力系统之间再加入储能环节，则可以进一步增大热力系统的惯性和时间常数，提高热力系统可控性，更好地匹配电力系统中可再生能源的出力特性以及电力系统峰谷特性，故储能是实现分布式可再生能源大规模接入的必然选择。

4.1 分布式储能的分类及其特点

4.1.1 储能的基本特性

储能技术的基本特性主要包括存储容量、能量转换效率、能量密度和功率密度、自放电、放电时间、循环寿命、系统成本、环境影响等。

1. 存储容量

存储容量是指储能系统充电后所具有的有效能量，通常比实际使用能量大。由于实际使用能量通常受放电深度限制，在快速充放电时，储能系统效率下降，加上系统自放电因素影响，其实际使用能量比存储容量要小。

2. 能量转换效率

能量转换效率为储能系统放电后释放出的能量与初始存储能量之间的比值，要使储能系统高效运行，必须有较高的转换效率。

3. 能量密度与功率密度

能量密度是指单位质量或体积空间中物质所具有的有效储存能量，又称比能量，包括质量能量密度（质量比能量）与体积能量密度（体积比能量），常用单位为 kW/kg 或 kW/T。功率密度是指单位质量或体积空间中物质所具有的有效存储功率，又名比功率，包括质量比功率和体积比功率，常用单位为 W/kg 或 W/L。一般来说，比能量高的储能系统（能量型储能）其比功率不会太高；同样，当储能系统的比功率较高时（功率型储能），其比能量不一定会很高，许多蓄电池储能就是如此。

4. 自放电率

大储能系统闲置不用时，其初始存储能量会自动耗散，因为储能系统的原材料中会有少量杂质，所以不可避免存在自放电现象。自放电大小即自放电率，与制造工艺、材料及存储条件有关，如电池自放电率与正极材料在电解液中的溶解性和其受热后的不稳定性（易自我分解）有关，可充电电池的自放电率远比一次性电池高。电池类型不同其自放电率也不一样。

5. 放电时间

放电时间是储能系统最大功率运行时的持续放电时间，取决于系统放电深度、运行条件以及是否为恒功率放电等。

6. 循环寿命

储能系统经历一次充电和放电，称为一次循环或一个周期。在一定放电条件下，储能系统工作至某一容量规定值之前，系统所能承受的循环次数或年限，称为循环寿命。影响循环寿命的因素主要是储能系统的性能和技术维护工作的质量。后者由于工作过程（如使用模式、充放电模式、失效模式和环境情况等）不能达到理想的状况，会导致装置寿命进一步缩短，好的循环性能是储能系统长期经济运行的重要保障。

7. 其他特性

除此之外，储能技术还有成熟度、成本、系统维护量、放电频率、环境影响、与现有基础设施的兼容性、可移植性、安全性和可靠性等特性。

4.1.2 分布式储能的分类及比较

根据能量储存的具体方式，储能技术可分为物理、电磁、化学、热储能和其他储能几大类，具体分类形式、各类储能特点及应用如表 4-1 所示。

表 4-1　　各类储能技术特点及其应用

类型	名称	技术方案	主要应用领域
物理储能	抽水蓄能	电力负荷低时抽水至高位，负荷高时放水发电	大中型火电、核电厂的配套设备
	压缩空气储能	通过压缩空气储存多余的电能，需要时将高压空气释放通过膨胀机做功	电网峰谷调节、分布式储能和发电系统备用
	飞轮储能	利用互逆式双向电机形成电能与高速旋转机械能的互换	高品质的 UPS、应急电源、分秒级储能电源

续表

类型	名称	技术方案	主要应用领域
电磁储能	超级电容器	通过极化电解质来储能的电化学元件	动力电池、应急电源、风力光伏发电
	超导储能	通过超导磁体、电流变换控制系统等构件组成的电能快速存储、释放系统	大功率激光器、电网峰谷调节
化学储能	铅酸电池	电极为铅及其氧化物，电解液为硫酸溶液的一种蓄电池	汽车启动电池、动力电池、备用电源（通信基站）、储能
	锂离子电池	以含锂的化合物为正极，利用锂离子在正负极之间的活动实现充放电的二次电池	新能源汽车、电网储能、特种车、通信基站、消费电子产品
	钠硫电池	是一种以金属钠为负极、硫为正极、陶瓷管为电解质隔膜的二次电池	电网峰谷调节、应急电源、风力发电
	全钒电池	通过两个不同类型的、被一层隔膜隔开的钒离子交换电子来实现，电解液是由硫酸和钒混合而成	电网峰谷调节、风力光伏发电
	锌溴电池	反应活性物质为溴化锌的氧化还原电池	电网峰谷调节、风力光伏发电
	镍氢电池	由氢离子和金属镍合成的电池	多应用于消费性电子产品
	镍镉电池	由金属镍和金属镍合成的电池	因存在重金属污染，应用较少
热储能	蓄冷	用电低谷期，采用电动制冷剂制冷，使蓄冷介质结成冰储存能量	建筑物中央空调供冷；制药、食品加工、啤酒、奶制品加工业等工艺用冷
	蓄热	利用相变材料在物态变化时，吸收或放出大量潜热而进行的	光热发电、电网峰谷调节
其他储能	燃料电池	将存在于燃料与氧化剂中的化学能直接转化为电能的装置	单兵作战动力电源、移动电站、军车动力驱动电源
	金属空气电池	以金属和空气做电极的电池	中小型移动电源、小型便携式电子装置的电源及水下军用装置的电源

根据全球储能示范或者商用项目中储能技术应用特性，对各类储能技术进行比较。

从功率等级和放电持续时间上看，抽水蓄能、压缩空气储能、铅酸电池、钠硫电池均可用在削峰填谷等能量型应用领域。其中抽水蓄能是较成熟的技术，钠硫电池是化学电池领域较成熟的技术。

飞轮储能和锂离子电池的反应速度快，能够提供兆瓦级的瞬时功率输出，可用在电力调频等功率型应用的领域。其中，飞轮储能的功率密度高，尤其适合用在调频等功率型应用领域。

从系统每千瓦时的造价来看，抽水蓄能、压缩空气储能成本较低。尽管近年来其他储能电池的成本都呈下降趋势，但在较长的时间内，还很难和抽水蓄能等在造价上形成竞争。另外，从每千瓦造价来看，飞轮储能、超级电容储能、超导储能的成本都不高，但如果从每千瓦时造价来看，竞争力显著下降，因此，这类储能技术从造价上看更适合提供短时功率型应用，并不适合持续时间长的能量型应用领域。先进铅酸电池无论从每千瓦时造价还是每千瓦造价来看，都有一定优势，但该技术尚未成熟，所以并没有得到广泛推广。

从循环寿命看，抽水蓄能、压缩空气储能、飞轮储能、超级电容器以及超导储能的循环寿命都超过了100000次，非常适合应用于需要频繁充放电的场合，化学储能领域的全钒液流电池也拥有较长的循环寿命。

在应用领域方面，钠硫电池在电网调峰、负荷转移和备用容量（旋转备用等）领域和可再生能源并网领域的应用比例较高，是化学储能领域较成熟的技术。液流电池在此领域也有一定的应用。锂离子电池技术除在这些领域占一定比例外，在电网频率调节方面的表现较为突出。另外，飞轮储能和先进铅酸电池在调频领域也有应用案例。

分布式储能设备的能量一般比较小，大多以就地使用为原则，多接入中低压配电网或用户侧。多能互补系统中常用的能量存储是电能和热能，本书重点介绍电能储存和相变储能技术。

4.1.3 电能储存技术特点

在分布式发电系统中，储能系统需具备如下3个功能：①尽可能使分布式电源运行在一个比较稳定的输出水平，对系统起稳定作用；②对于太阳能和风能这样的可再生能源，由于其固有的间歇性，相关发电系统的输出随时变化，甚至可能停止发电。此时，储能一方面可以发挥平滑功率波动的作用，另一方面也可起到过渡供电的作用，保持对负荷的正常供电；③能够使不可调度的分布式发电系统作为可调机组并网运行[1]。从电能储存形式的角度分析，分布式储能技术与大规模集中式储能技术相类似，大致可分为物理储能和化学储能，其中物理储能包括机械储能和电磁储能；化学储能又可分为电池类储能和氢储能等。分布式电储能种类繁多，控制和并网形式多样，为此本章仅对目前较常用的几种典型储能系统特性进行描述。

1. 蓄电池储能特点

蓄电池储能属于化学储能的范畴，由于化学物质的不同，蓄电池种类不同。蓄电池是将化学能转变为直流电能储存起来，需要化学能时再将直流电能转换为化学能释放出来。此能量转换过程是双向可逆的，前者称为蓄电池放电，后者称为蓄电池充电。蓄电池储能在光伏发电系统中应用广泛，主要用于储存和调节光伏系统产生的电能。蓄电池主要有铅酸、镍镉、钠硫、锂离子和全钒液流这几类。

铅酸蓄电池价格便宜，构造成本低廉，技术成熟，可靠性高，已广泛应用于电力系统；但是其存在寿命短，制造过程污染环境等缺点。铅酸电池主要用于电力系统正常运行时为断路器提供合闸电源，在发电厂、变电站供电中断时发挥独立电源的作用，为继电保护装置、拖动电动机、通信、事故照明提供动力。

镍镉蓄电池循环寿命长、效率高、能量密度大、结构紧凑、体积小、不需要维护，但随着充放电次数的增加容量将会减少，且存在重金属污染，使其应用受到限制。

锂离子电池具有较高的比能量/比功率，电压高，自放电小可长时间存放，寿命长，可快速充电和并联使用，环境友好无污染，是当代先进的绿色电池。但其造价成本高，大容量集成技术难度大，生产维护成本高。随着技术的发展及应用，锂离子电池有望在多能互补系统中广泛应用。

钠硫蓄电池比能量高（其理论比能量可达760Wh/kg，实际产品已大于100Wh/kg,）

是铅酸电池的3～4倍，体积小，具备大电流、高功率放电的特性，便于模块化制造、运输和安装，且建设周期短，适用于城市变电站和特殊负荷。但其工作时需要一定的加热保温措施，现多采用真空绝热保温技术。

全钒液流蓄电池是一种新型的大型电化学储能装置，容量设计非常灵活，充放电反应速度快，可深度放电，无自放电现象，使用寿命长，安全性高，不污染环境，能量效率高。基于这些优点，全钒液流蓄电池应用广泛，其在多能互补系统中也具有很好的应用前景。

2. 氢储能特点

作为一种清洁、高效、可持续的能源，氢储能属于化学储能范畴。若采用燃料电池技术，则氢气与氧气反应将化学能转换为电能的过程中，只有水生成，不存在任何污染物，如图4-1所示；反之，若需要存储氢气时，利用电能或太阳能将水分解制氢或者高压储氢均不会产生有害气体及污染物，如图4-2所示。

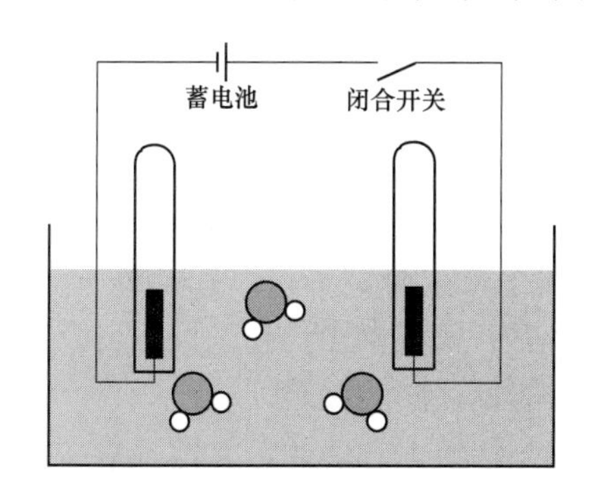

图4-1 电解水制氢工作原理

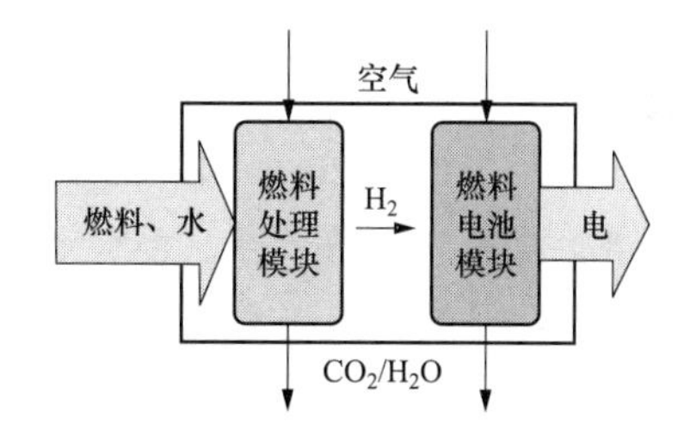

图4-2 基于燃料电池的氢能储存原理

氢储能能量密度高，电解制氢的过程具有环保且可持续发展的特点，可大规模、长时间储存，占地面积小，与环境兼容性好。而且，氢储能的能量可解耦控制，储电和发电过程可同时进行，是一种具备广阔应用前景的绿色储能技术。

氢储能技术就是利用电力和储能的互变性而发展起来的，利用富余的、低质量的或用电低谷期的电力大量制氢，将电能转化为氢能储存起来；在电力输出不足或者用电高峰期，使得存储的氢气通过燃料电池或其他反应发电，将氢能转换为电能回馈到电网，或者将存储的高纯度氢气分配到交通、冶金等其他工业领域中直接利用，提高经济性[2]。

3. 超级电容器结构及特点

超级电容（super capacitor storage）属于电磁储能，是利用双电层原理的电容器，当外加电压加到超级电容器的两个极板上时，其正电极存储正电荷，负电极存储负电荷，附着在超级电容器两极板上的电荷产生一个电场。在此电场的作用下，电解液和电极间的界面上形成相反的电荷，用以平衡电解液内电场，这种正电荷与负电荷在两个不同相之间的接触面上，以正负电荷之间极短间隙排列在相反的位置上，这个电荷分布层叫作双电层，因此电容量非常大。

超级电容器一般包含一个正极、一个负极和这两个电极之间的隔膜，电解液填补由这两个电极和隔膜分离出来的两个孔隙，如图 4-3 所示。

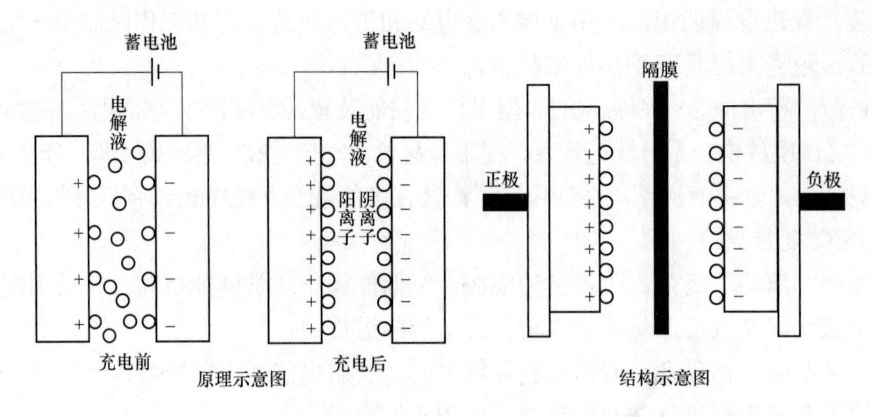

图 4-3　超级电容器结构示意图

超级电容内阻很小，并且只是在活性炭孔中的电极/电解液界面发生电荷的快速储存和释放，因此其比功率非常高，同时充放电循环寿命很长，可达到数十万次甚至上百万次。但是因为比能量低，高功率只能持续很短的一段时间。由于高功率和高快速放电能力，并且储存损耗在每天 20%～40%之间，超级电容储能适合作为能量暂时存储单元。和其他新型储能技术的问题一样，超级电容储能的成本也比较高。目前超级电容器主要用于短时间、大功率的负荷平滑，电动汽车的能量存储装置等。

超级电容器工作过程所需维护工作少，因此超级电容器的可靠性非常高。在风电场应用方面，超级电容储能系统可以快速调节有功和无功，改善并网风机的电能质量和稳定性。储能装置和风机的联合运行抑制风机功率波动，在瞬态情况下，储能装置还能用来加固直流母线，因此增加了低电压穿越的能力。当基于低电压穿越来规定储能装置的能力时，储能装置可以有效地抑制短期功率波动。超级电容储能寿命比较长，比功率、比能量都能达到平滑风电场出力的要求，就风电场的应用而言，主要制约因素依然是相对高昂的成本。

4. 压缩空气储能特点

压缩空气储能 （compressed air energy storage，CAES）主要利用电网负荷低谷时的剩余电力压缩空气，将空气高压密封在报废矿井、沉降的海底储气罐、山洞、过期油气井或新建储气井中，在电网负荷高峰期释放压缩的空气，使其进入燃气轮机燃烧室同燃料一起燃烧，然后推动汽轮机发电。它一般由压气机、透平机、离合器、储气装置、电动机/发电机、燃烧室及换热器等构成，如图 4-4 所示。

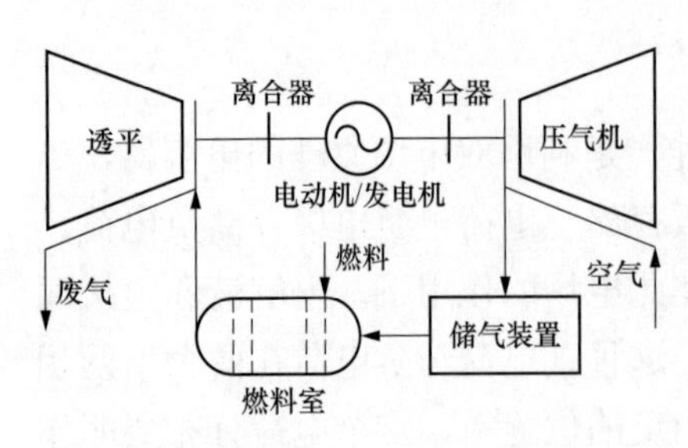

图 4-4　压缩空气储能系统工作原理

压缩空气储能规模可大可小，可以几十兆、也可以 20～30kW 量级，响应速度较快，达到分钟的量级。与常规调峰用燃气轮机组相比，其燃料消耗可以减少 1/3，所消耗的燃气要比常规燃气轮机少 40%，建设投资和发电成本低于抽水蓄能电站，安全系数高，寿命长；但压缩空气受自然条件的限制较大，必须找到合适的山洞或者地下的构造，尤其地下的结构、山洞的结构本身需要地质构造考察、做密封的处理，即使这样本身漏气可能性依然存在，维持不了压力压缩空气。另外，它本身还是依靠天然气这样的辅助燃料，单纯靠压缩空气推动涡轮机发电效率是很低的，为了提高它的效率必须采用类似于天然气燃气轮机联合循环的结构，服务于天然气燃料提高整个系统的效率。这样一个系统实际跟天然气燃气轮机联合循环发电厂非常相似，只不过燃气轮机部分不再需要常规的空气压缩机，直接存储在地质构造内的压缩空气提供。这样参照联合循环系统的效率，效率可以达到50%以上，光靠压缩空气自身达到30%都难。

5. 飞轮储能系统结构及特点

飞轮储能系统是一种基于机电能量转换的储能系统，将能量以高速旋转的动能形式储存在高速旋转的飞轮中。飞轮储能系统由飞轮、电力电子装置、轴承、真空容器和发电机/电动机构成，如图4-5所示。

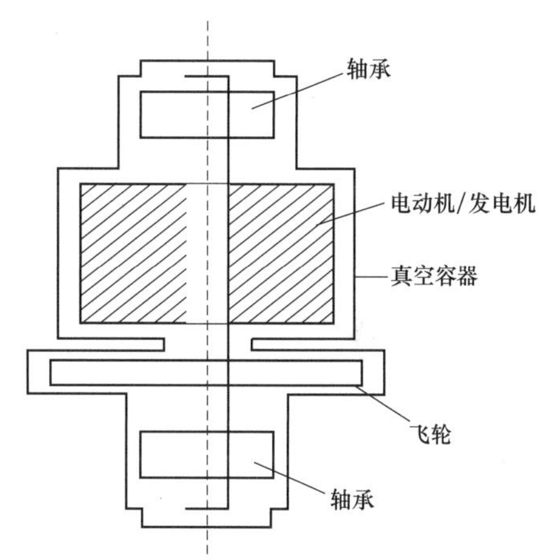

图4-5　飞轮储能装置结构示意图

飞轮储能的工作原理：从外界获取能量后，电动机在电力电子设备的带动下驱动飞轮高速旋转，将电能转换为飞轮的动能，这相当于飞轮储能系统的充电过程，即能量存储；当飞轮转子达到额定转速时，电力电子装置停止驱动电动机，此时系统充电结束。当外界需要电能时，高速旋转的飞轮会降低转速，由发电机将飞轮减少的动能转换为电能释放，供给负载使用，从而完成飞轮储能系统的放电过程，即能量释放。飞轮储能有能量存储模式、能量保持模式、能量释放模式三种工作模式，工作原理如图4-6所示。

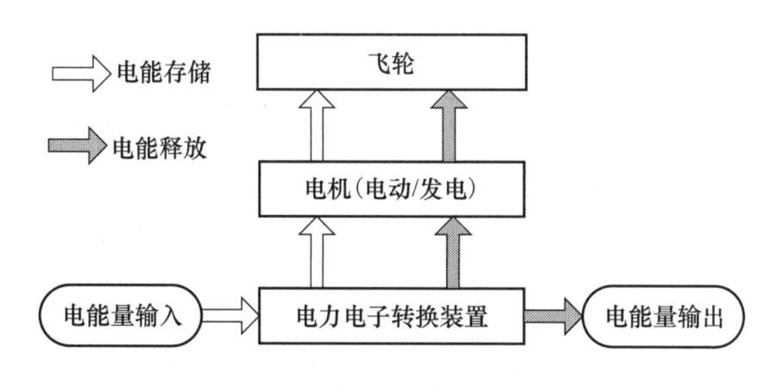

图4-6　飞轮储能装置工作原理

飞轮储能系统中有一个内置电机，充电时，其工作在电动状态带动飞轮加速；放电时，其工作在发电状态供电给外面负载，致使飞轮转速下降；当飞轮空闲运转时，整个装置既不充电也不放电，在最小功耗下运行。实际工作中，由于飞轮转速高达40000～500000r/min，一般金属制成的飞轮无法承受如此高的转速，故飞轮一般采用既轻又强的碳纤维制成。而且为了降低充放电过程中的能量损耗，电机（电动/发电）和飞轮均采用悬浮磁轴承，以减少转动过程中的机械摩擦损耗；还将飞轮和电机（电动/发电）放置在真空室中，从而降低空气摩擦损耗，因此大大提高了飞轮储能系统的效率。飞轮储能系统还具备寿命长、稳定性佳、维护少、功率密度较高、响应速度快等优点；与此同时，它也存在能量密度低和自放电现象等缺点。

基于上述分析，这几种电储能技术的基本特性如表4-2所示。

表4-2　电储能技术的基本性能

储能类型	额定容量（MW）	比功率（W/kg）	比容量（Wh/kg）	连续放电时间	效率（%）	成本（\$/kW）	寿命（次）	响应时间	运行温度
飞轮	10^{-3}～10	＞5×10^3	40～230	15s～15min	70～80	40～80	10^4～6×10^4	＜1s	−40～+50℃
铅酸电池	10^{-3}～50	75～300	35～50	1min～数h	60～80	25	2×10^2～5×10^3	＜10s	10～30℃
钠硫电池	10^{-3}～40	90～230	150～240	1min～数h	80～90	85	＜3×10^3	＜10s	290～320℃
锂离子电池	＜8×10^{-2}	200～315	150～200	1min～数h	85～95	120	10^3～10^4	＜10s	−10～+50℃
全钒液流电池	＜0.8	50～140	80～130	1min～数h	70～80	60	＜1.3×10^4	＜10s	10～35℃
压缩空气储能	10～3×10^2	—	—	1～20h	40～60	150	8×10^3～3×10^4	1～10min	35～50℃
超级电容器	10^{-3}～1.5	10^2～5×10^3	0.2～10	0.1s～1min	80～95	85	10^3～10^5	＜1s	−30～+50℃
超导储能	5×10^{-3}～20	10^7～10^{12}	1～10	ms～15min	80～95	200	10^4～10^5	＜5ms	4.2～77K

4.1.4　热储能技术特点

储热即热能储存，是能源科学技术中的重要分支，在能量转换和利用的过程中，常常存在供求之间在时间上和空间上不匹配的矛盾，由于储能技术可解决能量供求在时间上和空间上不匹配的矛盾，因而是提高能源利用率的有效手段。

1．储热技术

材料储热技术的核心是相变材料（phase change materials，PCM），相变储热材料蓄热密度高、蓄热装置结构紧凑，且吸放热过程近似等温、易运行控制和管理，因而较受关注。依据储热的形式来说，可以将储热技术分成显热储热技术、潜热储热技术、化学储热技术三类。

（1）显热储热。显热储热技术是通过蓄热材料自身温度的上升或下降来储存或释放热能的，不发生其他变化。这种储热方式原理简单，只需要储热材料具有较大的比热容，储热过程中温度会随储存或释放能量大小发生持续性的变化，固体显热储热材料物质包括岩石、砂、金属、混凝土和耐火砖等，液体显热储热材料包括水、导热油和熔融盐等。水、土壤、砂石及岩石是最常见低温（<100℃）显热储热介质。导热油、熔融盐和混凝土是常用的中温（120～600℃）显热储热材料。导热油虽然具有更大的蓄热温差（120～300℃），但蒸汽压较高，蒸发严重且价格较贵，目前较少采用。熔融盐有较好的热物理性能，在太阳能热发电系统中已得到应用，但高温腐蚀性大，易泄漏，某些盐类还具有一定的不安全性，如毒性、易燃易爆性等缺点。在高温区（≥600℃），蜂窝陶瓷、耐火砖、混凝土或浇注料等是主要的储热材料。

显热储能最大的优势是在系统有效的使用寿命周期内，能量的储存和释放是完全可逆的，而且系统运行过程中，从技术层面出发，需要考虑的不稳定因素较少，运行方便，技术成熟，储热材料来源丰富且成本低。但其缺点表现为储能密度较小，即单位体积所能储存或释放的能量较少，致使储能装置的体积比较庞大。

（2）潜热储热技术。潜热储热技术是利用物质在凝固/熔化、凝结/气化、凝华/升华以及其他形式的相变过程中，都要吸收或放出能量的原理来进行能量储存的技术。相变材料按工作过程中材料相态转变的基本形式可分为固—气、液—气、固—固和固—液相变材料四类。潜热储热具有在相变温度区间内相变热焓大、储热密度高和系统体积小等优点，得到了国内外研究者的普遍重视。固—气、液—气两类材料相变过程中存在体积变化大的不足，固—固相变材料存在相变潜热小和严重的塑晶现象的缺点，相关研究和实际实用较少。固—液相变材料在相变过程中转变热焓大而体积变化较小，过程可控，是目前的主要研究和应用对象。按工作温度范围可分为低温、中温和高温相变材料。

低温相变蓄热材料主要有无机和有机两类。无机相变材料主要包括结晶水合盐、熔融盐、金属或合金，其相变机理为：材料受热时吸收热量脱去结合水，反之，释放热量，吸收水分。结晶水合盐通常是中、低温相变蓄能材料中重要的一类，具有价格便宜，体积蓄热密度大，熔解热大，熔点固定，热导率比有机相变材料大，一般呈中性等优点。但在使用过程中会出现过冷、相分离等不利因素，因此实际应用中需要添加防过冷剂和防相分离剂。

有机相变材料主要包括石蜡、脂肪酸及其他种类。石蜡主要由不同长短的直链烷烃混合而成，可以分为食用蜡、全精制石蜡、半精制石蜡、粗石蜡和皂用蜡等几大类，每一类又根据熔点分成多个品种。短链烷烃的熔点较低，随着碳链的增长，熔点开始增长较快，而后逐渐减慢，再增长时熔点将趋于一致。大部分的脂肪酸都可以从动植物中提取，其原料具有可再生和环保的特点，是近年来研究的热点。其他还有有机类的固—固相变材料，如高密度聚乙烯、多元醇等。这种材料发生相变时体积变化小，不存在过冷和相分离现象，无腐蚀，性能稳定，但导热率低。

复合相变材料的复合化可将无机和有机材料的优点集合在一起，改善相变材料应用效果以及拓展其应用范围，制备复合相变材料是潜热蓄热材料的一种必然的发展趋势。复合相变储热材料主要指性质相似的二元或多元化合物的一般混合体系或低共熔体系、形状稳定的固—液相变材料、无机有机复合相变材料等。复合变材料一般有两种形式：一种是两种相变材料混合；另一种是定型相变材料。国内外学者研制的复合相变材料主要有膨胀石墨、陶瓷、膨润土、微胶囊等。膨胀石墨是由石墨微晶构成的疏松多孔的蠕虫状物质，它除了保留了鳞片石墨良好的导热性外，还具有良好的吸附性。陶瓷材料有耐高温、抗氧化、耐化学腐蚀等优点，被大量地选做工业蓄热体。这类材料不需要封装器具，减少了封装成本和封装难度，避免了材料泄漏的危险，增大了使用的安全性，减小了容器的传热热阻，有利于相变材料与传热流体间的换热[3]。

中温相变储热材料的相变温度范围为 90～400℃，此划分是从应用角度考虑，此温度段足够为其他设备或应用场合提供热动力高温热源，但相对于 400℃以上高温段提供的热动力源，效率较低，体积和质量相对庞大，适合大规模应用，主要针对地面民用领域[4]。目前国内外对制冷、低温和高温相变储热材料进行了很多研究，中温储热材料则较少使用。但由于中温相变材料的温度范围较宽，其物质形态几乎遍及相变储热材料的所有类型，因此也开始受到重视。近年来太阳能热发电[5]、移动蓄热技术[6]等相关领域的发展给中温相变储热材料的应用创造了很大空间。

高温相变储热材料主要包括：相变潜热、导热系数、比热容、膨胀系数、相变温度等直接影响材料的蓄热密度、吸放热速率等重要性能，相变材料热物性的测量对于相变材料的研究显得尤为重要。高温相变储热材料是指相变温度在 400℃以上的储热材料，主要应用于小功率电站、太阳能发电、工业余热回收等方面，一般分为盐与复合盐、金属与合金和高温复合相变材料三类。

（3）化学储热技术特点。化学储热技术基于可逆的化学反应，即通过热能与化学热的相互转化来进行储能的。用于储热的化学反应必须满足：反应迅速；反应可逆性好；反应生成物易分离且能稳定存储；反应物和生成物无毒、无腐蚀、无可燃性；反应热大，反应物价格低等条件。典型的热化学反应储能体系包括氨的分解、无机氢氧化物分解、碳酸化合物分解、甲烷-二氧化碳催化重整、有机物的氢化和脱氢反应、铵盐的热分解等。

化学储热具有蓄热量大、使用温度范围宽、不需要绝缘的储热罐等优点，而且若反应过程可使用反应物或催化剂控制，则可长期存储热量，比较适用于太阳能热发电中的太阳热能存储。但该技术要实现化学反应系统与储热系统的有机结合，还需要进一步研究探索，距离规模化应用还需要一段时间。

2. 储冷技术概念及特点

蓄冷技术在热力学定义上也属蓄热技术，因其特定用途而被专门研究，在建筑节能领域多用于解决建筑空调冷负荷与电网负荷峰值重合的矛盾。按照蓄冷介质的不同可分为冰蓄冷、水蓄冷、共晶盐蓄冷、气体水合物蓄冷等，常用的有冰蓄冷和水蓄冷两种技术。

（1）冰蓄冷。空调冰蓄冷技术在电力负荷很低的夜间用电低谷期，采用电动制冷机制冷，使蓄冷介质结成冰，利用蓄冷介质的显热及潜热特性，将冷量蓄存起来，在用电高峰期的白天，使蓄冷介质融冰，把储存的冷量释放出来，以满足建筑物空调或生产工艺的需要。

冰蓄冷主要有以下特点：①电力移峰填谷均衡电力负荷，加强电网负荷侧的管理（demand side management）；②享受峰谷电价由于电力部门实行峰、谷分时电价政策，运行费用大大降低，经济效益显著；③制冷主机容量和装设功率大大小于常规空调系统，一般可减少 30%～50%；④提高了制冷设备利用率并延长机组的使用寿命。

冰蓄冷空调系统与普通空调系统在投资和效率方面的比较：

1）投资比较：冰蓄冷空调系统的一次性投资比常规空调系统略高（仅机房部分，末端设备与常规空调系统相同）。但如果计入配电设施的建设费等，有可能投资相当或增加不多，甚至可能投资降低。

2）效率比较：夜间冷水机组制冰工况运行时，由于气温下降带来的得益可以补偿由蒸发温度下降所带来的效率的损失。

冰蓄冷利用相变时的吸放热进行能量存储，具有储热密度高，可逆性好，放热过程近似恒温等优点。其研究核心在于新型蓄冷方法和装置的研究及应用。冰盘管（内融冰、外融冰）、封装冰（冰球、冰板、芯心冰球）是两种典型的冰蓄冷方式，被广泛应用到了蓄冷空调系统中，利用夜间谷电蓄冷，在白天释放冷量，既经济也缓解了电网负荷压力。冰蓄冷系统可与低温送风系统相结合，进一步减少空调系统的运行费用，提高空调供冷的舒适度，改善储冷空调系统的整体效能，为建筑配置高效、低碳的供冷站。

（2）水蓄冷。水蓄冷技术是一种新型的蓄冷技术，它是利用峰谷电价或者有多余的制冷量的情况时，利用制冷机组将一定量的水降温，同时做好保温工作，当需要冷量时，从蓄存的冷水中吸取冷量，达到降温的效果。

水蓄冷主要具有以下特点：

1）蓄水池带有上布水器，以水作为蓄能介质，是一种能源综合利用、开源节流的一种很好的形式。

2）自然分层式蓄能技术，蓄冷效率高，经济效益比较好的蓄能方法，目前应用比较广泛。在夏季的蓄冷循环中，冷水机组送来的冷水进入蓄水池的下部，而回流的温水从蓄水池的上部进入，进行降温过程。

3）在采用水蓄冷时，蓄水池内的水温设定的下限不能小于4℃，这是因为随着水温的升高，其密度在不断减小，如果不受到外力扰动，一般容易形成冷水在下、热水在上的自然分层状态，但水在 4℃以下时物性却出现明显非规律性变化，此时随着水温的降低，其密度却在不断减小，这样就难以形成分层现象。

4）采用水蓄冷的方式可以有效地节约能量的耗散，我国正在把它作为一种节能环保的技术来大力推广。

水蓄冷是通过水温在4～12℃之间的变化来蓄存显热，无须设置双工况的制冷机组，冷机效率高，但水蓄冷系统蓄冷密度低，占用空间大。其应用技术难点在于冷温水的有效隔离，避免能量掺混。常用的贮槽结构和配管设计有分层化、迷宫曲径与挡板、复合贮槽、隔膜或隔板等方案。

4.2 分布式储能技术结构及控制系统

4.2.1 电储能系统

根据分布式储能系统的电气特性可将其分为直流型分布式储能和交流型分布式储能。直流型分布式储能系统是指储能设备输出为直流电，其涵盖了所有类型的电池储能，还包括超级电容与氢储能系统。交流型分布式储能系统指储能设备输出为交流电，主要包括压缩空气储能系统与飞轮储能系统。

1. 直流型储能系统并网与控制

直流型储能系统一般需要通过逆变器并入交流电网或带交流负载运行，若储能设备的端口直流电压与并网逆变器的直流电压不一致时，需要进行 DC/DC 变换器变压后再与逆变器相连。直流型储能系统接入配电系统或微电网的方式主要包括：①经过换流器直接接入交流系统，如图 4-7 所示；②与其他分布式电源（如光伏发电系统）并联接入交流电网，如图 4-8 所示。

并网侧逆变器储能系统并网的关键，一般包括电压源型逆变器和电流源型逆变器。常用的是电压源型逆变器是三相桥式结构的，如图 4-9 所示。

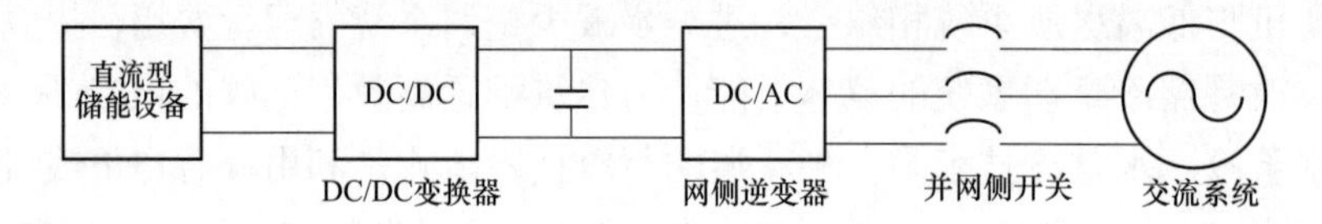

图 4-7　直流型储能设备直接并入交流系统

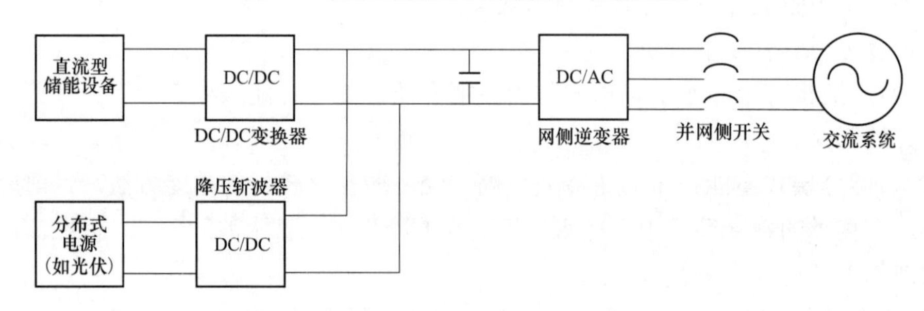

图 4-8　直流型储能设备与其他分布式电源并联运行

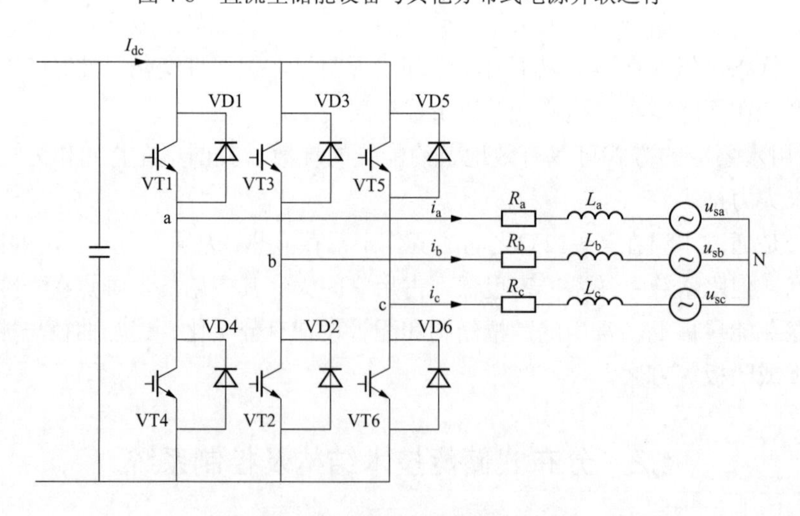

图 4-9　电压源型三相逆变桥结构

三相电压源型逆变器电路结构简单，电容器数量少，体积小，所有阀容量相同，易实现模块化构造。但其高频投切产生的损耗较大，交流侧波形较差。

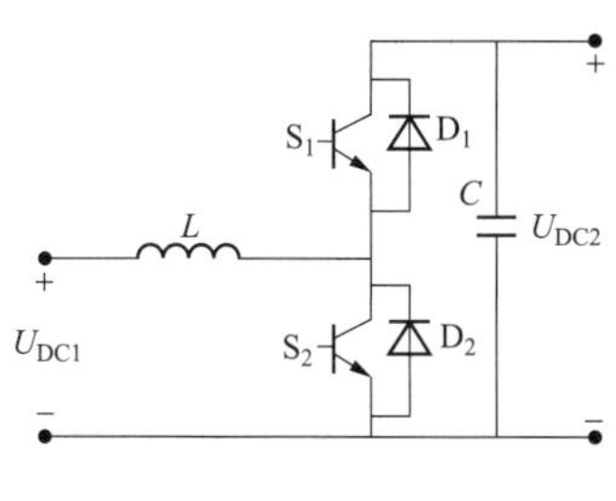

图 4-10 DC/DC 变换器拓扑结

由于储能具有双向工作特性，则 DC/DC 变换器需要在储能设备充电时进行降压，放电时进行升压，故其具有 Buck（降压）和 Boost（升压）两种工作模式，如图 4-10 所示，其中 S_1、S_2 为全控型开关器件，D、D_2 为续流二极管。

当直流型储能工作于 Buck 模式，即处于充电状态时，S_2 和 D_1 一直处于断开状态，S_1、D_2 处于工作状态；当直流型储能工作于 Boost 模式，即处于放电状态时，S_1 和 D_2 一直处于断开状态，S_2、D_1 处于工作状态。

直流型储能系统的控制主要是对并网逆变器和 DC/DC 变换器的控制，直流型储能系统的网络拓扑控制结构如图 4-11 所示。并网逆变器的控制方式多样，目前对于电压源型换流器的控制方式主要可以分为直接控制（间接电流控制）和矢量控制（直接电流控制）两种。间接电流控制方法简单、直接，但响应速度比较慢，不容易实现过电流控制。而基于直接电流控制的矢量控制方法，具有快速的电流响应特性和良好的内在限流能力。

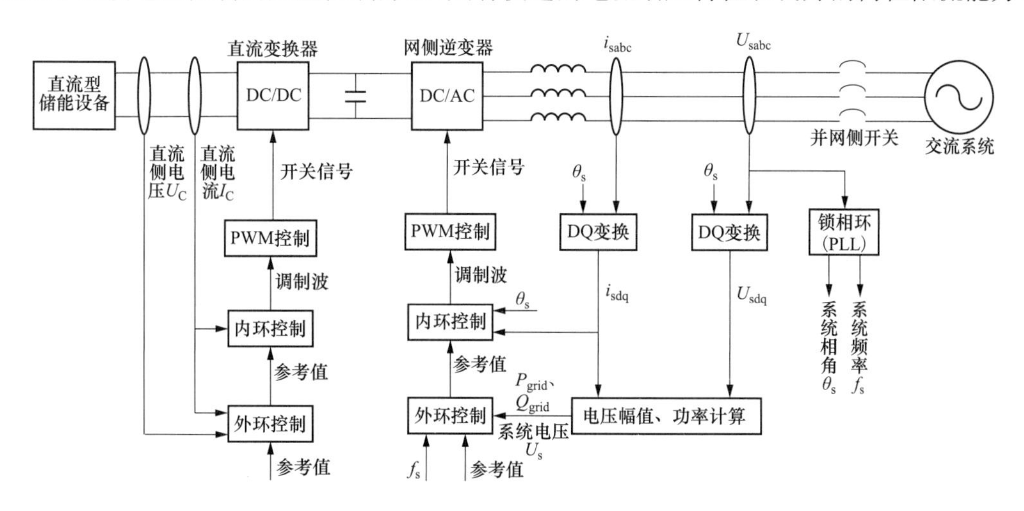

图 4-11 直流型储能系统控制结构图

i_{sabc}—系统侧三相电流；U_{sabc}—系统侧三相电压；P_{grid}、Q_{grid}—分别是电网的有功和无功功率；DC/DC—直流变换器；DC/AC—逆变器，3/2 变换；PWM—脉冲宽度调制

直流型储能系统应用场景不同时，其并网逆变器需采取不同的控制策略，控制策略的不同主要体现在逆变器的外环控制。常见的储能并网逆变器的外环控制方法有：①恒功率控制（PQ 控制）；②恒压恒频控制（V/f 控制）；③下垂控制（Droop 控制）。

2. 交流型储能系统结构与控制

交流型储能系统一般是通过交流电机吸收或发出功率，来达到储存能量和释放能量的目的。系统中一般采用感应电动机或永磁同步电动机等，并将电动机发出的高频交流电整流逆变为工频的交流电，然后进行并网。交流型储能系统接入电网的方式主要包括：①典型的背靠背并网结构，如图 4-12 所示；②与其他分布式电源（如风力发电系统）并联接入交流电网，如图 4-13 所示。

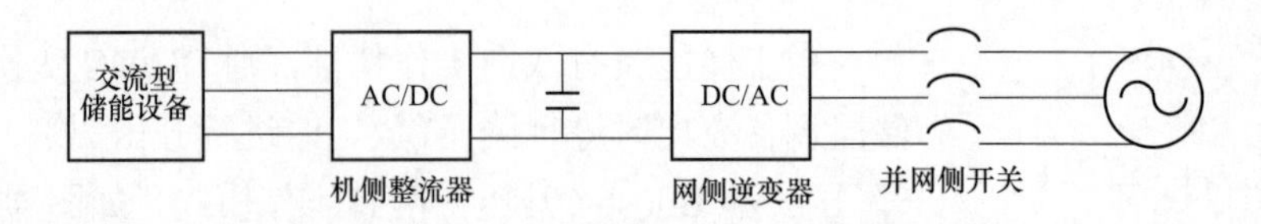

图 4-12　交流型“背靠背”并网结构

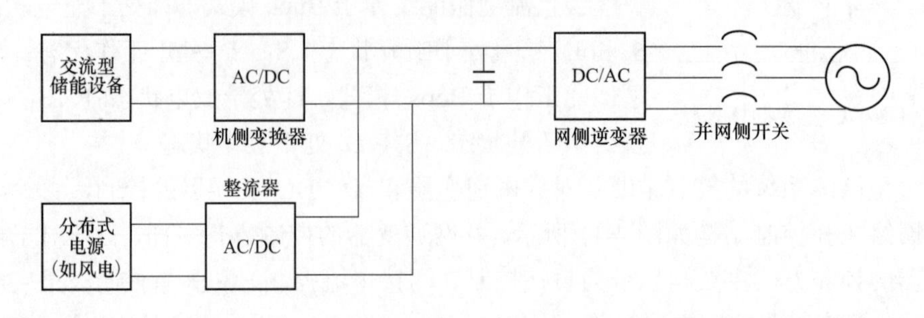

图 4-13　交流型储能设备与其他分布式电源并联运行

交流型“背靠背”并网结构一般由机侧整流器和网测逆变器构成，机侧整流器一般采用全控的三相桥式结构，网侧逆变器与上述直流型的网侧逆变器拓扑结构相同。交流型储能系统与其他分布式电源（如风机等间歇性电源）并联运行时，一方面可以有效减少间歇式、波动式电源对外部系统的冲击，使二者输出功率比较稳定；另一方面可以有效改善这类分布式电源的可调度性。

交流型储能系统中网侧逆变器控制原理与直流型储能系统的网侧逆变器控制策略基本相同。而机侧换流器的控制主要是对电动机的控制，其控制策略采用典型的双闭环控制结构，故交流型储能系统的控制结构如图 4-14 所示。机侧换流器一般采用矢量控制，通过磁场定向与矢量交换，将电动机定子电流分解为与转子磁场方向一致的励磁分量和磁场方向正交的转矩分量，分别进行控制[8]。

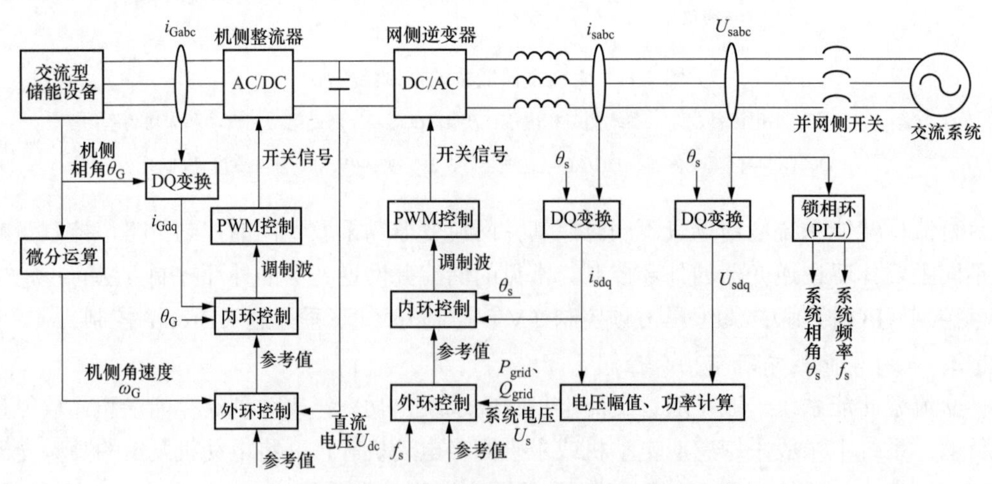

图 4-14　交流型储能系统控制结构

i_{Gabc}—储能侧三相电流；i_{sabc}—系统侧三相电流；U_{sabc}—系统侧三相电压；

P_{grid}、Q_{grid}—分别是电网的有功和无功功率；PWM—脉冲宽度调制

4.2.2 热储能系统

本节简述相变储热和储冷的结构及控制。

分布能源系统中，储热是一项重要技术，它对于提高系统能源利用率、降低能源转换成本、提高系统供热稳定性和可靠性具有重要意义。蓄热系统采用的储热工质各种各样，但是无论采用何种方案都要从技术可行性和经济成本两方面综合考虑。

1. 储热系统结构

储热系统按照储热介质可分为导热油系统、熔融盐系统、空气系统、水及水蒸气系统等。

（1）导热油系统选择导热油作为蓄热介质，以单罐系统为例介绍其工作原理，单罐系统采用斜稳层原理，根据冷热流体温度的不同自动分层，一般情况下热油处于储油罐顶部，冷油处于储油罐底部，因此系统可以直接将过热蒸汽加热的热油导入储油罐顶部，并从顶部输出高温热油加热蒸汽进行供能，高温热油加热蒸汽后温度降低称为低温冷油，经过高压油管进入储油罐底部冷油区域储存，如此循环以达到蓄热放热的目标。

（2）熔融盐系统：熔融盐具有成本较低，蓄热能力强，稳定性好，黏度低，传热性能好等优点。这种方式具有换热时间短、控制灵活简便的优势，缺点是熔融盐的熔点较高，一般需要在系统工作前进行预热，增加了维护成本。

（3）空气系统：空气蓄热系统具有以下优势，不会排放污染物，以空气作为蓄热介质系统吸收和排除的均为空气，对环境无害，系统较为简便，无需预热便可以进入工作。

（4）水/蒸汽系统：以水作为吸热器与蓄热系统的传热介质具有其他工质难以替代的优点，例如水的热导率高、无毒、无腐蚀、易于输运、水/蒸气作为蓄热介质比热容大等，缺点是水/水蒸气在高温时存在高压问题，从而对热传输系统的耐压提出了非常高的要求，增加了设备投资与运行成本。

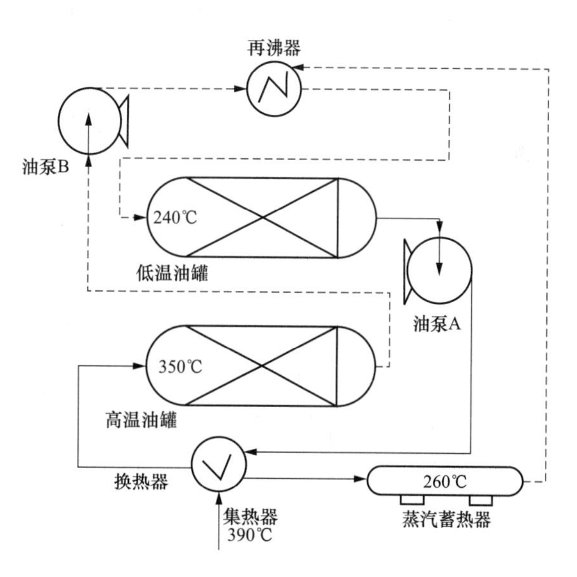

图 4-15　蓄热器系统结构

本书以导热油系统为例介绍蓄热系统的工作原理，蓄热系统主要由换热器、再沸器、储油罐、蒸汽蓄热器等部分组成，如图 4-15 所示。蓄热系统工作并进入吸热模式时，由集热器吸收太阳能产生的过热蒸汽会进入换热器进行换热，高温过热蒸汽将导热油加热，高品位能量进入高温储油罐储存。过热蒸汽经过换热器之后，蒸汽压力变化较小，温度变化较大，在额定工况条件下降低约 140℃。此部分蒸汽进入蒸汽蓄热器进行储存，蓄热系统进入放热模式时，蒸汽蓄热器中储存的蒸汽会持续进入再沸器进行过热之后再利用，再沸器对蒸汽过热的能量来自高温油罐。

在蓄热系统进行吸热时，换热器是核心部分，换热器对整个蓄热系统具有重要作用，是实现能量梯级利用的关键设备。再沸器主要作用是将蒸汽蓄热器中的蒸汽加热到足够高的温度以满足用热需求，是蓄热系统实现放热功能的设备。蓄热系统主要实现吸收高品位能量、释放高品位能量、储存高品位能量、储存低品位能量的功能。控制蓄热系统的关键和难点在于精确控制蓄热系统吸热和放热过程，通过控制变频泵的导热油质量流量来实现对换热器导热油温度和再沸器过热蒸汽温度的有效控制，以达到提高热能效率的目的。

（1）换热器结构及控制策略。换热器是蓄热系统吸收高品位能量的关键设备。换热器在蓄热系统中具有举足轻重的作用，换热器控制质量决定了蓄热系统的能量吸收效率。换热器在工业中应用广泛，换热器的类型也十分丰富，换热器的主要功能是将某种流体的热量以一定的传热方式传递给另外一种流体，这种设备一般至少有两种不同的流体参与传热，一种流体的温度较高，放出热量；另一种流体温度较低，吸收热量。

换热器按传递热量的方法主要分为间壁式、混合式、蓄热式三类。这三类换热器中，间壁式的生产经验、分析研究和计算方法比较丰富和完整。在间壁式换热器中，又分为沉浸式换热器、喷淋式换热器、套管式换热器、管壳式换热器[18, 22]。考虑到进入蓄热系统的过热蒸汽的高温高压特性，因此蓄热系统的换热器可以选用管壳式，其结构简单、成本较低、处理能力强、具有高度的可靠性和广泛的适应性，据统计管壳式换热器产量占全部换热器的60%以上。

换热器的动态特性可以通过实验或者机理建模得到。目前机理建模一般使用分布参数法或者集总参数法，可以应用于管壳式换热器，是典型的逆流两股流换热器。考虑到蒸汽易产生水垢，换热后需进入低温蓄热系统储存，压降不能太大，导热油在封闭系统内较为清洁，本身压力较小，故换热器壳程流体选择导热油，管程流体选择过热蒸汽，换热器工作原理如图 4-16 所示。

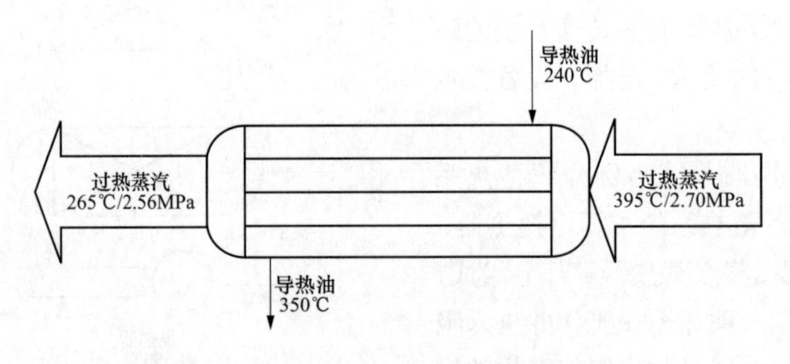

图 4-16　换热器工作原理

换热器采用串级-Smith 控制系统，将影响换热器出口油温的各种干扰因素都纳入了闭环控制回路中，系统干扰只要影响换热器出口油温而偏离设定值，控制系统就根据偏差大小和方向通过变频泵改变导热油流量，使得换热器出口油温重新回到设定值。系统控制过程如下：检测换热器出口油温 T，设定值比较产生偏差ΔT，送入 PID 控制器运算产生控制信号 u，调节变频泵，改变换热器导热油流速，调节温度到设定值。导热油出口温度-流量串级控制系统对变频泵导热油流量进行控制，可以有效减少导热油压力变化对系统的干扰。整个串级控制系统采用定值控制方式，导热油温度控制器在系统中占据主导作用，而变频泵流量控制器起辅助作用，它在克服导热油压力扰动的同时受到温度控制器的操纵，从而形成完整的导热油出口温度-流量串级控制系统，换热器导热油出口温度-流量串级控制原理如图 4-17 所示。

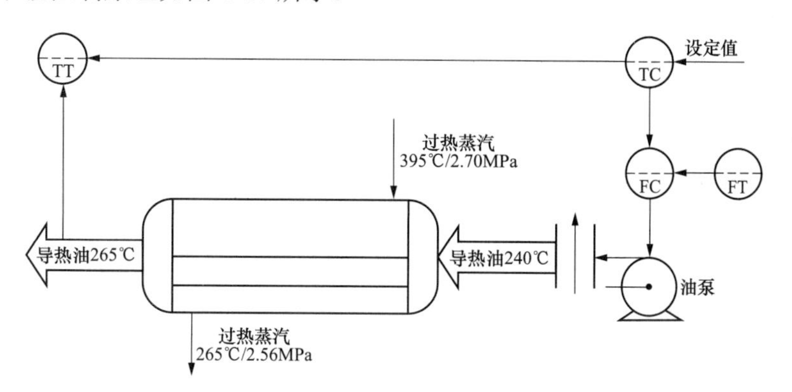

图 4-17　导热油出口温度-流量串级控制原理图

导热油出口温度-流量串级控制系统框图如图 4-18 所示。其属于双闭环控制系统，内环是流量控制回路，外环是温度控制回路。该串级控制系统温度控制器的输出为流量控制器的给定值，而流量控制器的输出直接作用于变频泵。温度控制器的输入是由用能系统给定的，通常是一个定值，因此串级控制系统的温度控制回路是一个定值控制系统，而流量控制器的设定值是由温度控制器的输出提供的，它随温度控制器输出的变化而变化，因此串级控制系统的流量控制回路是一个随动系统[23]。

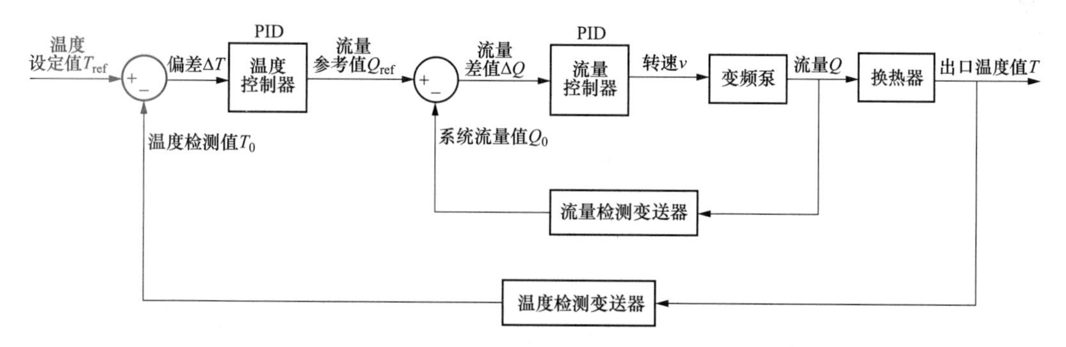

图 4-18　导热油出口温度-流量串级控制系统框图

（2）再沸器结构及控制策略。再沸器是将高温储油罐中导热油的高品位能量转化为蒸汽热能的设备，其工作效率直接影响蓄热系统能量利用的效率。当蓄热系统进入放热模式时，蒸汽蓄热器释放温度约为 260℃的饱和蒸汽，根据蓄热系统的工艺要求，饱和蒸汽进入再沸器中过热后温度需要达到 320℃，再送入辅助加热器中进一步加热至 390℃后进行热能供应。因此，再沸器的控制核心在于将饱和蒸汽的出口温度控制在 320℃。再沸器工作原理图如图 4-19 所示。

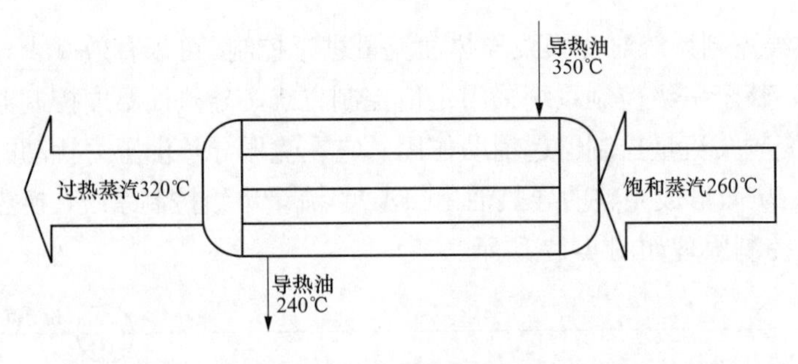

图 4-19　再沸器工作原理图

再沸器的动态特性可以通过实验或者机理建模得到。考虑到蒸汽易产生水垢，换热后需进入辅助加热器进一步加热并给汽轮机提供能量，压降不能太大，导热油在封闭系统内较为清洁，本身压力较小，故再沸器壳程流体选择导热油，管程流体选择过热蒸汽。

再沸器与换热器工作原理基本相同，均属于工业热交换设备，二者均属于蓄热系统的关键设备。换热器主要用于吸收系统富余的高品位能量并储存于高温油罐中，而再沸器则是将高温油罐中的高品位能量用于过热蒸汽蓄热器释放的饱和蒸汽，两者缺一不可。另外，换热器为了保证吸收足够的高品位能量，提高蓄热系统效率，需要将导热油出口温度控制在 350℃，而再沸器为了使进入辅助加热器的过热蒸汽能够迅速用于供能，需要将蒸汽蓄热器释放的饱和蒸汽过热至 320℃，两者控制的变量均为出口温度。

再沸器的控制策略与换热器控制策略类似，采用前馈-串级-Smith 控制策略。提高再沸器的控制质量可以增加蓄热系统的工作效率，再沸器导热油的质量流量对过热蒸汽出口温度有重要的影响，在保证汽轮机正常工作的情况下为了尽量减少辅助加热器的化石能源消耗，根据工艺要求，再沸器过热蒸汽出口温度需要控制在 320℃。再沸器过热蒸汽出口温度控制系统原理如图 4-20 所示。

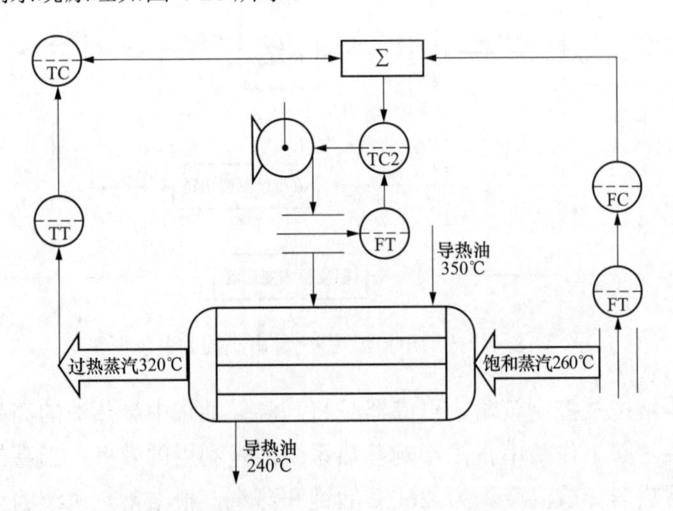

图 4-20　再沸器过热蒸汽出口温度控制系统原理

再沸器过热蒸汽出口温度前馈-串级-Smith 控制系统框图如图 4-21 所示。其属于双闭环控制系统，内环是流量控制回路，外环是温度控制回路。相比于换热器的控制系统，其多加了一项前馈控制。前馈控制是按照扰动量的变化进行控制的，其控制原理是当系统出现干扰时，控制器就直接根据测量得到的干扰大小和方向求出相应的控制信号，以抵消或者减小扰动对被控变量的影响。

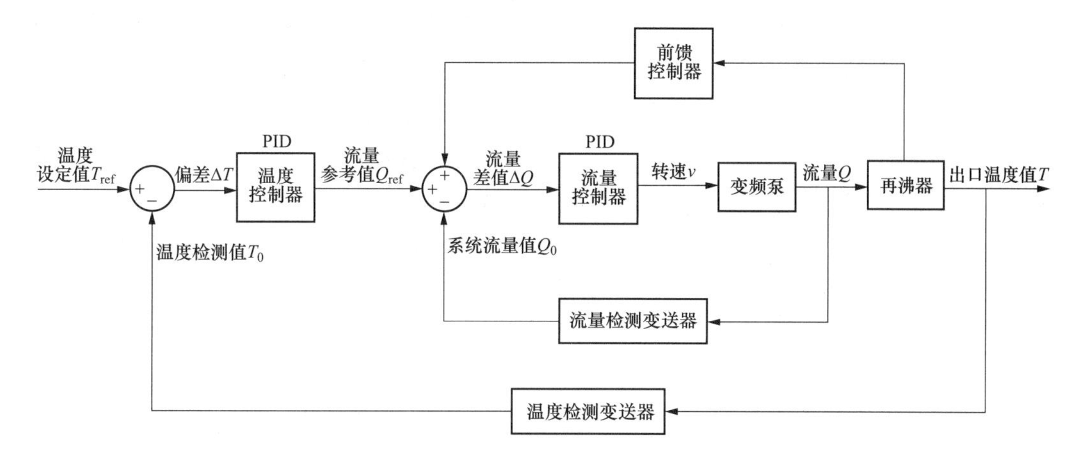

图 4-21　再沸器过热蒸汽出口温度前馈-串级-smith 控制系统框图

（3）蓄热系统热量计算。

1）显热系统。热能储存量数学上表现为物质本身的比热容和温度变化的乘积，假设储热材料本身的比定压热容恒定且大小为 c_p，且在储热过程中物质载体的温度变化为 ΔT，则储热过程中物质载体所储存的热量大小 ΔQ 为：

$$\Delta Q=mc_p\Delta T \tag{4-1}$$

式中　m——物质载体的质量。

当然，储热技术的性能不只受储热介质㶲密度等状态量的影响，还受到介质本身在热量交换和转化等过程性能的影响。这些过程包括介质的换热性能及流动性能等。

2）潜热系统。由于物质相变时的潜热显著大于比热容，故潜热储存具有容积储热密度大的优点。一级相变中，吸收或释放热量，伴随体积的变化，但系统温度不变，此时相变潜热可表示为：

$$Q=(u_2-u_1)+p(v_2-v_1)=h_2-h_1 \tag{4-2}$$

式中　Q——单位质量的物质由 1 相转变为 2 相时所吸收的潜热；

u_1 和 u_2——分别表示 1 相和 2 相单位质量的内能；

v_1 和 v_2——分别为单位质量的体积；

p——作用于系统的外部压强；

h_1 和 h_2——分别表示 1 相和 2 相单位质量的焓。

2. 蓄冷系统结构

（1）冰蓄冷结构。利用原动机和太阳能光伏发的电来进行冰蓄冷空调的实验测试，研究冰蓄冷空调在目前所存在的应用问题；同时，利用“峰谷”电价优势，在夜间将电能转换成冷量，储存在冰里面，在白天把储存的冷量释放出来进行制冷，既可以节省用电成本，又可以错开用电高峰，平衡电网负荷，提高电网的安全性能。冰蓄冷原理图如

图 4-22 所示。

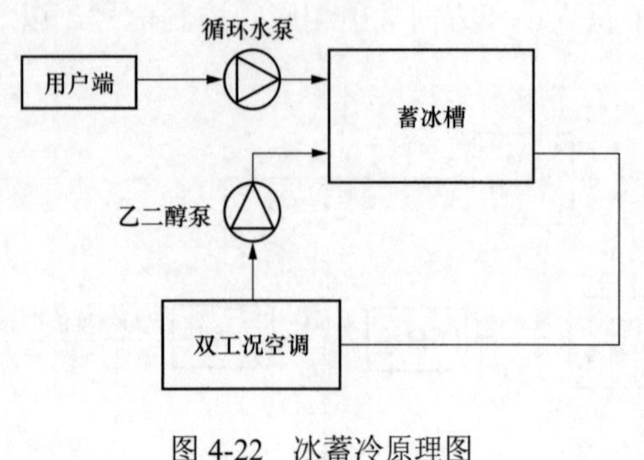

图 4-22 冰蓄冷原理图

除了空调供冷外，全天的其余时间全部用于蓄冷，这样可使主机的容量减少至最小值。蓄冷比例确定是非常重要的一个环节，在方案设计中一般先初步选择较典型的几个值（如 30%等），经设备初选型，根据当地有关的电力政策并计算初投资、运行费，并考虑其他因素最后选定较佳的比例值。

1）对于部分蓄冰系统，一般计算制冷主机容量采用如下公式：

$$q_c = \frac{Q}{c_1 \times n_1 + c_2 \times n_2} \tag{4-3}$$

式中 Q——设计日总冷负荷，kWh；

q_c——空调工况制冷主机制冷量，kW；

c_1——有换热设备时双工况主机制冷工况系数，一般取 0.80～0.95；

c_2——双工况制冷主机制冰工况系数，一般取 0.65～0.70；

n_1——白天双工况制冷主机制冷运行小时数，h；

n_2——夜间双工况制冷主机制冰工况运行小时数，h。

在蓄冰比例小于 40%的情况下，制冷主机在设计日所有空调时间内不可能均满负载荷运行，故 c_1 值一般小于 1，其值越小，蓄冰比例越大，主机容量也越大，c_1 一般取 0.80～0.95。

c_1=0 时，表示制冷机白天不工作，即全量蓄冰系统；c_1=1 时，表示制冷主机优先控制条件下的计算式。

2）蓄冰装置容量。

$$Q_s = n_2 \times c_2 \times q_c \tag{4-4}$$

式中 Q_s——蓄冰装置蓄冰量，kWh。

3）如果考虑蓄冰装置的融冰速率的分析。设某工程设计日尖峰冷负荷为 Q_{max}，制冷主机制冷量（空调工况）为 q_c，蓄冰装置蓄冰量为 Q_s，在低谷电时段蓄冰，蓄冰时间 8h，制冷主机蓄冰效率为 65%，蓄冰装置最大融冰速率为 k。则：

$$Q_s = 0.65 \times 8 \times q_c = 5.2 q_c \tag{4-5}$$

$$k \times Q_s + q_c \geqslant Q_{max} \tag{4-6}$$

把式（4-5）代入式（4-6）得：

$$q_c \geqslant \frac{Q_{max}}{5.2 \times k + 1} \tag{4-7}$$

（2）水蓄冷结构。为了防止和减少蓄冷水池内因温度较高的水流和温度较低的水流混合而引起的能量损失，水蓄冷系统的蓄水池通常有如下几种方案：隔膜或隔板式、迷宫式、水分层式、复合水槽式。

系统蓄冷模式是在夜间用电低谷且电费低的时段，开启制冷机进行水冷却，然后将冷却水储存到蓄水池。用电低谷段一般为夜间 23:00 到第二天早上 7:00，但具体的运行时间要根据蓄冷情况和蓄冷量来进行调整。

系统放冷模式是在白天用电高峰期将蓄水池中的冷却水供给用户，为其提供冷量，蓄水池放冷模式的运行时间一般为 8:30 到 17:30。

水蓄冷系统的设备主要有制冷机组、蓄冷水池（蓄冷罐）、供冷水泵、蓄冷水泵、放冷水泵、冷却塔和冷却水泵，水蓄冷系统结构如图 4-23 所示。

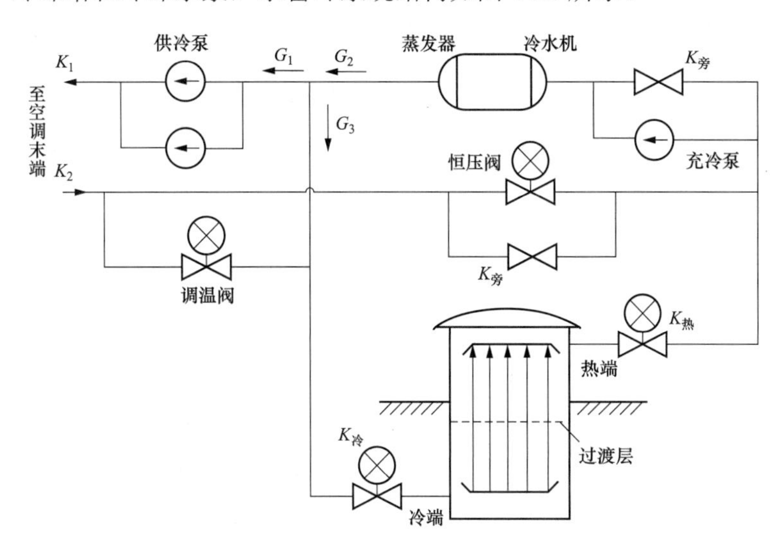

图 4-23 水蓄冷系统原理图

K_1、K_2—分别为进出口温度

蓄冷运行模式：电力低价时段，冷水机满载运转，其输出水量 G_1 比用户所需的冷冻水量 G_2 大，余量 $G_3=G_1-G_2$ 自贮柜“冷端”输入经均流布水环槽注入贮柜底部。柜内冷冻水与回水的交界面上升，到达上布水环槽上缘时，蓄冷过程终结。

放冷运行模式：用户所需冷冻水量 G_2 多于冷水机出水量 G_1 时，$G_3=G_1-G_2<0$，自储柜底部输出的冷冻水经供冷泵送至用户处，在换热升温后经 K 热返回贮柜上布水环槽。储柜内，冷冻水与回水的界面下降。

水蓄冷系统中，蓄冷水池一般是钢制或钢筋混凝土制，形状为圆形或矩形。蓄冷水池以选择平底立式圆柱形为最佳，因为圆柱形水池外表面与体积之比小于同体积的矩形水池。由于卧式圆柱形水池难以解决分层问题，故多采用立式放置。蓄水池容积的计算公式：

$$V=3600\times\frac{Q}{\Delta t}\times\rho\times c_{\rho}\times\mathrm{FOM}\times a_{\mathrm{v}} \tag{4-8}$$

式中 V ——蓄水池的容量；

Q ——蓄冷量（RT）；

Δt——放冷回水温度与蓄冷进水温度间的温差；

ρ ——蓄冷水密度（1000kg/m^3）；

c_ρ ——冷水比热容，4.18kJ/（kg·℃）；

FOM ——蓄冷池的保温效率；

a_v ——为蓄水池容积效率。

（3）冰蓄冷与水蓄冷比较。冰蓄冷与水蓄冷相比，二者最本质的区别就是冰蓄冷是基于水的相态变化（相变所需的潜热）进行蓄冷，而水蓄冷是基于水的温度变化（显热变化）进行蓄冷。

冰蓄冷与水蓄冷系统对比情况如表4-3所示。

表4-3　冰蓄冷与水蓄冷系统对比情况

项目	冰蓄冷系统	水蓄冷系统
蓄冷槽容积	相对较小，但因蓄冷一般在多个蓄冷槽内实现，设备间需留有检修通道及开盖距离，且冰槽内有乙二醇及预留结冰时膨胀空间，故其有效空间只是实际占用空间的一小部分	相对较大，但因大温差蓄冷在一个蓄冷槽内完成全部蓄冷和放冷过程，占用空间绝大部分是有效的蓄冷空间，部分具体已投运的项目表明，水蓄冷实际占用空间只略大于冰蓄冷
制冷机出水温度（℃）	1～3	4～6
冷机耗电	制冰时效率下降达30%，综合其夜间制冷、满负荷运行时间大幅增加等因素后，其较一般常规空调多耗电20%左右	由于夜间蓄冷效率较白天高，系统满负荷运行时间大幅增加，扣除蓄冷损失等不利因素，较一般常规空调节电约10%
蓄冷系统投资	冰蓄冷需要的双工况制冷机组价格高，装机容量大，增加了配电装置的费用，且冰槽的价格高，乙二醇数量多，价格贵，管路系统和控制系统均较复杂，因此总造价高	同等蓄冷量的水蓄冷系统造价约为冰蓄冷的一半或更低
蓄冷装置的蓄冷密度	冰蓄冷槽的蓄冷密度为40～50kW/m³，为水蓄冷的4～5倍，但因其有效容积小，实际二者蓄冷能力近乎相当	蓄冷水池的蓄冷密度为7～11.6kW/m³。由于冰蓄冷的有效容积较小，如果将安装蓄冰槽的房间用作蓄冷水池，加上消防水池，其蓄冷量与冰蓄冷基本一致
蓄冷装置的兼容性	无兼容功能	蓄冷水池冬季可兼做蓄热水池，对于热泵运行的系统特别有用，但此时不能作为消防水池。若单独作蓄冷水槽时可作为消防水池使用
蓄冷槽位置	一般安装在室内，会占用正常机房面积	可置于绿化带下、停车场下货空地上以及利用消防水池改造而成
运行状况响应速度	需溶水，故放冷速度、大小受限制，需约30min的时间延迟才可正常供冷	运行简便，易于操作，放冷速度、大小可依冷负荷而定。可即需即供，无时间延迟
维护	维护难且费用高，通常同等蓄冷量的冰蓄冷系统的维护费用是水蓄冷系统的2～3倍	易于维护，维护费用低

（4）蓄冷系统的控制策略。蓄冷系统的控制策略主要分为全量蓄冷策略和分量蓄冷策略。全量蓄冷策略即移峰策略，将整个高峰期的负荷转移到非高峰期。制冷机组在非高峰期（低谷和平峰期）全负荷运行，在高峰期不运行。高峰期的冷负荷完全由储存的蓄冷量供应，在白天用电高峰期，只有一些附属输送设备使用高峰电。这样的蓄冷系统要求用较大容量的制冷机组和较大的蓄冷量。该策略较适合于高峰期持续时间短的场合。

分量蓄冷策略是指高峰期的冷负荷部分由蓄冷来满足，其余部分由制冷机组实时运行直接提供。该策略又可分为均衡负荷和限定需求策略。均衡负荷：制冷机组全天 24h 满负荷或接近满负荷运行。当冷负荷低于制冷机组生产的冷量时，多余的冷量储存起来。当冷负荷超过制冷机组容量时，附加的需求由蓄冷来满足。该策略运用时，制冷机组容量和蓄冷量均可较小，它特别适合于高峰冷负荷大大高于平均负荷的场合。限定需求：在高峰期，电力公司对一些用户提出限电要求，要求这些用户的制冷机组必须以较低的容量运行。与均衡负荷策略相比，这种策略具有一定的移峰能力，但制冷机组容量较大。

蓄冷系统的五种运行模式如图 4-24 所示。

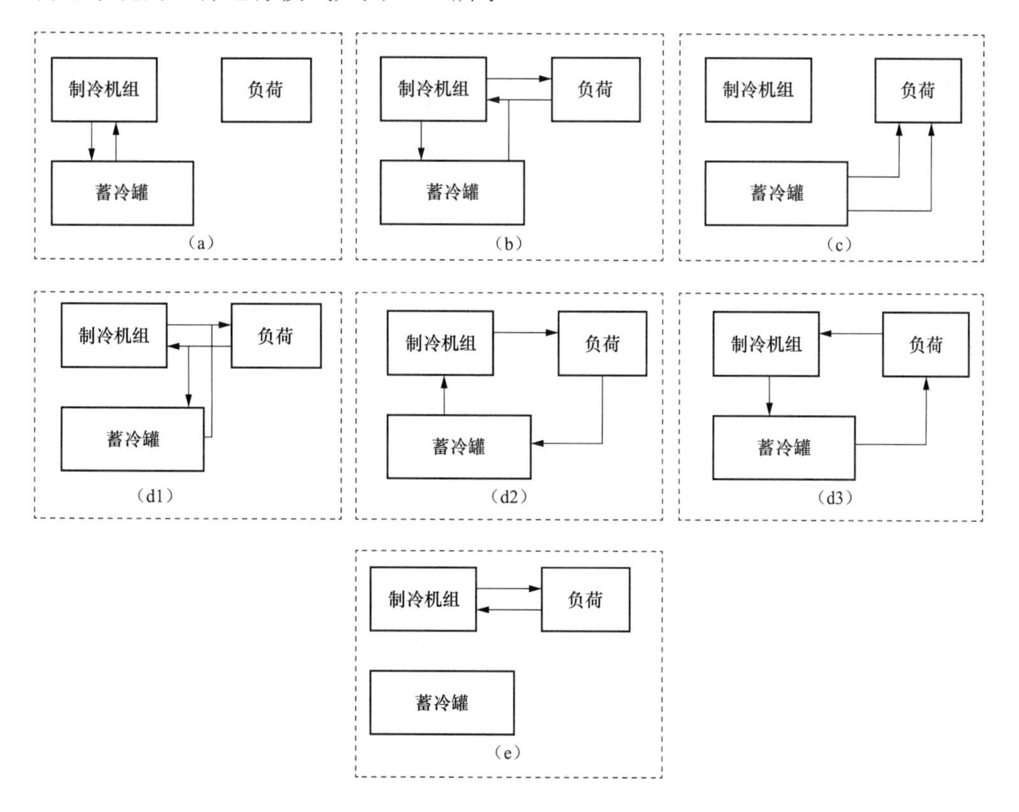

图 4-24 蓄冷系统的五种运行模式

(a) 蓄冷；(b) 供冷、蓄冷；(c) 释冷；(d1) 供冷、释冷（并行）；(d2) 蓄冷上游；(d3) 蓄冷下游；(e) 直接供冷

4.3 分布式储能技术的应用

储能技术在提高电网对新能源的接纳能力、电网调频、削峰填谷、提高电能质量和电力可靠性等方面的重要作用已经在国际上达成共识，在未来电网中的应用市场潜力很大，其发展趋势与各类储能技术特性和市场潜力紧密相关。

4.3.1 电能储存技术应用分析

分布式储能系统的应用涉及配用电系统中的各个环节，具有广泛的应用前景。充分发挥分布式储能设备的作用能够有效地提高系统的运行可靠性、改善系统的电能质量、提高配电网中可再生能源的接入能力、增加电网和用户的经济效益，为智能配电网的发展提供有力支撑。与大规模、集中式的储能电站相比，分布式储能设备对接入位置的环境、自然条件限制较少，接入电网的方式更加灵活，在配电网、微电网、分布式电源侧，以及用户侧都可以发挥独特的作用。

1. 配电系统中的应用

配电系统中分布式储能具有调峰、调频、调压等辅助服务功能。分布式储能的调峰作用体现在高峰负荷时，储能设备向配电网放电，低谷负荷时，储能设备向配电网充电，即削峰填谷。具体体现在：

（1）延长配电网升级改造周期，在变电站出口或馈线上接入分布式储能设备，进行负荷转移，可有效提升配电变压器及配电线路的负载水平，也可减缓甚至避免配电系统的升级改造。由于负荷发展具有不确定性，相比配电网的升级改造工程，采用分布式储能设备更加经济。

（2）减少配电网的能量损耗，经研究表明：负荷高峰期储能设备放电所减少的网损显然大于负荷低谷时储能设备充电所增加的网损，故通过分布式储能设备进行削峰填谷可有效降低配电系统的网损。考虑到“峰谷电价”的影响，分布式储能设备降低网损更具经济性。

由于储能系统具有快速响应、高精度控制输出功率等特点，很符合电网调频的需求。相比于传统调频电源，储能技术具有较为明显的技术优势。研究表明，储能系统的调频效果平均是水电机组的1.7倍，是燃气机组的2.5倍，是燃煤机组的20倍以上[11]。而且采用水电或火电机组调频时，由于爬坡率的限制，机组容量往往无法匹配调频功率的需求，会大于需求功率。但采用储能设备调频时，其容量可随调频功率需求灵活变化，故其经济性较高。

由于大量分布式电源接入配电系统中，配电网中一些节点电压会被抬高，这是影响配电系统接纳分布式电源能力的重要因素。利用分布式储能系统对有功功率的调节能力，可以有效改善分布式电源入网后的节点电压抬升问题，这是促进配电网接纳分布式电源的有效手段。

2. 改善分布式电源运行特性方面的应用

分布式发电系统的发电功率一般在几千瓦至几十千瓦之间，具有小型模块化、分散化、接近用户等特点。近年来，应用较多的分布式发电技术主要有微型燃气轮机、燃料电池、光伏发电、风力发电、生物质能发电等[12]。风力发电、光伏发电等分布式电源具有随机性、波动性和间歇性等特点，储能设备的接入，可显著改善这类分布式电源的运行特性，增强其可调度性并抑制其功率波动。

由于分布式储能设备可以快速响应波动性分布式电源的功率变化，故可显著改善这类电源的电能质量，减少其波动性对系统的影响。若将储能设备与分布式电源集成为一个小系统，可实现一定时间尺度上的功率输出平稳，这将改变这类波动性分布式电源的功率输出特征，有利于提高分布式电源接入电网的比例。这种集成小系统，对电网而言是一个单元，利用储能系统的快速充放电特性，跟踪可再生能源的输出功率，可以实现一定时间尺度上输出总功率的调节，进而使其具有一定程度的可调度性。这将有助于对大量此类分布式电源的有效管理，在保证可再生能源充分利用的同时，从配电系统层面提高系统运行效率，增大系统的可控性。

大量分布式电源接入电网会引起节点电压升高问题，此时在配电馈线的关键节点接入分布式储能系统，可以有效调节馈线的节点电压。或者将分布式电源与储能设备集成，可有效控制分布式电源接入点的节点电压。

3. 微电网中的应用

微电网主要有分布式电源、能量变换装置、储能装置、控制保护装置、监控装置及负荷构成，具备自我控制、保护和管理功能。其既可与大电网一起并网运行，也可独立运行。储能系统是微电网中功率调节的关键设备，是微电网不可或缺的部分。

当微电网处于联网运行模式时，微电网内负荷与分布式电源的变化，将导致微电网与配电网间联络线功率的波动，进而会对配电网产生较大的影响。通过对微电网中分布式储能系统进行合理的控制，能够将联络线功率的波动水平控制在一定范围之内[13]。此运行模式下，可设定微电网与配电网间的联络线功率，进而实现配电网对微电网的功率调度。

当微电网处于孤岛运行模式时，分布式储能系统可担当微电网主电源的角色，为其提供电压和频率支撑，由于其具有快速动态响应特性，可实时平衡微电网的功率波动，保证微电网安全稳定运行。此外，储能系统还可缓解微电网在并网与孤岛运行模式之间切换时对用户所带来的冲击，进而实现无缝切换。

4. 用户侧的应用

由于分布式储能系统具有快速响应特性，其可作为不间断电源，在配电网发生故障时，向重要负荷不间断供电，确保其正常运行。

分布式储能系统可实现需求侧响应功能，由于“峰谷电价”存在，储能系统有助于用户在不改变用电习惯的情况下进行错峰用电，即负荷高峰期，用户可以使用来自储能系统的电量，负荷低谷时，用户使用来自配电系统的电量并同时向储能系统充电，从而降低用户的购电费用。此外，这种错峰用电可明显改善电网的用电情况，提高电网资产利用率，降低电网运行维护成本。

4.3.2 热储能技术应用分析

分布式储热技术的开发和利用能够有效提高能源综合利用水平，对于太阳能热利用、电网调峰、工业节能和余热回收、建筑节能等领域都具有重要的研究和应用价值。目前，储热技术已广泛应用于诸多领域，主要概括为新能源的利用开发、移动蓄热技术、冰蓄冷技术、水蓄冷技术及温度控制几个方面。

新能源的开发利用主要是对太阳能的储存，在需要热能时，释放能量。目前太阳能相变储热系统已得到广泛应用，如利用相变材料进行太阳能发电降低发电成本，提高发电的有效性，它可以实现高效满负荷运行容量能够缓冲，具有可调度性、年利用率高、电力输出更平稳等特点[14, 15]。为了弥补太阳能受气候影响的缺陷，利用“峰谷电价”，可降低运行费用，在低谷电时段运行电锅炉储热，被锅炉加热的高温热水循环流过储热水箱，储热水箱内的相变材料由固态变成液态，吸收大量的热；当连续阴雨天太阳能水箱温度无法达到设定温度时启动循环水泵，相变储热水箱开始放热，相变材料由液态变成固态，放出大量的热，使太阳能水箱内水温升高。同常规热水箱比较，相变储热水箱储存等量的热量可以缩小体积50%，同时减少散热面积，而且放热过程平稳，优点十分明显。

2005年前后，在德国和日本出现了一种移动蓄热技术[24]（mobile thermal energy storage）。近几年，这种移动蓄热技术在我国各大城市也随处可见。所谓移动蓄热技术，就是当热源生产者（如工业废热、废蒸汽、废烟气等）与热能消费者有一定距离时，利用装有相变材料的车来运送热量。移动蓄热技术可将低品位余热输送至热用户，可缓解能量供需双方在时空、强度和地域上不匹配的矛盾。分布式能源系统中低品位余热种类繁多，且在数量、时间、空间及形态等方面具有不确定性，移动蓄热技术可有效提高余热回收利用率。移动蓄热供热设备采用牵引车和相变蓄热箱体，相变蓄热箱体固定安装于牵引车上，在相变蓄热箱体内从上至下依次设置有冷流体通道、相变蓄热材料和热流体通道组成，利用低温烟气作为热源，采用热管作为加热元件，并在热管上添加环形翅片，增加热管的有效换热面积，提高换热效率。热管浸没在相变蓄热材料中，相变蓄热材料充满中间层。热流体通道和冷流体通道都设有折流板，增加流体的换热距离，蓄热热管和放热热管交叉浸没在相变蓄热材料中，如图4-25所示。

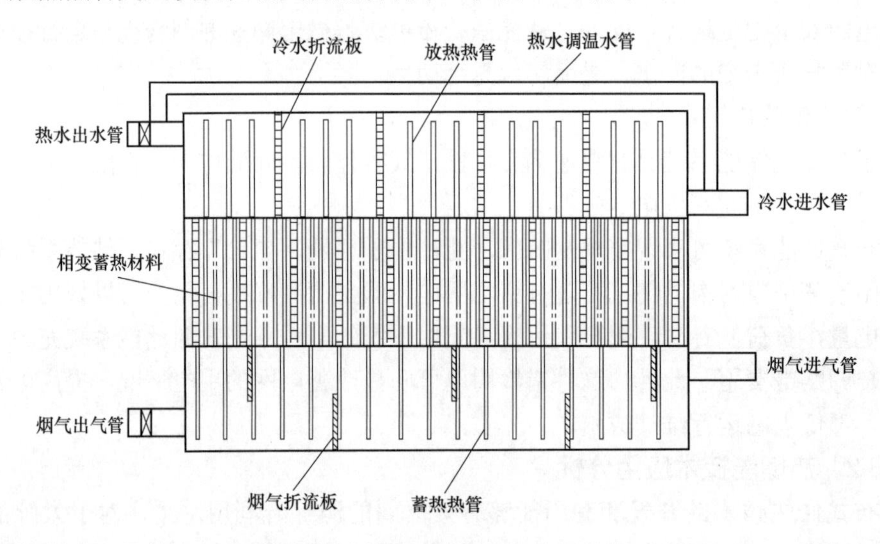

图4-25　移动蓄热供热设备结构示意图

随着人民生活水平的提高，空调的应用范围日益扩大，使得电力负荷昼夜峰谷差不断加大、用电高峰时电力短缺。为了解决这些严峻问题，国家出台政策鼓励夜间用电，实行峰谷电差价。这一政策推动了冰的固液相变蓄冷技术的发展。蓄冷技术是一种投资少、见效快的调荷措施，目前已成为许多经济发达国家所积极推广的一项促进能源、经济和环境协调发展的实用系统节能技术。随着我国社会主义市场经济体制的建立，大力推广冰蓄冷技术对于提高我国能源利用水平，促进我国的经济发展将会具有积极的影响。蓄冰系统的种类随着冰蓄冷技术的发展而日益增多，主要可以分为静态制冰和动态制冰两种。在静态制冰系统中，冰的形成和储存位置不变，如外融冰式管外蓄冰、内融冰式管外蓄冰、密封件蓄冰等[25]。在动态制冰系统中，冰的形成和储存不在同一位置，如制冰落冰式[25]、间接冷媒直接接触制冰晶式、制冷剂与水直接接触形成水合物蓄冰系统等[26]。分布式能源系统中，可以利用光伏、内燃机等发出的电量或电网低谷期电量，进行制冰，用电高峰期需要使用空调时，利用所制冰对空调进行供冷。

由于空调用电在电网中所占比例越来越大，从空调入手解决电网峰谷差问题是直接有效的，同时也非常适合水蓄能。比如一般写字楼空调系统间歇使用，上班时开启、下班时关闭，就使空调系统有可能利用原有设备在间歇期进行能量储存，为第二天的空调运行提供或补充能量。数据中心是互联网、通信、云计算和大数据等产业的重要基础设施之一。数据中心空调系统具有单位面积空调冷负荷大、全年 8760h 不间断运行的特点。在数据中心的基础设施建设过程中，空调系统因其投资和能耗占比均较大，同时空调系统又是数据中心安全运行的基础保证，受到建设、使用和设计部门的高度重视。分布式能源系统中，水蓄冷可以作为数据中心的应急冷源，保证数据中心安全、可靠运行。水蓄冷空调系统的节能运行模式设计，可以有效地利用备用的冷水机组与应急蓄冷系统，减少白天制冷机的运行时间，保证冷水机组运行在高效区间。而对于分时峰、谷电差价的地区，可以显著降低空调系统的运行费用，提高电能利用效率。

温度控制是相变储热的一项基本功能，所有的相变储热系统在工作时对温度都具有一定的调节作用，应用领域也十分广泛。而分布式相变储热技术对于温度控制而言，具有灵活、柔性、便于控制等特点，具有广阔的应用前景。例如，在建筑节能领域采用相变蓄能围护结构能够降低建筑运行能耗，节省运行费用，提高建筑热舒适度，减少温室气体排放，降低环境污染[16]。在现代农业中相变材料可用于温室和暖房的温度控制，同时还能自动调节温室内的湿度。在纺织服装中加入相变材料可以增强服装的保暖功能，甚至使其具有智能化的内部温度调节功能[17]。另外在许多其他领域如航空航天、电子设备、医药卫生等，也可以利用相变材料进行温度控制。

4.3.3 分布式储能技术应用分析

分布式能源系统是一种临近用户设置的供能系统，具有能源利用率高、安全可靠、电力调峰、环保等诸多优点。但是，在满足用户侧负荷需求的前提下，要使分布式能源系统具有良好的经济性和节能性，须采用电储能和热储能措施。在能源消费中，电能这种能量形式主要用于能量传输，而热能需求是终端能源消耗的最主要部分。分布式能源系统中，电能和热能的物理特性互补性强。电能量相对容易传输但较难存储，而热能量较易存储但较难传输。电能的传输性能使得其在能源的大空间范围输送和优化配置上具有天然的优势；而热能系统中建筑围护结构和输配管网都具备一定的天然储热特性，相对于电能而言是一个惯性很大的系统，其自身对于电能输入的波动和短时间歇就具有一定的平抑和耐受功能。如果在电能和热能系统之间再加入储能环节，则可以进一步增大热力系统的惯性和时间常数，提高热能可控性，更好地匹配电力系统中可再生能源的出力特性以及电力系统的峰谷特性。

分布式能源系统除了利用热力系统天然的惯性提高电力系统的调节能力外，还需加入大容量储能环节，才能使能源优化配置的调控水平达到电力系统的要求，从而解决可再生能源接入、电力系统调峰等问题[27]。大容量储热环节在充分挖掘和优先利用这些储能潜力的基础上，发挥自身可控可调的储能能力，将热力负荷转变为电力系统中可控、可调、总体容量巨大的电力负荷，使得电力系统能够在更大的时间尺度和空间范围内匹配可再生能源的间歇性和随机波动性，从而更加简单高效地解决可再生能源的接入和消纳问题。

近年来有学者提出以终端能量消费高效化为目标的新型分布式能源综合集成系统[27]，如图 4-26 所示。在集成系统中加入电能和热能存储环节、用户需求响应和能量循环系统，通过对电热负荷和分布式能源的综合管理达到优化能源系统运行的作用，大大提高了能源系统的灵活性和能量利用效率。

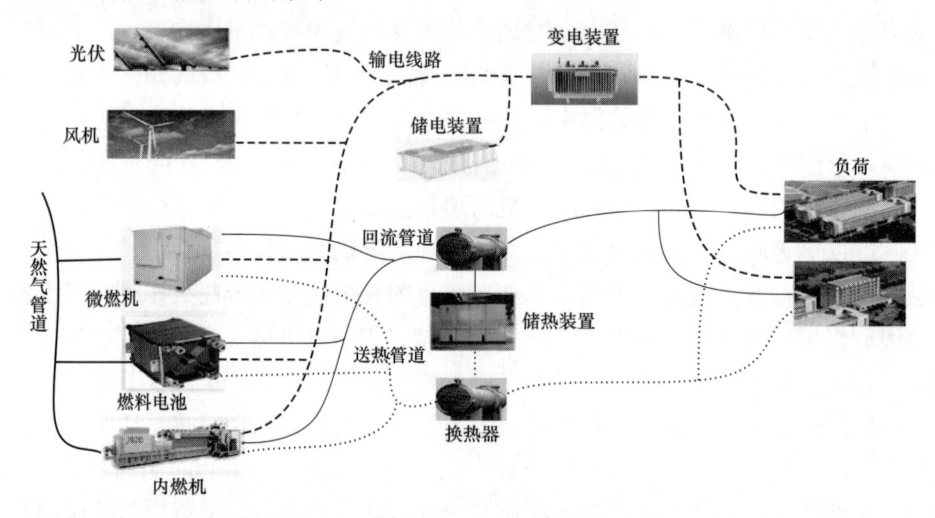

图 4-26　新型分布式能源综合系统

储能技术主要应用前景涉及可再生能源供热系统、含储热的热电联产机组以及蓄冷空调系统等多个领域。下面以太阳能分布式供能系统储能技术为例进行说明。考虑到光照强度所引起的太阳能输出功率间歇性波动以及用户侧能源消费的随机性，将储能技术应用于太阳能分布式供能系统，是解决系统不稳定、调节能源供需侧平衡的有效手段。根据储能介质特性，储能技术包含储冷、储热、储电等多种形式；根据储能作用环节，储能系统可应用于能源供应侧、用户需求侧、能源输送过程，涉及系统全部环节。同时，从功能上看，储能技术还对移峰填谷、缓解能源网压力、实现能量梯级利用等有正向解决作用。因此，合理利用储能技术，是发展太阳能分布式供能的前提保障。

太阳能分布式供能系统一般由太阳能系统、燃烧动力系统、吸收式制冷系统等多个子系统构成，其系统拓扑如图 4-27 所示。在该系统架构中，由天然气驱动的燃气轮机主要作辅助供能用，在太阳能不足时补充供能；用户冷负荷则全部通过吸收式制冷机组提供，而不考虑使用电制冷机组进行补充供冷。

应用于光伏并网的储能模块，一般以铅酸电池或者锂电池等电化学储能器件作为其基本单元，蓄电池工作过程包含以下特点：①太阳能不足时蓄电池放电，太阳能充足时对蓄电池充电，充电方式属于循环、浮充混合工作；②充电率非常小，平均充电电流一般为 0.001～0.02C；③放电电流小，放电时间长，频率高，容易形成过放电；④一次充电时间短，蓄电池常处于欠电状态；⑤与光伏系统配备的储能装置一般处于露天状态，工作环境比较恶劣[28]。

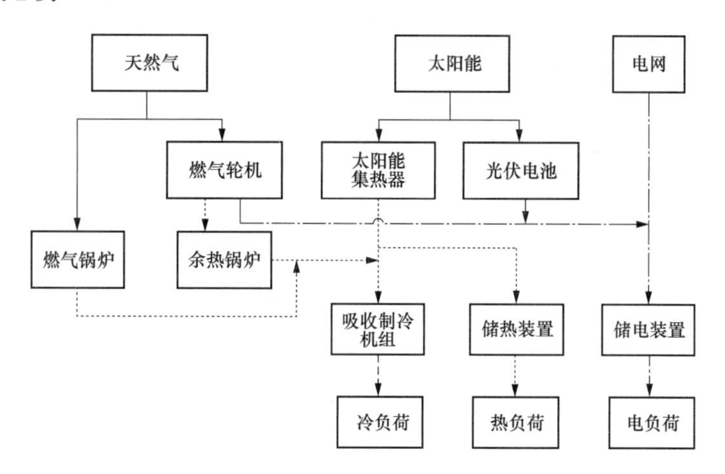

图 4-27　太阳能分布式供能系统

针对太阳能光热系统，储能技术在光热发电的应用与上述光伏发电较为相似；而在光热供热或制冷方面，储能技术则主要通过储热方式，用以调节太阳能在时间尺度上的平衡性，例如解决夜间或者阴雨天太阳能供热不足的问题。按存储时间划分，储热技术可分为长期储热和短期储热。长期储热旨在把夏季吸收的热量存储起来在冬季使用，虽然理论上能满足 100%的用户需求，但成本过高而且缺乏有效手段；而短期储热一般以几天作为一个周期，虽然只能满足不到 60%的用户需求，但相比常规燃料仍具有较大竞争性[29]。

从供电角度看，在太阳能因环境改变而导致输出变化时，由于分布式系统中原动机（如内燃机、燃气轮机等设备）响应速度较慢，此时需要储能装置提供电能，以满足负荷对快速响应的需求，维持发电/负荷动态平衡。从上述需求可知，储能系统需具备容量大、响应快等特点。从供热角度看，燃气轮机等设备燃烧发电时释放的余热不仅可以用于回热提高工作效率，而且其中低品位热能的排气、蒸汽还可用于供热供暖。燃气轮机排气温度一般为 400～600℃，能够满足大多数的供暖需求[30]。同时，由于燃烧动力系统工作时间长，输出稳定，可按需工作，实际中较少装配储热系统，目前应用较多的储热装置为储热水箱或者蓄热水池，其成本低廉且具有清洁环保的优势。由于太阳能吸收式制冷的制冷系数较低，制冷范围一般在 0℃以上，常用于空气调节而不在冷库冷藏中使用，因此较少有在系统冷端采用蓄冷技术，而是在系统热端采用储热技术以实现系统优化。同时，由于常用的吸收式制冷工质为水-溴化锂，因此热量的存储更多地采用显热储热、冰或者相变储热等方式。其系统一般工作原理如图 4-28 所示，即在太阳能集热装置与吸收式循环之间设置储热装置，把太阳能吸收的热量以及其他过程所产生的余热和废热收集起来，为吸收式制冷循环充当热源使用。

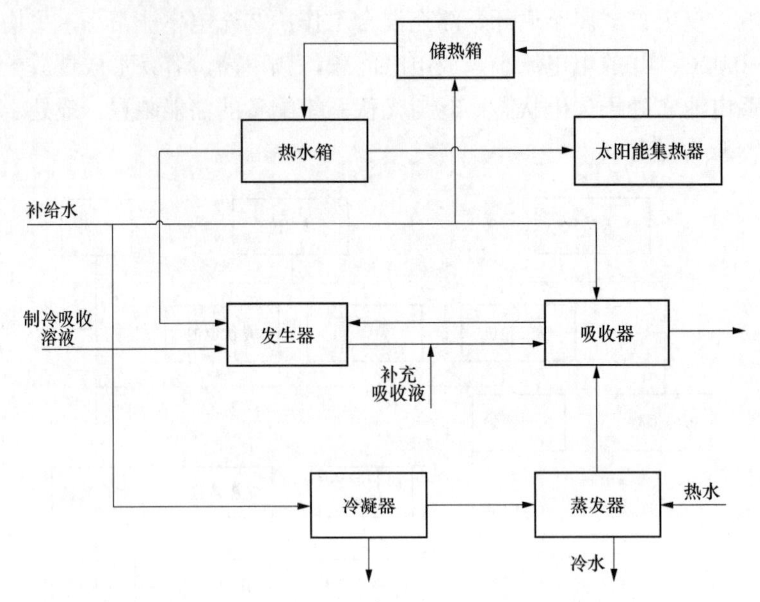

图 4-28　具有热能储存单元的连续式太阳能吸收式冷却系统

参考文献

[1] 程华，徐政．分布式发电中的储能技术［J］．高压电器，2003，39（3）：53-56．

[2] 霍现旭，王靖，蒋菱，等．氢储能系统关键技术及应用综述［J］．储能科学与技术，2016，5（2）：197-203．

[3] 张东，康鳞，李凯莉．复合相变材料研究进展［J］．功能材料，2007，38（12）：19-36．

[4] 左远志，丁静，杨晓西．中温相变蓄热材料研究进展 ［J］．现代化工，2005，25（12）：15-19．

[5] Tamme R，Laing D，Steinmann W D．Advanced Thermal Energy Storage Technology for Parabolic Trough［J］．J．Sol．Energy Eng．，2004，126（2）：794-780．

[6] Martin V．Transportation of Energy by Utilization of Thermal Energy Storage Technology ［M］．Berlin：Joint IEA-Workshop of DHC/ECES，2005，1-3．

[7] 叶锋，曲江兰，仲俊瑜，等．相变储热材料研究进展［J］．过程工程学报，2010，10（6）：1231-1241．

[8] 武震．分布式储能系统关键技术研究［D］．天津大学，2014．

[9] 张寅平，胡汉平，孔祥冬，等．相变贮能-理论和应用．合肥：中国科学技术大学出版社，1996 ：9-22．

[10] 武瞳，刘枉莹．地源热泵的研究与应用现状［J］．制冷技术，2014，34（4）：71-75．

[11] MAKAROV Y V，LU Shuai，MA Jian，et al．Assessing the value of regulation resources based on their time response characteristics［R］．Richland，WA，USA：Pacific northwest national laboratory，2008．

[12] 王成山，王守相．分布式发电供能系统若干问题研究［J］．电力系统自动化，2008，32 （20）：1-4．

[13] 王成山，于波，肖峻，等．平滑微电网联络线功率波动的储能系统容量优化方法［J］．电力系统自动化，2013，37（3）：12-17．
[14] 左远志，丁静，杨晓西．中温相变蓄热材料研究进展［J］．现代化工，2005，25（12）：15．
[15] Bayon R，Rojas E，Valenzuela L，et al．Analysis of the experimental behavior of a $100kW_{th}$ latent heat storage system for direct steam generation in solar thermal power plants［J］．Appl Therm Eng，2010，30（17）：2643．
[16] 王馨，张寅平，肖伟，等．相变蓄能建筑围护结构热性能研究进展［J］．科技通报，2008，53（24）：3006．
[17] 王志强，曹明礼，龚安华，等．相变储热材料的种类、应用及展望［J］．安徽化工，2005（2）：8．
[18] 高胜利，马宁，张胜刚，李俊．两类边界条件下管外对流换热性能实验研究［J］．节能，2009，4：21-24．
[19] 文宏刚．管壳式换热器设计方法与数值模拟研究［D］．上海：华东理工大学，2012．
[20] 秦绪斌．管式换热器的技术进展［J］．锅炉制造，2014，2：48-53．
[21] 林霖．圆管内置螺旋扭带的强化传热研究［D］．上海：上海交通大学，2009．
[22] 杨钊，韩毓，宋士萍．浅析管壳式换热器的分类及强化传热［J］．节智，2015，6：75．
[23] 史美中，王中铮．热交换器原理与设计［M］．南京：东南大学出版社，2009．
[24] Martin V．Transportation of energy by utilization of thermal energy storage technology［R］．Berlin：Joint IEA Workshop of DHC/ECES，2005．
[25] Dorgan C E，Elleson J S．Design Guide for Cool Thermal Storage［C］． Georgia：ASHRAE Inc，1993．
[26] 刘道平，李瑞阳，陈之航．直接接触固液相变制冰及冰蓄冷系统的研究进展［J］． 华东工业大学学报，1996，18（3）：27-36．
[27] Vélez V，Ramirez-Elizondo L，Paap G C．Control strategy for an autonomous energy system with electricity and heat flows［C］．The 16_{th} International Conference on Intelligent System Application to Power Systems （ISAP）．Hersonissos，Greece：ISAP，2011：1-6．
[28] 陈维，沈辉，邓幼俊．太阳能光伏应用中的储能系统研究［J］．蓄电池，2006，43（1）：21-27．
[29] DINCER I．Evaluation and selection of energy storage systems for solar thermal applications［J］．International journal of energy research，1999，23（12）：1017-1028．
[30] 林汝谋，金红光，蔡睿贤．以燃气轮机为核心的多功能能源系统基本形式与构成［J］．燃气轮机技术，2006，19（1）：1-10．

5 多能互补分布式能源系统集成耦合技术

分布式冷热电联产系统与可再生能源相结合，构建的多能互补的分布式能源系统可协同解决区域能源与环境问题，是对传统分布式能源系统的衍生和拓展。此系统将电力、燃气、太阳能、风能等各种形式能源耦合输入，通过能源与技术协同优化整合，最终以较高的综合能效向用户提供冷能、热能以及电能等，是一种具有多项产出供能和多种输能形式的能源系统，如图 5-1 所示。规划设计要考虑经济、环境、各设备和多种形式能源的交互耦合等因素，以实现最佳集成配置及满足用户供能需求为目标，同时要满足节能、经济、环境等要求[1, 2]。

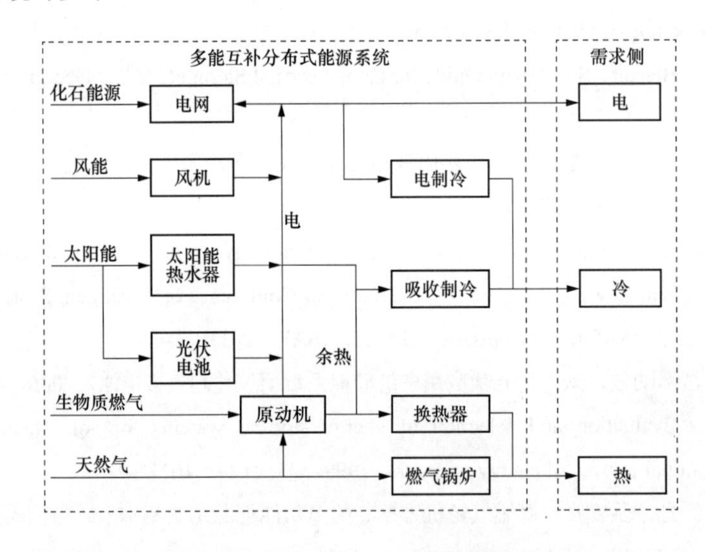

图 5-1　多能互补分布式能源系统图

从数学角度讲，不同能源系统之间的耦合体现为多种能源系统综合优化，从而使整个耦合系统性能在某种意义上达到最优，各能源系统之间的耦合互补程度则反映了优化深度。

多能互补分布式能源系统的集成耦合是将各种分布式电源、储能装置、负荷和能量转换装置等汇集在一起，此系统可以孤岛运行也可以与大电网连接进行并网运行，从而满足某个区域内用户冷、热、电负荷需求，大大改善供能效率及经济性。多能互补分布式能源系统的耦合方式由冷、热、电负荷需求及现场情况来决定。

5.1 多能互补分布式能源系统中耦合含义

分布式能源系统耦合是指两个或者多个能源系统有机结合的复合系统，其比单个能源系统单独利用有更好的效果，比如风光两个发电系统耦合使得整个系统的波动性更低，提高了系统供能的可靠性。分布式能源系统的耦合是基于分布式能源之间的互补性建立的，能源互补性指能源系统中某一类型的能源机能受损甚至缺失后，可以通过调整其他能源的出力得到部分或全部补偿，它反映了各种不同类型能源之间的相互关系。比如：风-光发电中，白天风力较小，晚上风力较大，而光照是白天较强，晚上较弱，在风光耦合的系统中，二者所发电能互补可以减少对电网产生的波动；风-光-储耦合的系统具有较好的互补性，主要体现在可靠性、稳定性、经济性、可调度性及环保性等方面，可通过研究两种能源之间的互补性和建立评估耦合度的指标，探讨各能源之间的耦合度。

不同的能源系统在不同的性能指标方面也存在着不同程度的耦合性。耦合度包括相近和差异两个要素。系统耦合既表现为静态的相似性，也表现为动态的互动性。正向、两性的引导和强化，可使具有耦合关系的分布式能源系统相互影响，激发它们的互补潜能，从而实现此耦合系统优势互补和共同提升的目标。比如风-水发电系统，在风机出力较高即系统电能富余时，开启水泵将水抽到水库中，在风机出力较低即系统电能不足时，则利用水力发电来提供出力。通过利用水电来减少风电出力所带来的波动，满足整个系统供电可靠性要求。因此，风电和水电这两种能源在稳定性指标方面存在着较高的耦合度。

5.2 含可再生能源系统的耦合技术

可再生能源包括太阳能、水能、风能、生物质能、波浪能、潮汐能、海洋温差能、地热能等。可再生能源具有分布广、能量密度低、不稳定、无污染的特点。可再生能源具有波动性、不连续、低密度，且随时间、季节以及气候等变化而变化等缺点，不同可再生能源系统之间的耦合可有效提高供能的品质，并提高整个系统运行的经济效益。本章将从以下几个方面展开含可再生能源系统耦合技术的介绍。

5.2.1 太阳能、热泵耦合的多能互补供热系统

太阳能属于永久性清洁能源，易获得，不需要开采和运输，不受任何国家垄断。我国太阳能资源丰富，太阳能辐射量非常大，易开发利用。而热泵是一种高效的节能装置，包括膨胀阀、压缩机、蒸发器和冷凝器等部件，是以冷凝器侧释放出热量来供热的制冷系统，其能效比恒大于 1。由太阳能、空气源热泵、烤房排湿余热组成的多能互补供热系统具有良好的节能效益和经济效益。

选取一种或多种可行且经济的太阳能、热泵多能互补供热系统耦合方式，可提高系统能源利用率和经济效益，下面将介绍几种典型的耦合方式。

1. 第一种耦合方式

第一种耦合方式是指太阳能供热子系统、排湿余热供热子系统和热泵供热子系统进

行并联供热，如图 5-2 所示。此耦合方式的运行模式有两种：①光照资源良好时，全部开启三个子系统，并各自加热一部分空气，再将三种状态的热空气充分混合后送入用户，从而实现并联供热；②夜晚或者阴雨天气时，由于太阳辐射能小，关闭太阳能子系统，开启空气源热泵子系统和排湿余热子系统，将经两个开启的子系统加热的空气混合后供热给用户。

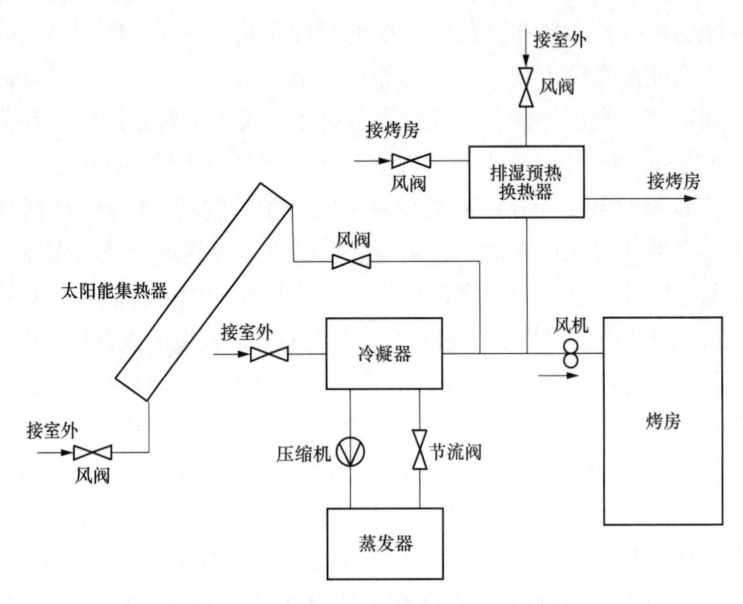

图 5-2　第一种耦合方式

第一种耦合方式的优点有：①并联连接系统的各管路阻力之和小，即运行能耗较小；②系统结构简单，不需要复杂的控制系统；③各子系统相互独立，互不干扰。其缺点有：①各子系统需设调节阀来平衡并联系统的阻力；②排湿余热系统加热的空气温度较低，混合后会降低送风温度，尤其在第二种运行模式下，送风温度下降明显，不利于甚至不能满足用户热负荷要求；③无法充分利用热泵的节能性，运行经济较差。

2. 第二种耦合方式

如图 5-3 所示，系统可靠运行时，空气先依次通过排湿余热回收装置、太阳能集热器加热，被加热空气与热泵蒸发器端连接，在蒸发器处跟制冷剂进行热交换，然后通过热泵循环加热送风空气。此耦合方式看作是热泵供热系统，只是其低位热源来自于排湿余热和太阳能子系统连续加热的热空气，因为空气的换热效果较差、热损失大等缘故，可将排湿余热和太阳能子系统的载热工质换成水，以获取更好的节能效果。该耦合方式的优点有：①可充分利用热泵的节能性，运行经济性高；②系统结构简单，对控制系统要求不高。缺点有：①载热工质经过排湿余热子系统预热后，会提高太阳能子系统的入口温度，由太阳能子系统的热力分析知，此做法会降低太阳能集热器集热效率；②当在夜晚或阴雨天气运行时，载热工质不但不能从太阳能子系统获取热量，反而会因为流经该子系统加大了热损失和阻力损失；③因为太阳能子系统的缺陷，导致热泵蒸发器获取的热量差异性大，最终造成系统供热不稳定[11]。

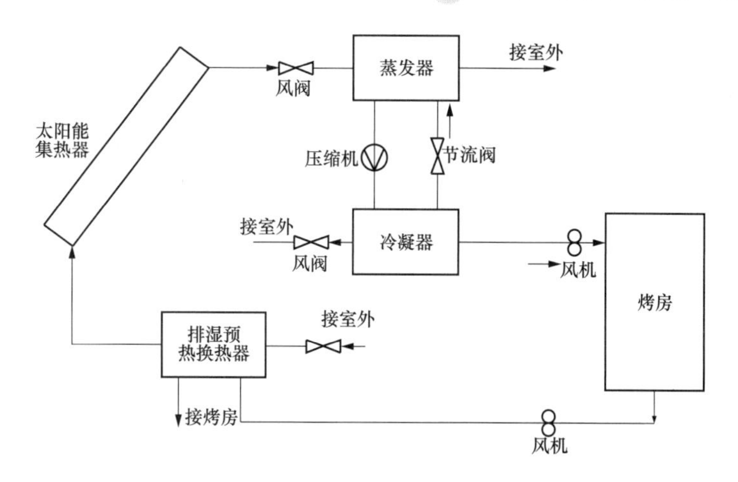

图 5-3 第二种耦合方式

3. 第三种耦合方式

如图 5-4 所示，有两种运行模式：①子系统全部开启，被排湿余热子系统加热的空气与热泵蒸发器端连接，作为热泵的低位热源，将通过热泵子系统冷凝端和太阳能子系统分别加热的空气混合后送入用户烤房；②当太阳辐射低时，太阳能子系统关闭，经过排湿余热子系统加热的空气，作为热泵的低位热源，将通过热泵子系统冷凝端加热的空气送入烤房。优点有：①热泵子系统可稳定运行，不受天气影响；②相对于串联供热系统总阻力小。该耦合方式无明显缺点[11]。

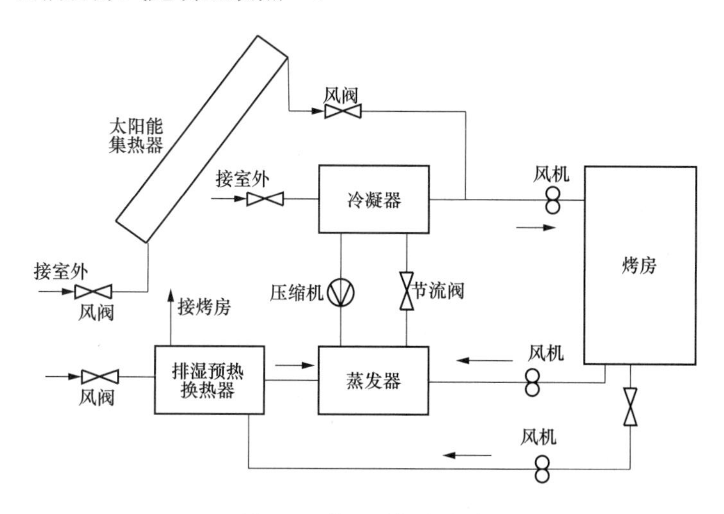

图 5-4 第三种耦合方式

4. 第四种耦合方式

如图 5-5 所示，两种运行模式为：①子系统全开，部分空气经排湿余热子系统预热，于热泵冷凝器再热，另一部分空气经太阳能集热器加热，最后将两部分空气混合后送入烤房；②太阳辐射低时，太阳能子系统关闭，空气经排湿余热子系统预热，经热泵冷凝器再热后送入烤房。该耦合方式优点有：①热泵子系统可稳定运行，不受天气影响；②

相对于串联供热系统总阻力小。缺点：空气被余热子系统加热后，温度升高，会降低热泵子系统制热性能[11]。

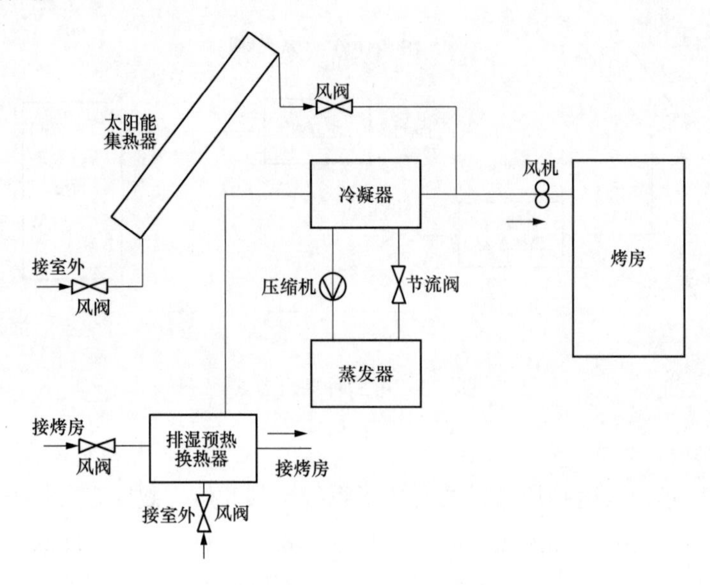

图 5-5　第四种耦合方式

5. 第五种耦合方式

如图 5-6 所示，两种运行模式：该耦合方式运行模式：①子系统全开，此时太阳能热泵与排湿余热子系统串联供热，即将太阳能子系统集得的热量作为热泵的低位热源，将送风空气先后经过排湿余热子系统和热泵冷凝器加热后送入烤房；②辐射低时，太阳能子系统关闭，即为余热子系统和热泵系统串联供热。该耦合方式优点：①管路系统总阻力小，运行能耗较小；②相对于串联供热系统总阻力小。其缺点：①空气被余热子系统加热后，温度升高，会降低热泵子系统制热性能；②由于太阳能子系统的缺陷，导致热泵蒸发器获取的热量差异性大，最终造成系统供热不稳定[11]。

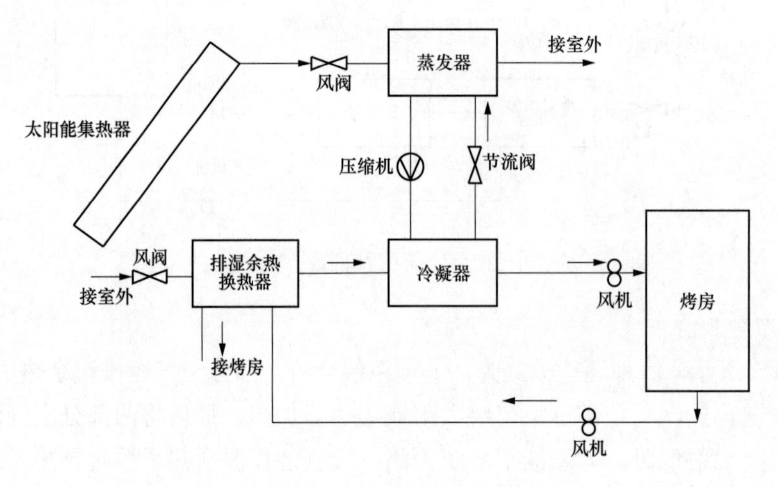

图 5-6　第五种耦合方式

5.2.2 太阳能与地热能耦合的多能互补系统

地球上大部分“阳光地带”都具有丰富的地热资源，两种能源的定位一致，形成优势互补的局面，故其具有较好的耦合价值。

由太阳能与地热能形成的耦合发电系统，具有良好的协同作用，主要表现在：

（1）资源优势互补：夏季或者白天温度较高时，位于干旱地区的空气冷却地热站的输出功率和热效率均较低，但此时光照资源一般比较好，可输出较高功率，从而使此耦合系统可以输出稳定的功率；在光照资源不足时，地热能可以作为补充。

（2）动力设备共享：此耦合发电系统可以用同一套汽轮机、凝汽机、热交换器和工质泵等部件。若采取适当措施，此系统在太阳能光照条件差时，也能正常运转。

（3）系统效率提高：由聚光获得的高品位太阳能，可提高系统的效率，增加发电量；此耦合系统还可以较少地热资源的消耗和提高其品质，达到延长地热资源开采寿命的目的。

（4）发电成本可控：钻井工程占地热投资成本的比重较高，太阳能集热器投资在太阳能发电系统投资成本中占比较大，且太阳能的建设和运行成本较高，地热系统的运行管理费用较低，二者耦合系统的发电成本可控。

因此，多能源耦合发电系统，特别是太阳能与地热能耦合发电系统，是高效利用可再生能源的重要途径，对于我国环境保护和能源战略都有着重要意义。

本节主要涉及干旱缺水、地热能与太阳能丰富地区的空气冷却电站，构建太阳能与地热能耦合有机朗肯发电系统模型，地热资源定位为 150℃以下的中低温地热水，太阳能集热系统采用目前技术成熟，实现商业化的槽式太阳能集热系统。按照太阳能热源耦合入系统的位置不同，介绍四种耦合系统模型：预热模型、预热-过热模型、蒸发-过热模型、过热模型[11]。

1. 预热模型

独立的空气冷却有机朗肯循环地热发电系统主要包括汽轮机、蒸发器、空气冷却塔、工质泵以及储液罐等。经过工质泵加压的低温低压液态有机工质，变成高压工质后进入蒸发器，再与热源地热水换热，成为高温高压工质，然后进入汽轮机进行膨胀做功，从而带动发电机发电；发电后，膨胀的低压气态工质在空冷器中被冷凝后变为液态，继续循环。地热水经蒸发器换热使得其温度降低，灌入回灌井。

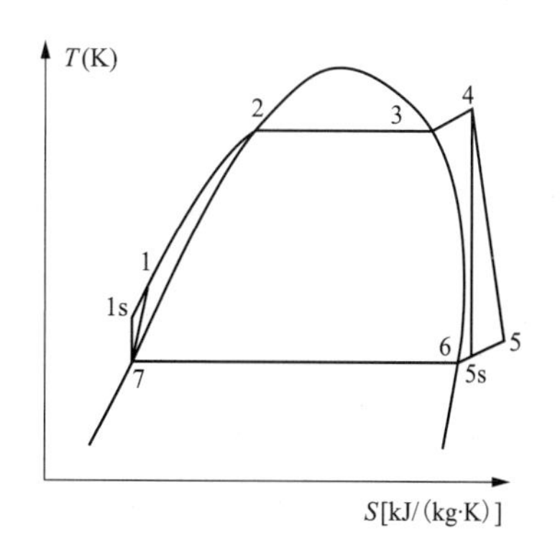

图 5-7 ORC 发电系统温熵（*T-S*）图

有机工质的朗肯循环基本工作原理如图 5-7 所示。1—4 表示定压蒸发过程，工质在蒸发器中被地热源加热，经历两相区，成为高温高压过热气体；4—5 是膨胀过程，高温高压工质在汽轮机中膨胀，带动电动机做功，实现机械能转化为电能发电；5—6—7 表示定压冷凝过程，膨胀后的工质蒸汽（不考虑湿膨胀）在冷凝器中在定压条件下被冷凝为低温低压液体；7—1 表示工质泵压缩过程，工质进入工质泵中被加压，成为高压工质[11]。

预热模型中太阳能热量用于加热地热水，其示意图如图 5-8 所示。

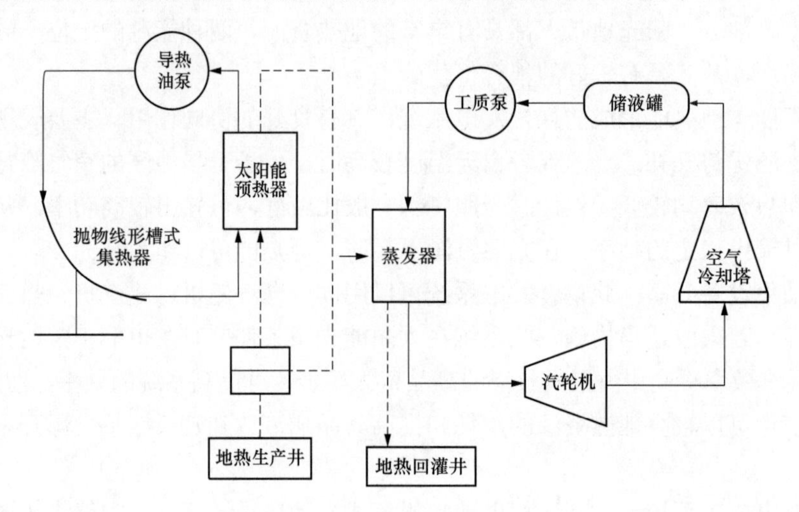

图 5-8　预热地热水模型

地热水循环系统中，地热生产井出口的地热水先进入太阳能预热器，与太阳能导热油换热，温度升高后与 ORC 系统蒸发器中有机工质换热，最后灌入回灌井。对于工质循环系统：工质经过升温后的地热水加热后，在蒸发器中完成相变过程，高温高压工质气体接着进入汽轮机实现膨胀做功，带动发电机发电，发电后，膨胀的低压气态工质在空冷器中被冷凝后变为液态，继续循环。

太阳能导热油循环系统中，耦合入太阳能前经过蒸发器工质的质量流量：

$$m_1 = \frac{m_{\text{geo}} c_{\text{p.geo}} (T_{\text{geo.tn}} - T_2 - \Delta T_{\text{p}})}{h_4 - h_2} \tag{5-1}$$

式中　$T_{\text{geo.in}}$ ——地热生产井出口地热水温度，下角标数字同图 5-7 表示循环中工质的各个状态点；

h_2、h_4——分别为 2、4 的温度；

$c_{\text{p.geo}}$ ——热源地热水的比热容；

m_{geo} ——地源地热水质量。

耦合入太阳能后工质流量增量：

$$m_2 = m_{\text{wf}} - m_1$$

式中　m_{wf} ——有机工质质量流量。

系统吸收的地热能的㶲为：

$$E_{\text{geo}} = m_{\text{geo}}[h_{\text{geo,in-new}} - h_{\text{geo,out}} - T_0(S_{\text{geo,in}} - S_{\text{geo,out}})] \tag{5-2}$$

式中　$h_{\text{geo,in-new}}$ ——蒸发器入口经太阳能加热后的地热水比焓；

$h_{\text{geo,out}}$ ——蒸发器出口经太阳能加热后的地热水比焓；

T_0 ——环境温度；

$S_{\text{geo,in}}$、$S_{\text{geo,out}}$ ——蒸发器进出口工质的比熵。

系统吸收的太阳能的㶲为：

$$E_{solar} = A \times I_b \times \eta_{opti} \times IAM(\theta) \times \left(1 - \frac{T_0}{T_{sun}}\right) \tag{5-3}$$

式中 A——聚光器开口面积；

I_b——太阳法向直射辐照度；

η_{opti}——集热器光学效率；

$IAM(\theta)$——入射角修正系数；

T_{sun}——太阳能辐射温度。

耦合发电系统㶲为：

$$\eta_{ex} = \frac{W_{net}}{E_{geo} + E_{solar}} \times 100\% \tag{5-4}$$

式中 W_{net}——系统净输出功。

采用预热模型时，随着日出后太阳辐射度强度增大，太阳能集热器所提供的热量也会增多，可通过调节太阳能导热油流量控制耦合入的太阳能流量，从而控制预热器出口地热水温度提升的程度。

此模型具有结构简单，保持原有 ORC 系统部件结构不变，调节较为灵活的优点。太阳能既可以作为额外热源，还能提升地热热源的能源品位，可改善发电效率。此结构也具有减少热效率的缺点。

2. 预热-过热模型

预热-过热模型中可用太阳能热量来加热有机工质，并作为一部分工质从预热到相变、过热过程的热源。预热-过热模型示意图如图 5-9 所示。

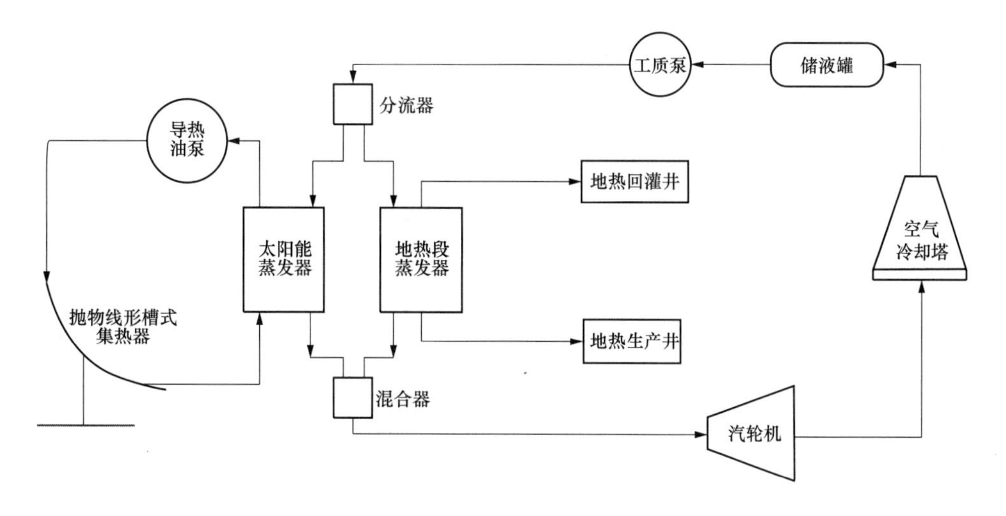

图 5-9 预热-过热模型示意图

经过工质泵加压后的工质，一部分进入地热段蒸发器与流出生产井的地热水换热，一部分进入太阳能段蒸发器与太阳能集热系统导热油换热，两部分在相同的蒸发温度压力下相变，过热至相同温度状态的过热蒸汽，经混合器混合后进入汽轮机膨胀做功带动发电机发电。

流经太阳能段蒸发器工质的质量流量：

$$m_2 = \frac{Q_{\text{solar}}}{h_4 - h_1} \tag{5-5}$$

式中 Q_{solar}——有机工质从太阳能热源吸收的总热量；

h_1、h_4 ——分别为 1、4 的温度。

工质总流量为：

$$m_{\text{wf}}=m_1+m_2 \tag{5-6}$$

采用预热-过热模型时，太阳能和地热能分别承担一部分工质从预热到过热的全过程，通过调节可以实现两个蒸发器出口工质达到不同温度压力，在混合器中混合后进入汽轮机做功。

该模型优点是地热蒸发器和太阳能蒸发器并联运行，方便分别调节，但其具有增加管道内压损的缺点。

3. 蒸发-过热模型

蒸发-过热模型中太阳能热量可加热有机工质，作为部分工质相变过程的热源。而地热水用来预热所有工质，蒸发-过热模型示意图如图 5-10 所示。

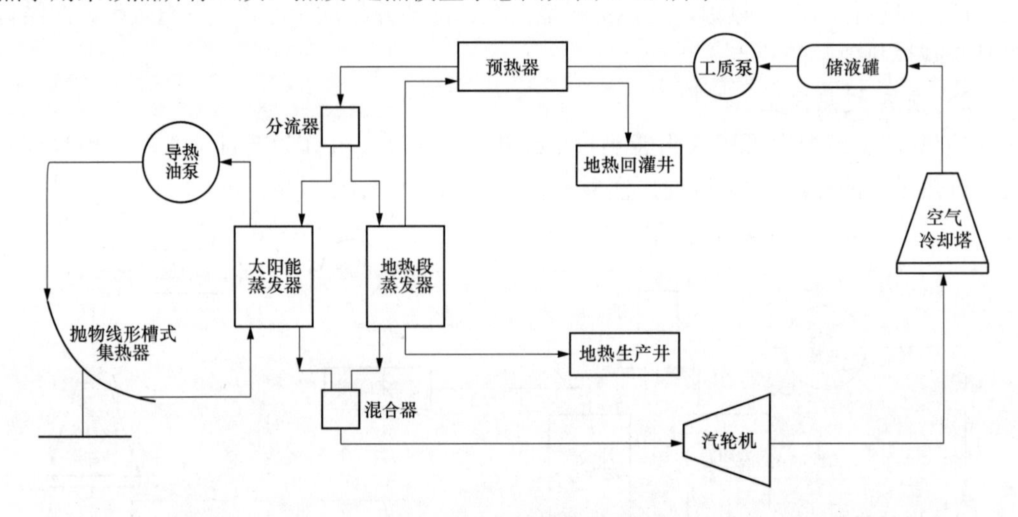

图 5-10 蒸发-过热模型示意图

由回灌前的地热水加热的有机工质，一部分进入地热段蒸发器与流出生产井的地热水换热，另一部分进入太阳能段蒸发器与太阳能集热系统与导热油换热，在相同的蒸发温度下发生相变，过热至相同温度状态的过热蒸汽。

流经太阳能段蒸发器工质的质量流量：

$$m_2 = \frac{Q_{\text{solar}}}{h_4 - h_2} \tag{5-7}$$

采用蒸发-过热模型时，地热能承担全部工质的预热，工质分别在太阳能段蒸发器和地热能段蒸发器相变、过热，以同样的压力和温度混合进入汽轮机。

该模型优点是太阳能既可以作为增加系统发电量辅助热源，还可以使 ORC 系统从地热水中获得更多热量。但是同预热–过热模型一样，工质分流和过热工质做功前的混合都增加了系统流道的复杂程度。而且，该模型的地热预热器使得不可逆的传热损失增加。

4. 过热模型

该模型中太阳能热量用于加热有机工质，作为工质过热过程的热源。此模型中太阳能过热器与地热蒸发器串联。过热模型示意图如图 5-11 所示。

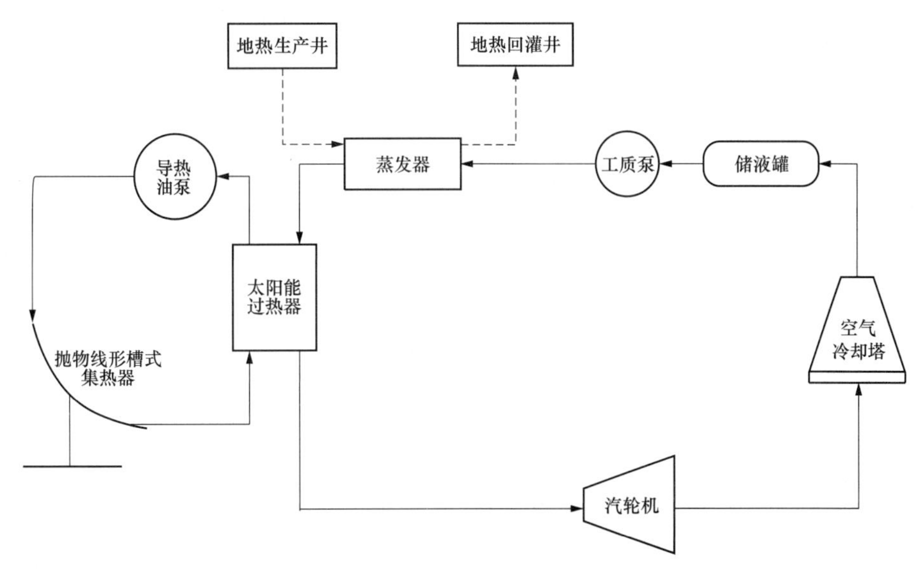

图 5-11 过热模型示意图

有机工质经过蒸发器等压加热后相变至饱和态，进入太阳能过热器与太阳能集热系统导热油换热，变为过热蒸汽，进入汽轮机膨胀做功。

采用过热模型时，太阳能只作为工质过热部分吸热的热源。该模型优点是同样规模的地热电站，需要匹配的太阳能规模较小。其缺点表现为：由于工质过热段吸热在整个吸热相变过程中总热量的占比较小，无法充分发挥太阳能与地热的协同增强效果。

5.2.3 风氢耦合的多能互补系统

由风能、氢能系统耦合的多能互补系统包括装有大量风力发电机的大型风电场、制氢站、储氢设备、氢能发电站等，如图 5-12 所示。

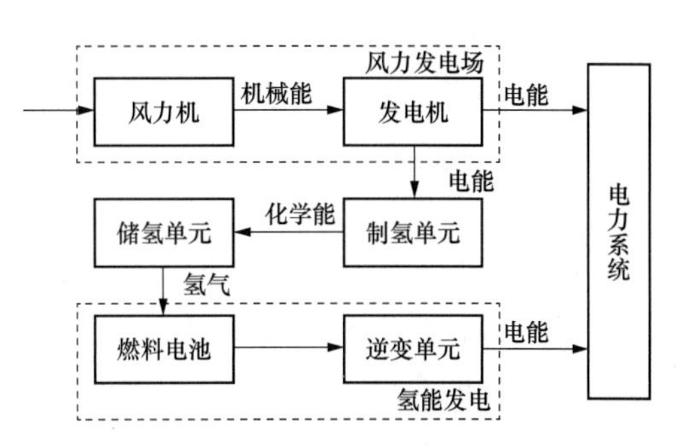

图 5-12 风氢耦合的多能互补系统示意图

风力发电是将风力机机械能转换为电能的技术。众所周知，自然风具有波动性、随机性，故风力机所产生的电能是波动的、不稳定的。风氢耦合的多能互补发电系统工作原理：当风电场的出力较大时，可以消耗电能制氢，通过制氢站的设备（制氢单元）将电能转换为氢气储存在储氢设备（储氢单元）中，当风速很小或无风的时候，再将存储起来的氢气供给氢能发电站，将氢气的化学能再转换为电能，调节和补偿由于风速的波动而引起的风电场出力的波动，起到削峰填谷的作用，使整个发电系统能够输出平稳，消除因大规模开发风能而对电网产生的不良影响。

风氢耦合的多能互补发电系统的基础是输出连续稳定的高品质电能，即“削峰”“填谷”，将风力发电高峰期富余的电能用于制氢和储氢，之后再将储存的氢能发电来补充风力发电低谷期不足的电能。

5.2.4 风光氢耦合的多能互补系统

为了提升环境效益和创造良好的生态环境，风电和光伏已成为当前新能源的主要开发和利用形式。由于风资源和光资源具有随机性、波动性、不可控及不确定性等特点，使得风力发电和光伏发电出力也具有不稳定性和波动性的特点，其对电网的影响也较大。为了减小其对电网影响，只能采取弃风、弃光等浪费资源的措施。此外，近年来氢能由于具有绿色清洁、储存容量大、能量密度高、运行寿命长、便于储存和传输等优点，成为一种迅速发展的储能方式。故采用风光氢耦合的多能互补系统可以利用各种资源优势互补，从而提高整个系统运行效率。

1. 风光氢耦合的多能互补系统结构

风光氢耦合的多能互补发电系统基本结构示意图如图 5-13 所示，其代表了典型风光氢耦合的多能互补发电系统的基本结构。

图 5-13 中包括清洁的风电、光伏、电解水制氢装置、压力储氢设备、燃料电池（fuel cell，FC）或氢燃料内燃机发电（H_2 internal combustion engines，H_2ICE）和氢输送与应用等。通过控制系统调节风电、光伏上网与制氢功率比例，最大限度吸纳风电弃风和光伏弃光电量，缓解大规模风电、光伏上网“瓶颈”问题，利用弃风和弃光电量电解水制氢和制氧，经过压力储氢提高氢的存储密度，氢作为多用途高密度的清洁能源，即可通过 FC 或 H_2ICE 反馈电网提高风电上网电能品质，又可作为能源载体通过车载或管道方式进入工业和商业领域，如氢进入燃气管道、冶金、化工等行业。与此同时，风光氢综合能源发电系统也将极大地推动纯绿色能源车-氢燃料电池车产业的快速发展[17]。

2. 弃风、弃光耦合制氢的分布式能源系统

利用弃风、弃光电量进行电解水制氢，为氢燃料电池车（fuel cell electric vehicle，FCEV）提供能源，提高风光利用率，增加风场和光伏站经济效益，同时可推动 FCEV 快速发展。弃风、弃光耦合制氢与 FCEV 系统如图 5-14 所示。

直接影响系统运行经济性的因素有弃风、弃光电量、电解水制氢装置容量、储氢及运氢能力等，故需要采取合理的方法对系统技术经济分析及容量优化配置进行分析，从而减少系统的弃风、弃光量，提高系统利用效率。

风光氢耦合的多能互补系统主要包括：风电场、光伏电站、制氢装置、氢储存以及燃料电池等，且此系统并网运行。风光氢耦合的多能互补并网系统整体上构成了一个“电-气-电”能源闭环结构，如图 5-15 所示。

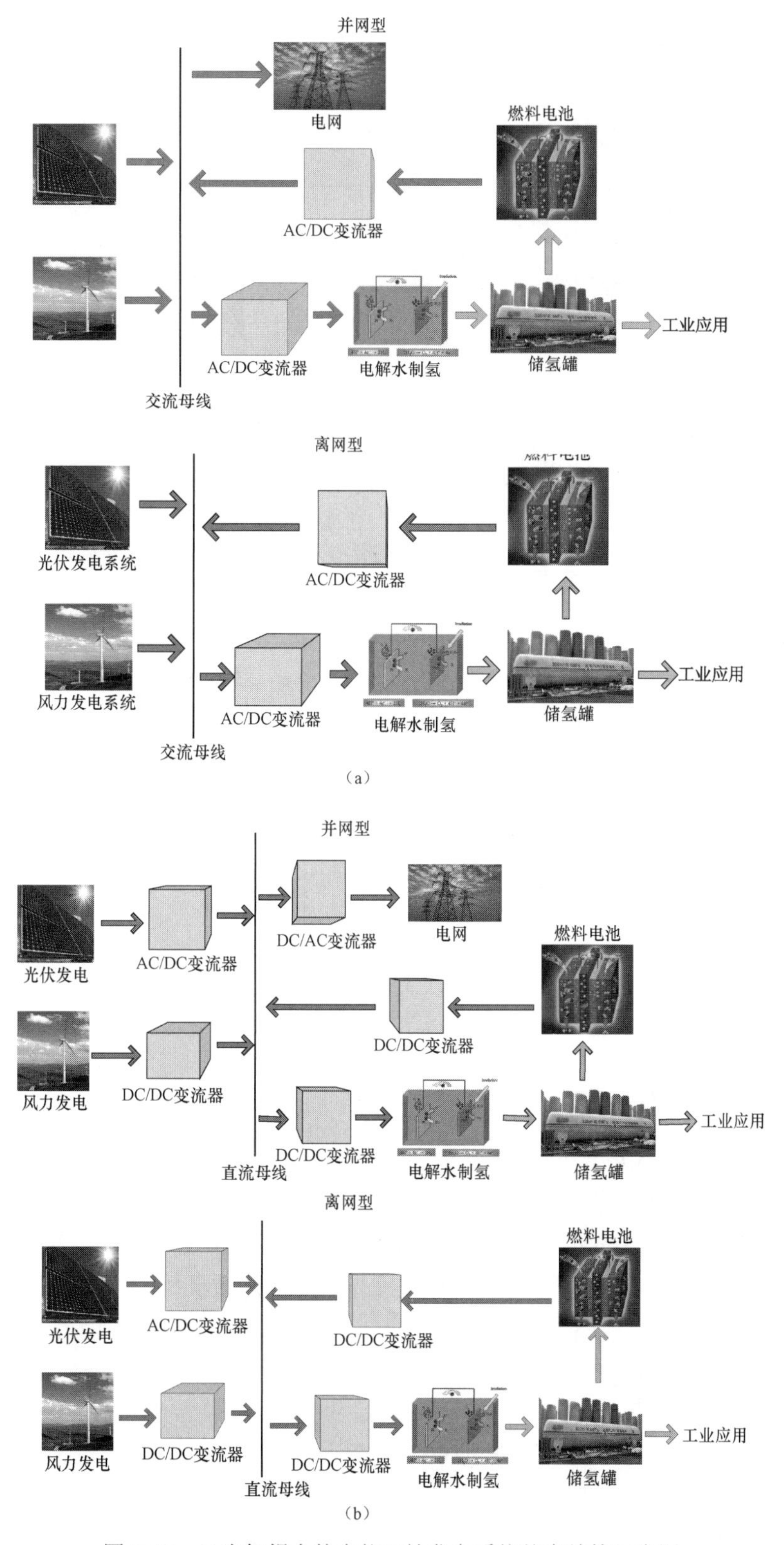

图 5-13 风光氢耦合的多能互补发电系统基本结构示意图

(a) 共交流母线结构；(b) 共直流母线结构

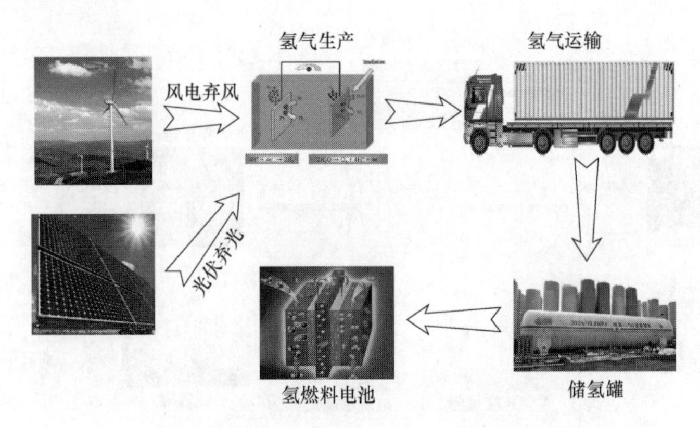

图 5-14　弃风、弃光耦合制氢和 FCEV 系统结构

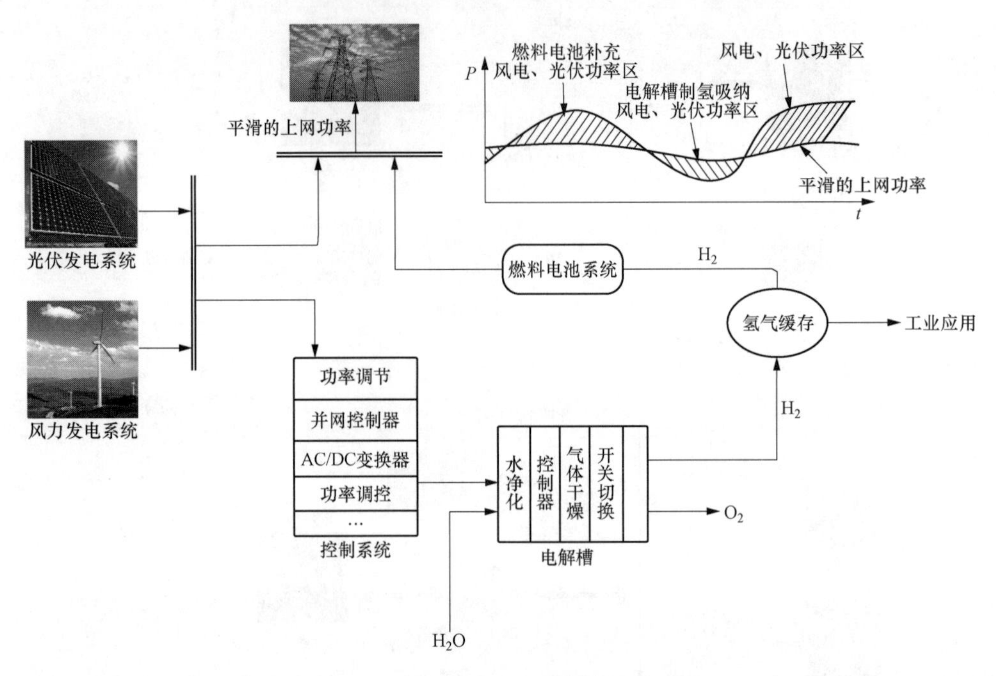

图 5-15　风光氢综合能源并网系统结构

由图 5-15 可知，风电、光伏输出的电能，一部分直接上网，另一部分用来电解水制氢。当系统中风电、光伏发电功率富余时，采取电解水制氢措施吸纳部分过剩风光所发电能（图 5-15 中电解槽制氢吸纳风电、光伏功率区）；当系统中风电、光伏发电功率不足时，氢储存充足时，可通过燃料电池补充风光所发电能缺额（图 5-15 中燃料电池补充风电、光伏功率区），使系统上网功率平滑。为了达到系统经济运行目标，需对水电解制氢装置和燃料电池容量进行优化。

5.3　含常规能源系统的耦合技术

5.3.1　燃气内燃机与余热利用装置耦合的分布式能源系统

常用的与燃气内燃机耦合的余热利用装置是溴化锂机组，特别是吸收式烟气型溴化锂机组。燃气内燃机存在两种形式的余热：350～600℃的高温烟气余热、80～95℃的热水余热。烟气余热来自于燃料燃烧后的尾气，热水余热来自于内燃机的缸套水、中冷水和润滑油冷却水。

内燃机 100%负荷时余热输出热量的比如图 5-16 所示，内燃机余热输出温度与负荷的变化关系如图 5-17 所示。

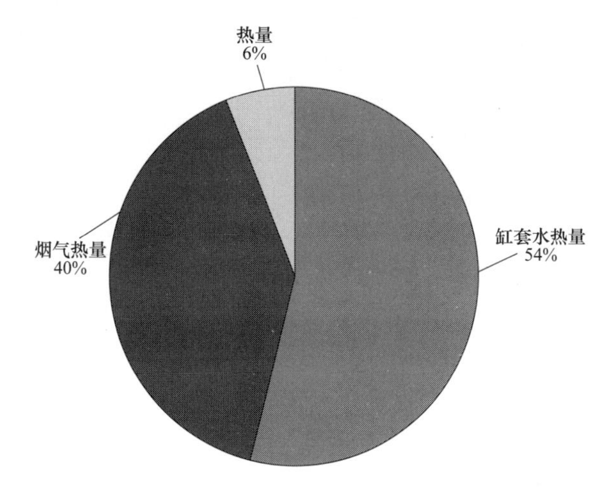

图 5-16 内燃机 100%负荷时余热输出热量的比

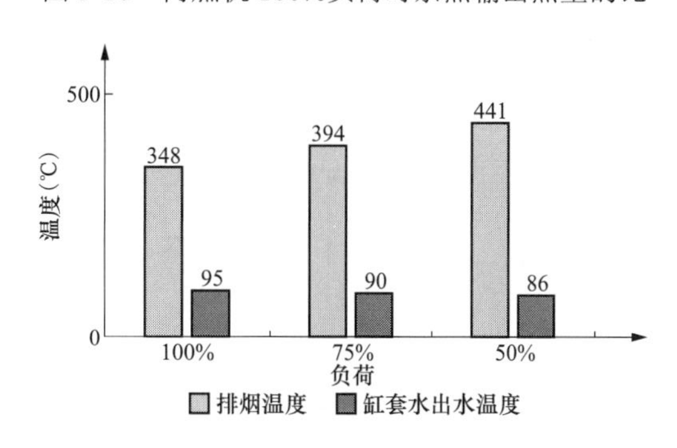

图 5-17 内燃机余热输出温度与负荷的变化关系

单效吸收式溴化锂机组：冷热电联供系统的单效吸收式制冷模式，单效吸收式制冷的 COP 一般约为 0.7，也即一份热量输入，只能实现 0.7 份冷量输出，导致能量明显“缩水”，受制于单效吸收式制冷机能量转换过程的“缩水”现象，系统在制冷模式下的性能不佳，一次能源效率往往只有 0.6 左右，成为系统性能的瓶颈。内燃机工作系统图如图 5-18 所示。

燃气内燃机烟气经过吸收式制冷机后，烟气温度降低到 120℃左右，经过烟囱直接排放，低温烟气余热未得到充分利用。另外，因为内燃机缸套水温度较低，在制冷工况下只能用于驱动单效溴化锂吸收式制冷机，制冷系统很低，很多工程制冷时放弃使用这部分热量。

双效吸收式溴化锂机组：在制冷工况下，采用烟气-热水双效吸收式制冷机，温度较高的烟气进入高压发生器，温度较低的缸套水进去低压发生器，与单效溴化锂吸收式制冷机相比，制冷 COP 提高到 1.0 左右，同时利用了大量缸套水热量制冷，120℃的烟气用于加热生活热水，烟气温度降低到 90℃左右，使得系统的余热做到充分利用，同样工况下制冷量和制冷效率都有较大提高，系统一次能源利用率也提高到 80%左右。同时，通过高效蓄能装置及控制技术的研制，实现蓄能技术与分布式供能系统的高效集成，解决分布式供能系统变工况性能低的问题。根据分布式能源余热的温度不同，采用多级蓄热模式，实现能源的梯级回收利用。与余热利用装置耦合的内燃机工作系统图如图 5-19 所示。

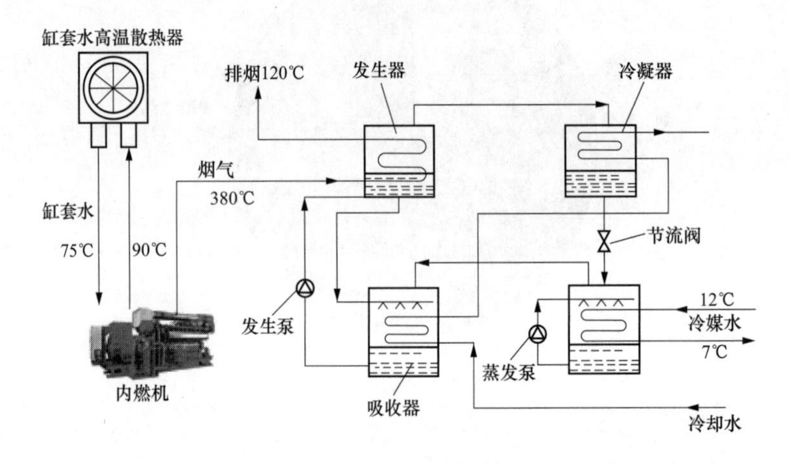

图 5-18 内燃机工作系统图

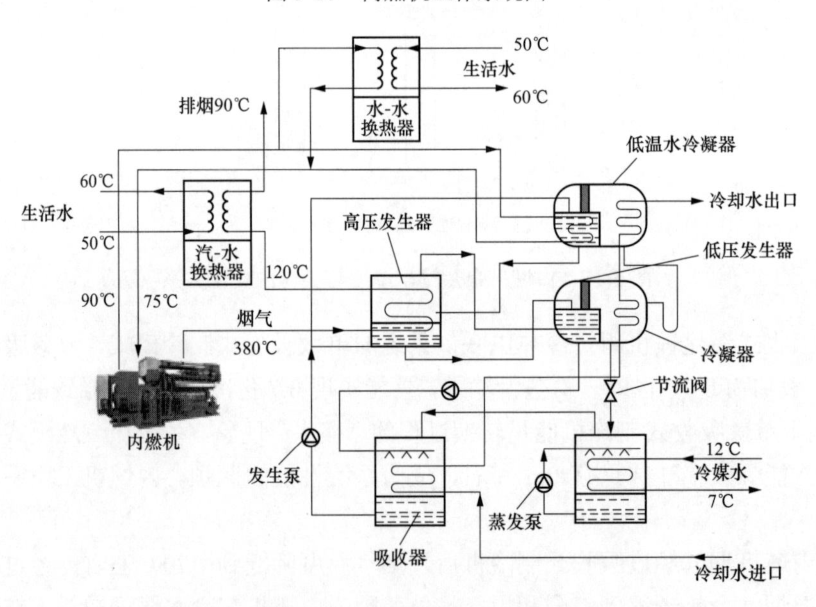

图 5-19 与余热利用装置耦合的内燃机工作系统图

复合热源驱动的溴化锂吸收式制冷机有 2 个驱动热源：内燃机排出的烟气和内燃机的缸套冷却水。烟气先进入高压发生器加热溴化锂溶液发生蒸汽，高压发生器中产生的蒸汽再进入低压发生器作为驱动热源发生蒸汽；而缸套冷却水则因为温度较低分成两路一路用来加热低压发生器，另一路通过水-水换热器来加热生活水，二者之间的流量可以通过电磁阀控制。

通过高压发生器加热溴化锂溶液的烟气温度降至120℃，将此烟气通过气-水换热器制取 60℃的生活热水。同时内燃机排出的烟气可通过烟气三通阀直接通过气-水换热器以调节产出的生活热水；使制冷制热能相互协调，满足负荷端的变化。三种不同温度的热源下溴化锂机组性能特性见表5-1。

表5-1　三种不同温度的热源下溴化锂机组性能特性

序号	参数	单位	单独利用烟气余热	单独利用缸套水余热	烟气和缸套水同时利用
1	热源进口温度	℃	370	90	370/90
2	热源出口温度	℃	150	80	150/80
3	制冷量	kW	2142	1502	3839
4	COP		0.835	0.646	0.785

相同工况下，烟气和缸套水复合的溴化锂制冷量是单一烟气驱动的1.79倍；是单一缸套水驱动的2.56倍。烟气和缸套水复合的溴化锂COP大于单一缸套水驱动，较高温烟气驱动的COP小，但因其制冷量增大明显，机组对低品位能源的综合利用率明显提高。

5.3.2 CCHP与热泵耦合的多能互补分布式能源系统

冷热电联产系统（combined cooling heating and power，CCHP）与热泵系统的耦合可以充分发挥环境和清洁能源优势，提高环境效益和能源利用率，故此系统的发展具有重要意义。

通常，热泵系统在利用低品位能源时会受到低温侧热源的影响，从而降低系统的运行效率甚至无法运行，例如水源热泵系统在水源侧温度低于5℃时制热效率会显著下降，地源热泵系统如果冬夏季从地下吸/放热量长期不对等会影响系统的运行效率。将CCHP与热泵系统耦合使用，利用燃气冷热电联供技术的余热提升极端天气下水源热泵系统中水源侧温度，可以大大提高系统效率；同时利用燃气冷热电联供技术作为调节，可以保证冬夏季地源热泵系统向地下的放热量一致，提高系统运行的稳定性[1]。

CCHP与热泵系统的耦合是利用环境势能的一种典型形式。CCHP也可与太阳能（风能、生物质能等）及热泵耦合，构成另一种具代表性的分布式能源耦合系统。在该耦合系统中，太阳能可以是太阳能光伏发电，作为CCHP发电系统的电力补充；也可以是太阳能集热热水系统，与热泵系统互补使用，并耦合CCHP构成耦合系统。特殊情况下，太阳能也可以单独与热泵系统耦合构成分布式能源耦合系统[1]。

分布式能源系统不仅可以将CCHP系统与常规能源、可再生能源（地热、风能、太阳能、生物质能等）耦合起来之外，还可以进一步耦合周边的环境资源，如系统附近的环境水（各种地表水、中水、污水等）热源和空气热源。由于城市污水和污水处理厂的中水的温度可基本保持恒定，冬季时其高于环境温度，夏季时其低于环境温度，故可以

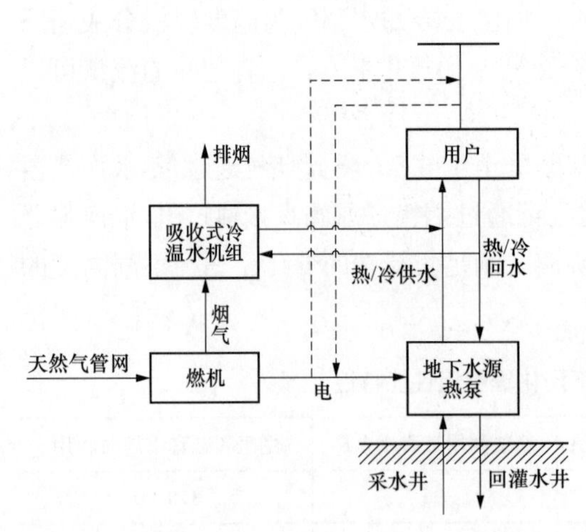

图 5-20 热泵耦合的分布式能源系统示意图

作为低温热源，无偿地给热泵供给低温热能。CCHP 与热泵耦合的分布式能源系统结构如图 5-20 所示。

5.3.3 CCHP 与蓄能耦合的多能互补分布式能源系统

1. CCHP 与蓄能系统的耦合机理

CCHP 与蓄能系统的耦合将在分布式能源的工程实践中得到广泛应用。在该耦合系统中，为了最终满足负荷实时变化的要求，可以采用作为基础负荷，并通过耦合型优化控制系统进行优化调度和调节，起到整个系统经济稳定运行的目的[11]。CCHP 与蓄能系统耦合的作用机理主要表现为：

（1）采用蓄能技术可以充分利用峰谷电价差，起到“削峰填谷”的作用。蓄能技术不仅可以有效消减电网高峰电力需求和缓解高峰电力压力，还提高能源利用率和环境效益。

（2）抑制风电、光伏发电输出的电功率波动，使其成为连续、平滑、可调的高品质电能，从而提高系统供能稳定性。

2. CCHP 与蓄能系统的耦合特性分析

运用于分布式能源耦合系统的蓄能系统，目前比较成熟的技术有冰蓄冷技术和水蓄冷技术等。下面结合实例分析 CCHP 与蓄能系统冰蓄冷的耦合特性：某大学城位于当地小谷围岛，由 10 所大学及中央商务区构成，建筑面积 800 万 m^2，可容纳 14 万高校学生，总人口约 25 万。大学城分布式能源站，实际采用以燃气轮机为原动机的 CCHP 与冰蓄冷系统耦合的分布式能源耦合系统。制冷系统目前利用能源站汽轮机二抽气作为热源驱动蒸汽吸收式双效溴化锂制冷机，仅供能源站内的空调制冷。冰蓄冷区域集中供冷系统规模目前为全球第二，系统总蓄冰量达 89 万 kWh，可为 800 万 m^2 建筑提供空调冷源，总冷负荷约 37.3 万 kW，区域供冷系统分布图如图 5-21 所示[1]。

该分布式能源耦合系统的耦合特性和设计原则主要如下[1]：

（1）系统经济性原则：该耦合系统综合考虑影响初期投资及运行成本的各种因素，详尽研究系统的电力费用、峰谷电价结构及设备初期投资等因素，在降低初期投资的同时节约更多的运行成本，同时通过采用冰蓄冷技术可转移更多的高峰电力。

（2）高效节能原则：蓄冰系统应依据设计负荷的需求确定系统选型，尽可能地减少各种设备的装机容量，改善主机工作条件，提高制冷主机效率，充分利用蓄冰装置的优势，减少系统的能耗。

（3）可靠性原则：耦合系统结合蓄冰系统的运行特点，优选各种设备，符合系统整体运行要求，同时对各种配套设备也要求能经受长期稳定工作的考验，减少对系统的维护，满足寿命要求。

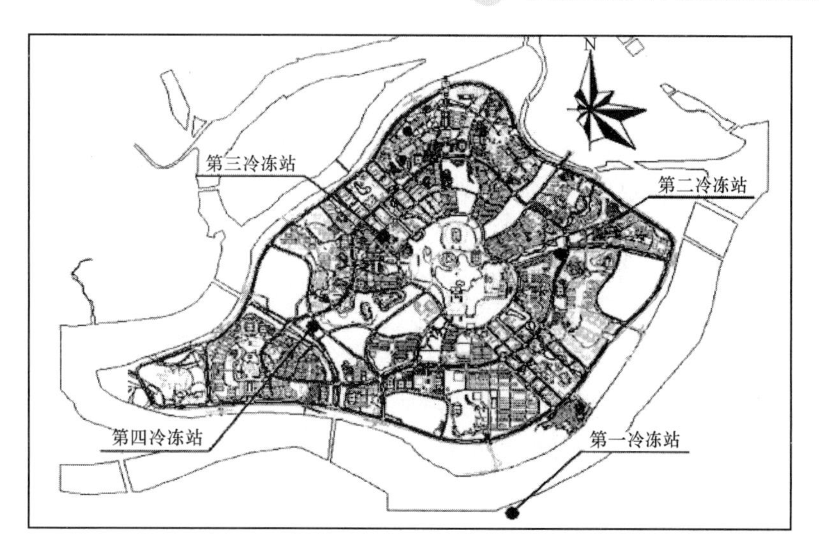

图 5-21 某大学城区域供冷系统分布图[11]

（4）优选蓄冰模式原则：根据城建筑功能和当地用电政策，设计采用负荷均衡的分量蓄冰模式，主机在电力低谷期全力运行制冰，制得系统全天所需要的部分冷量，根据系统配置及电价政策，一期设计日蓄冰系统以融冰优先模式运行，远期设计日蓄冰系统以主机优先模式运行。

5.4 分布式能源系统与信息系统的耦合

5.4.1 分布式智慧能源耦合系统

由于分布式能源系统具有多样性和“按需供能”的特点，其与现代化信息系统耦合将形成分布式智慧能源耦合系统。分布式智慧能源耦合系统是通过信息流、能量流、物质流三者的耦合，构成混合能源流，从而达到能源生产、转换、储存、应用与再生等环节的智能闭环目的。然后通过对混合能源流的跨时空、多尺度智能协同和互动，从而达到提高环境效益和资源利用率的目的。

分布式智慧能源耦合系统利用控制系统耦合型系统和能源管理平台耦合型智慧能源管理平台，实现能量、资源和信息的耦合优化，构建了智慧能源系统和资源循环系统，对能源、资源、环境等因素统筹考虑和协同解决问题，实现多种能源形式的互补及匹配。能源和资源在加工转化的过程中，由于不同能源、资源中所含有的“有用能”不尽相同，为达到最终的使用目的，不同的能源、资源的转化能力有着很大的差异，热力学第二定律指明了能量在转化过程中存在“方向性”，即能源和资源存在品位的差异，品位越高能源的有用能越高。因此，在能源和资源利用过程中，不应仅要考虑能源和资源的使用效率，还要考虑能源和资源在使用过程中的合理匹配，只有站在系统层面综合考虑能源和资源的匹配、相互转化和循环利用，做到能源系统与信息系统的耦合，才能实现能源、资源和环境的可持续发展。

分布式智慧能源耦合系统是一个动态开放和模块化的系统。系统的开放性保证了系统的可持续，与其他能源系统、生态系统、经济系统存在物质、能量和信息的耦合，实现能源、资源利用效率最大化。采用系统模块化可有效地将复杂问题简单化、标准化，实施系统的全生命周期管理，既确保规划、设计、建设和运营的一体化，又可灵活地对各个单元进行改造和优化。

5.4.2 耦合型 DCS 系统

分布式能源技术与信息技术耦合其核心技术之一就是耦合型智能控制系统（耦合型 DCS 系统），智能控制系统本身具有一个环节级能效控制器，它负责对整个环节能效控制系统的整体控制匹配并接受中央控制器的控制协调。中央控制器通过对能源系统整体信息的采集优化计算，对各单元产能和需求进行实时监控，通过对水、电、气等能量流及信息流的智能化处理，实现供需匹配、双向调峰、能量梯级利用、环境势能高效利用，完成各环节闭环控制，实现能效的最大化。

针对能源生产、储运、使用、再生的各个环节设计能效网络，解决能源网络的连接和控制信息网络的连接两个问题。中央能效控制器实现了能量和信息在逻辑层面的耦合，即能效的放大或撬动作用是通过控制器控制作用施加在势能热泵上，和储运环节联系在一起，调节了各环节的能量匹配。

在系统每个项目中设计了驻点能效控制器，负责对每个单元的控制，实现闭环控制和驻点优化，驻点优化解决单元项目的节能优化。闭环控制框图如图 5-22 所示。

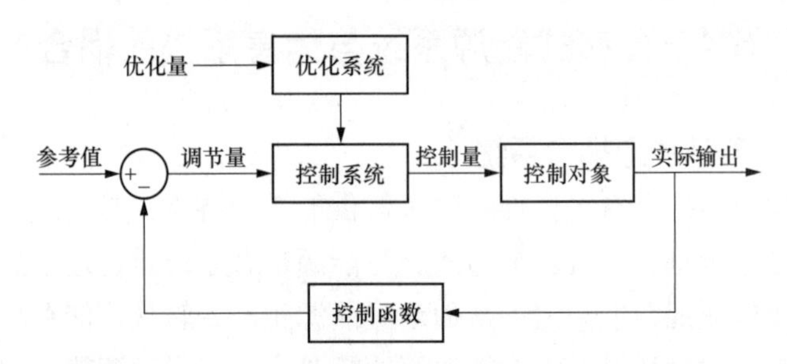

图 5-22　能效网络闭环控制原理框图

通过以上的闭环控制，控制器本身可以实现一定程度的节能和开环控制，在此基础上通过优化器的作用实现部分节能。这样通过每个驻点控制的作用，在每个单元实现了本单元的节能减排。多个驻点能效控制器连接在一起就形成了一个整体的控制网络，为环节控制器实现更高层次的监控和优化奠定了基础，这是分布式控制的基本思路。在驻点能效控制器的基础上，设计了环节控制器，环节控制器负责每个环节的监控，同时解决多种形式能源的调配和流动。

中央控制器连接各环节的能效控制器，并使各环节能效控制器形成完整的闭环控制，实现如下的优化控制策略：

（1）生产和应用环节的匹配调节，实现动态调峰。

（2）在生产和应用环节匹配的基础上，加上储运和再生环节的调节，实现多种能源的梯级利用和过程优化。

（3）在各环节实现闭环控制基础上，通过中央控制器的信息集成，实现园区能源匹配。

（4）能源的动态匹配，动态平衡和动态优化。

中央能效控制器与势能热泵、储能系统耦合，完成余热、地热势能的循环利用和蓄能，实现各环节混合能量的闭环利用，并通过多次吸收环境势能可以逐步实现能效放大和增益，从而减少输入一次能源的比例、加大可再生能源的比例，减少 CO_2 的排放，实现多种能源的统一调配和低碳利用。

5.4.3 耦合型智能能源管理平台

耦合性智能能源管理平台是区域性或单个大型能源项目的能源管理平台，以实现智能能源管理及能效的优化。智能能源管理平台包括区域管理、设备管理、能效调度、能效监控、能效报表、系统管理、数据处理和设计优化等功能，其主要功能如下：

（1）提供区域多能源利用系统优化解决方案。

（2）预测用户能源需求，合理调配不同特性的能源和有效管理监控各环节能源利用，平衡能源供应与需求矛盾。

（3）实时调度各种能源生产与供应，最大限度提升能源综合利用效率，减少能源浪费。

（4）通过能效控制技术，提高系统节能率和减少排放，并利用能源价格变动趋势有效转换和利用能源，降低能源成本、提升能源品位和创造经济价值。

（5）提供优化的能源运营解决方案。

智能能源管理平台运用优化控制系统采用模型预测优化控制技术，达到对复杂系统的非线性动态过程的精确控制和动态优化。模型预测控制是根据当前园区或项目系统状态监测值，实时修正数学模型和模型参数，再通过在线模型优化算法计算出当前最佳的系统控制参数变化曲线。优化的依据是通过模型分析整体能源系统的评价结果，通过动态优化使区域或项目达到系统能效最优。能源系统优化的方法按层次高低和对系统影响程度分为多个层次：

（1）结构优化：主要指对系统整体能量流程的拓扑结构重大改变，如串联系统改为并联系统，并联系统改成串联系统，或者对能效系统四环节过程增加或减少一个或多个环节等。结构优化对系统影响重大，传统上只是在系统设计过程中凭借经验进行优化，一旦系统结构定型就很难再做改变。如果是专门设计的结构较为灵活的流程，则有可能通过动态调节某些装置达到整体结构动态优化的效果。这时候的优化算法可以用来自动调节结构参数，通过参数的调节达到改变能源结构的优化效果。

（2）方式优化：对系统较重要的单个设备的升级换代及能源利用方式的突破性创新，从而导致系统整体能效的较大提升。如使用热泵与储能相结合的能效提升技术充分利用环境势能，大幅度提高电热转换效率多联供在发电的同时对负荷端进行供冷供热，产生的电能可以直接驱动地源热泵或水源热泵，电能需求不够的情况下，可以通过光伏发电或 BIPV 部分发电进行补充。

（3）时空优化：在系统运行过程中，所有通过控制系统进行的实时操作，包括反馈控制、运行优化及实时调度、能量生产应用的动态匹配、昼夜调峰等。其中，空间优化包括对不同空间领域的能源互补调节，如采用大面积自然水源冷却，采用储冷热技术调节建筑物昼夜温差，增大供暖制冷的系数。能源生产与能源应用相匹配的控制方式有反馈控制、预测控制。能源生产单位负荷分配的基本方式有动态调节、动态建模，如热泵机组的启停组合选择，利用储能调节时间差。

（4）过程优化：通过改变闭环能量各环节系统内部的各组成单元的设计参数和操作参数、资源输入和输出量，综合考虑能源、经济、环境和社会等多因素的能效最优化为目标，对系统进行全生命周期的优化。通过各设备稳态操作参数进行微调，以降低整体系统能耗。

参考文献

[1] 林世平．分布式能源系统中能源与环境耦合特性及优化集成模型研究［D］．武汉理工大学，2011，52-69．

[2] 卢胤龙，韩明新，任洪波．多能互补分布式能源系统优化设计研究进展［J］．上海电力学院学报，2018，34（3）：229-235．

[3] 吴振铭．我国天然气能源站的发展与建议［J］．热电技术，2011，（1）：4-7．

[4] 赖元楷．浅析天然气高效利用［J］．城市燃气，2005，（01）：18-23．

[5] 康慧．燃气分布式能源系统综述（之一）［J］．沈阳工程学院学报（自然科学版），2009，5（2）：103-105．

[6] 姜述杰，薛子畅．分布式能源站发展分析［J］．黑龙江电力，2015，31（5）：377-381．

[7] 华责，赖元楷．优化利用天然气资源，大力建设分布式能源站［J］．能源政策研究，2003，6（5）：40-46．

[8] 刘翠玲，张小东．分布式能源——中国能源可持续发展的有效途径［J］．科技情报开发与经济，2009，19（21）：125-127．

[9] 李晓明．分布式能源一解决缺电问题的良方［J］．中国投资，2005：51-54．

[10] 王丽，魏敦裕．天然气分布式能源系统的应用［J］．煤气与热力，2006，26（1）：46-48．

[11] 李君．太阳能与地热能耦合发电系统能源匹配与优化分析［D］．天津大学，2016．

[12] 李超．密集烤房太阳能、热泵、排湿余热多能互补供热系统耦合方式研究［D］．昆明理工大学，2013．

[13] 权超，董晓峰，姜彤．基于CCHP耦合的电力、天然气区域综合能源系统优化规划［J］．电网技术，2018，42（8）：2456-2466．

[14] 徐晔，陈晓宁．风氢互补发电系统构建初探［J］．中国工程科学，2010，12（11）：83-88．

[15] 袁铁江，段青熙，秦艳辉，等．风电-氢储能与煤化工多能耦合系统能量广域协调控制架构［J］．高电压技术，2016，42（9）：2748-2755．

[16] 方八零．混合可再生能源系统的多能互补及集成优化［D］．湖南大学，2017．

[17] 孔令国．风光氢综合能源系统优化配置与协调控制策略研究［D］．华北电力大学，2017．

[18] 邹云阳．含可再生能源的分布式发电系统多能源协调调度研究［D］．浙江大学，2017．

6 多能互补分布式能源系统评价

多能互补分布式能源系统是传统分布式能源系统在规模和适用范围上的进一步的拓展，是一体化整合理念在能源系统工程领域的具体化应用。对多能互补分布式能源系统进行评价的工作有利于对系统能源利用及经济性水平进行总结，对多能互补分布式能源发展有着积极的意义。本章中多能互补分布式能源系统评价分为能源利用与系统经济评价两大方面，最后介绍系统综合评价方法。

6.1 多能互补分布式能源系统能源利用评价

6.1.1 系统能源利用综合评价

1. 年平均能源综合利用率

分布式能源系统的年平均综合能源利用率应大于70%，是指全年输出能量（冷、热、电）与输入能量（以燃料低位发热量计算）之比，年平均能源综合利用率按式（6-1）计算。

$$\eta = \frac{3.6 \times W + Q_1 + Q_2}{B \times Q_L} \times 100\% \tag{6-1}$$

式中 η ——年平均能源综合利用率，%；

W ——年系统净输出电量，kWh；

Q_1 ——年系统有效供热总量，MJ；

Q_2 ——年系统有效供冷总量，MJ；

B ——标准状态下系统燃料总耗量，m^3；

Q_L ——标准状态下燃料低位发热量，MJ/m^3。

注：调峰设备供热（冷）量不计入分布式能源系统年平均能源综合利用率计算。

2. 可再生能源渗透率

可再生能源渗透率是指多能互补分布式能源系统中可再生能源发电总量与总发电量之比，可按式（6-2）计算。

$$\eta_e = \frac{p_k}{p_a} \times 100\% \tag{6-2}$$

式中 η_e ——可再生能源渗透率，%；

p_k ——可再生能源发电总量，kW；

p_a ——总发电量，kW。

3. 节能率

节能率反映分布式能源系统相对于传统能源系统的节能效果，节能率应大于 15%，节能率按式（6-3）计算。

$$\gamma = \left(1 - \frac{B \times Q_L}{\dfrac{3.6P}{\eta_{eo}} + \dfrac{\sum Q_1}{\eta_1} + \dfrac{\sum Q_2}{COP_c \eta_{eo}}}\right) \times 100\% \tag{6-3}$$

式中 γ ——系统节能率，%；

B ——标准状态下系统燃料年耗量，m^3；

Q_L ——标准状态下燃料低位发热量，MJ/m^3；

P ——系统年输出电量，包括原动机和蒸汽轮机输出电功率，kWh；

Q_1 ——系统年热输出总量，包含蒸汽、空调热水以及生活热水，MJ；

Q_2 ——系统年冷输出总量，MJ；

η_{eo} ——常规供电方式的平均供电效率，可按《常规燃煤发电机组单位产品能源消耗限额》（GB 21258）取值；

η_1 ——常规供热方式的燃气锅炉平均热效率，可按 90%取值；

COP_c ——常规供冷方式的电制冷平均性能系数，可按《公共建筑节能设计标准》（GB 50189）取值。

4. 年平均余热利用率

年平均余热利用率应大于 80%，是指分布式能源系统余热利用设备全年输出的冷、热量与原动机可利用的余热之比，按式（6-4）计算。

$$V = \frac{Q_1 + Q_2}{Q_3 + Q_4} \times 100\% \tag{6-4}$$

式中 V ——年平均余热利用率，%；

Q_1 ——年余热供热总量，MJ；

Q_2 ——年余热供冷总量，MJ；

Q_3 ——排烟温度降至 120℃时可利用的热量（全年），MJ；

Q_4 ——温度大于或等于 75℃冷却水可利用的热量（全年），MJ。

5. 热电比

热电比即系统供热（冷）量和供电量的比值，热电比根据式（6-5）计算。

$$i = \frac{Q_h}{3600 \times W} \times 100\% \tag{6-5}$$

式中 i ——分布式能源系统热电比%；

Q_h ——系统单位时间的供热（冷）量，kJ；

W ——系统单位时间的供电量，kWh。

对区域型天然气分布式能源系统热电比年平均应大于 55%，对楼宇型天然气分布式能源系统热电比年平均应大于 75%。

6. 综合厂用电率

综合厂用电率是指全厂发电量与上网电量的差值与全厂发电量的比值，根据式（6-6）计算。

$$\eta_{cyd} = \frac{W_f - W_{sw} + W_{xw}}{W_f} \times 100\% \tag{6-6}$$

式中 η_{cyd} ——综合厂用电率，%；

W_{sw} ——全厂上网电量，kWh；

W_{xw} ——全厂外购电量，kWh。

7. NO_x 排放指标

分布式能源系统大气污染物主要为 NO_x，实测分布式能源系统各设备 NO_x 排放浓度应依据表 6-1 基准氧含量并根据式（6-7）进行折算。

表 6-1　　分布式能源系统各设备排放浓度限值

分布式能源系统设备	基准氧含量（%）	标准状态下排放限值（mg/m^3）
燃气内燃机	5	100
燃气轮机	15	50
燃气锅炉	3	100

$$c = c^* \times \frac{21 - O_2}{21 - O_2^*} \tag{6-7}$$

式中 c ——标准状态下基准氧含量 NO_x 排放浓度，mg/m^3；

c^* ——标准状态下实测 NO_x 排放浓度，mg/m^3；

O_2^* ——实测氧含量，%；

O_2 ——基准氧含量，%。

8. 减排量

分布式能源系统的减排量是指在取得同等供电供热量情况下，与基准系统相比减少的污染物排放量。减排量以电网电力供电、电制冷机供冷、燃气锅炉供热系统作为基准系统[1]。

$$m = (m_1 - m_2) \times \beta \tag{6-8}$$

式中 m ——减排量；

m_1 ——基准系统一次能源消耗量，需折算成标准煤质量，t；

m_2 ——分布式能源系统一次能源消耗量，需折算成标准煤质量，t；

β ——污染物排放因子，按表 6-2 取值。

表 6-2　　标准煤污染物排放因子（t/t）

污染物	单位质量标准煤污染物排放量
CO_2	2.46
SO_2	0.075
NO_x	0.0375

9. 厂界噪声

天然气分布式能源厂界噪声排放应符合《工业企业厂界环境噪声排放标准》（GB 12348）的要求。厂界噪声水平应符合当地环保要求。对区域型分布式能源站，应以站址围墙为界；对楼宇型分布式能源站，应以设备用房围墙为界。

6.1.2 子系统能源利用评价

1. 内燃机发电效率

发电效率指单位时间内内燃发电机组发电量与消耗燃料热量的比值，可按式（6-9）进行计算。

$$\eta_e = \frac{Q_e \times 3600}{V_f Q_{ar,net}} \times 100\% \tag{6-9}$$

式中 η_e ——发电效率，%；

Q_e ——发电机输出电功率，kW；

V_f ——该测试工况下天然气平均体积流量，m^3/h；

$Q_{ar,net}$ ——标准状态下天然气低位发热量，kJ/m^3。

2. 内燃机热效率

热效率指单位时间内发电机组产生的可利用热量与消耗燃料热量的比值，可利用热量包含内燃机排烟热量和内燃机高温热源水热量，可按式（6-10）进行计算。

$$\eta_r = \frac{Q_r \times 3600}{V_f Q_{ar,net}} \times 100\% \tag{6-10}$$

式中 η_r ——热效率，%；

Q_r ——可利用热量，kW；

V_f ——该测试工况下天然气平均体积流量，m^3/h；

$Q_{ar,net}$ ——天然气低位发热量，kJ/m^3。

3. 燃气轮机热耗率

燃气轮机热耗率为燃气轮发电热耗量与其输出电功率的比值，可按式（6-11）进行计算。

$$q_{rj} = \frac{G_f \times Q_{ar,net}}{P_{rj}} \tag{6-11}$$

式中 q_{rj} ——燃气轮机发电机组热耗率，kJ/kWh；

G_f ——燃料的流量，kg/h 或 m^3/h；

$Q_{ar,net}$ ——燃料的低位发热量，kJ/kg 或 kJ/m^3；

P_{rj} ——燃气轮发电机的输出功率，kW。

4. 燃气轮机热效率

燃气轮发电机发电量的当量热量与供给燃料量的百分比，可按式（6-12）进行计算。

$$\eta_{rj} = \frac{3600 \times P_{rj}}{G_f \times Q_{ar,net}} \times 100\% = \frac{3600}{q_{rj}} \times 100\% \tag{6-12}$$

式中 η_{rj} ——燃气轮机发电机组热效率，%；

q_{rj} ——燃气轮机发电机组热耗率，kJ/（kW·h）；

G_f ——燃料的流量，kg/h 或 m^3/h；

$Q_{ar,net}$ ——燃料的低位发热量，kJ/kg 或 kJ/m^3；

P_{rj} ——燃气轮发电机的输出功率，kW。

5. 燃料电池发电效率

燃料电池发电效率按式（6-13）计算。

$$\eta_F = \frac{1000 \times P_F}{m_{H_2} LHV_{H_2}} \times 100\% \tag{6-13}$$

式中 n_F ——燃料电池发电效率，%；

P_F ——燃料电池发电功率，kW；

m_{H_2} ——氢气流量，g/s；

LHV_{H_2} ——氢气低热值，kJ/kg。

6. 光伏组件效率

组件效率是指在特定测试条件下，受光照组件的最大功率与入射到该组件总面积上的辐照度的百分比。特定测试条件包括组件温度、辐照度及光谱分布。通常所称的组件效率，是指《地面用晶体硅光伏组件（PV）——设计鉴定和定型》（IEC 61215）和《地面用薄膜光伏组件（PV）——设计鉴定和定型》（IEC 61646）中规定的标准测试条件下测得的组件效率，可按式（6-14）计算。

$$\eta_t = \frac{P_m}{G \times S_t} \times 100\% \tag{6-14}$$

式中 η_t ——组件效率；

P_m ——组件最大功率，W；

S_t ——组件总面积，m^2；

G ——组件上表面入射光的辐照度，W/m^2。

7. 光伏组件实际效率

组件实际效率是指特定测试条件下，受光照组件的最大功率与入射到该组件的有效面积上的辐照度的百分比。

$$\eta_a = \frac{P_m}{G \times S_a} \times 100\% \tag{6-15}$$

式中 η_a ——组件实际效率；

P_m ——组件最大功率，W；

S_a ——组件有效面积，m^2；

G ——组件上表面入射光的辐照度， W/m^2。

8. 风电机组实际可利用率

可按式（6-16）计算风电机组实际可利用率，即

$$A_i = \frac{T - T_{\mathrm{B}.i} - T_{\mathrm{D}.i}}{T - T_{\mathrm{D}.i}} \times 100\% \tag{6-16}$$

式中　A_i——统计周期内风电场第 i 台机组的实际可用率；

T——统计周期内的日历时间；

$T_{\mathrm{B}.i}$——统计周期内风电场第 i 台机组的故障时间；

$T_{\mathrm{D}.i}$——统计周期内风电场第 i 台机组状态不明时间。

状态不明时间是指以下因素造成的停机时间：①电网因素；②风电场电气设备原因；③例行的维护时间；④不可抗力。

9. 风电场可利用率的统计计算

风电场可利用率分以下两种情况进行统计计算：

（1）若风电场全部风电机组单机容量都相同，风电场可利用率为全部风电机组实际可利用率的平均值。

（2）若风电场有多种单机容量的风电机组，风电场可利用率应分别统计各容量风电机组的平均实际可利用率，再按照容量加权平均，即按式（6-17）计算。

$$A = \frac{1}{P}\sum_{i=1}^{N} P_i A_i \tag{6-17}$$

式中　A——风电场可利用率；

P_{i}——风电场第 i 台机组的容量；

A_{i}——统计期内风电场第 i 台机组的实际可利用率；

P——风电场总装机容量。

10. 风机功率特性一致性评价

根据风电机所处位置风速和空气密度，观测风电机输出功率与风电机厂商提供的在相同噪声条件下的额定功率曲线规定功率进行比较，选取切入风速和额定风速间以 1m/s 为步长的若干个取样点进行计算功率特性一致性系数，其计算方法如式（6-18）所示。

$$\eta_{\mathrm{p}} = \frac{\sum_{i-1}^{n} \frac{p_{i.\mathrm{q}} - p_{i.\mathrm{s}}}{p_{i.\mathrm{q}}}}{n} \times 100\% \tag{6-18}$$

式中　η_{p}——功率特性一致性系数；

$p_{i.\mathrm{q}}$——i 点曲线功率；

$P_{i.\mathrm{s}}$——i 点曲线功率；

i——取样点；

n——取样点个数。

6.2　多能互补分布式能源系统经济评价

多能互补分布式能源系统经济评价是运用工程学及经济学相关知识以及经济分析的原理和方法，对多能互补分布式能源项目进行财务数据提炼、方案设计并进行科学评价与决策的一种方法。

6.2.1 财务效益与费用估算

在工程项目进行财务评价之前，必须先进行财务效益与费用的估算。它是在经过项目建设必要性审查、生产建设条件评估和技术可行性评估之后，在市场需求调查、销售规划、技术方案和规模经济分析论证的基础上，从项目财务分析要求出发，按照现行财务制度规定，对项目有关的成本和收益等财务效益与费用数据进行收集、估算，并编制财务效益与费用数据估算表格等一系列工作。

财务效益分析与费用的估算是项目财务分析、经济费用效益分析和投资风险分析的重要基础和依据。它不仅为财务分析提供必要的数据，而且对财务分析的结果及最后的决策意见都产生了决定性的影响，在可行性研究和项目评价中具有承上启下的关键作用。

1. 财务效益与费用的概念

财务效益与费用指项目运营期内所获得的收入以及为项目所付的支出。其主要包括营业收入、成本费用和有关税金等。同时可能得到的补贴收入也应计入财务效益。

2. 项目计算期确定

多能互补分布式能源系统经济评价的计算期，包括建设期和运营期。建设期指项目正式开工到建设投产所需要的时间，应参照项目建设的合理工期或建设进度计划合理确定；运营期指项目投入生产到项目经济寿命结束的时间。

3. 财务效益与费用估算方法

多能互补分布式能源项目的财务效益指销售产品所获得的收入。其主要包括售电收入、供冷热收入及其他产品收入。

销售收入=售电收入+供冷热收入+其他产品收入

售电收入=机组容量×机组利用小时数×（1－厂用电率）×电价

供冷热收入=供冷热量×冷热价

多能互补分布式能源项目的支出费用主要包括投资、成本费用和税金。项目总投资指自项目前期工作开始至项目全部建成投产运营所需要投入的资金总额，包括工程动态投资（含工程静态投资、价差预备费、建设期利息）和生产流动资金。项目总投资分别形成固定资产、无形资产、其他资产。

固定资产投资指项目投产时直接形成固定资产的建设投资，包括工程费用和工程建设其他费用中按规定形成固定资产的费用；无形资产投资指直接形成无形资产的建设投资，主要是专利权、非专利权、商标权、土地使用权和商誉等；其他投资指建设投资中除去形成固定资产和无形资产以外的部分，如生产准备及开办费等。

生产流动资金指项目为正常生产运行，维持生产所占用的，用于购买燃料、材料、备品备件和支付工资等所需要的全部周转资金。生产流动资金的来源包括自有流动资金和流动资金借款两部分。

流动资金的计算公式如下：

流动资金=流动资产–流动负债

流动资金本年增加额=本年流动资金–上年流动资金

流动资产和流动负债计算公式如下：

流动资产=应收账款+存货+现金

流动负债=应收账款

应收账款=年经营成本/周转次数

存货=（年燃料费+年其他材料费）/周转次数

现金=（年工资及福利费+年其他费用+年保险费）/周转次数

应付账款=（年燃料费+年其他材料费+年水费）/周转次数

周转次数=360天/最低周转次数

建设项目资金分为资本金和债务资金。资本金指在项目总投资中，由投资者认缴的出资额，项目资本金占建设项目资金的比例应符合国家法定的资本金制度。债务资金指项目总投资中以负债方式从金融机构、证券市场等资本市场取得的资金，项目法人在筹措债务资金时，应明确债务条件，包括利率、宽限期、偿还期、偿还方式及担保方式等。

总成本费用指项目在生产经营过程中发生的物资消耗、劳动报酬及各项费用。包括生产成本和财务费用两部分。总成本费用可分解为固定成本和可变成本。固定成本指在一定范围内与电、冷热产量变化无关，其费用总量固定的成本，一般包括折旧费、摊销费、工资及福利费、修理费、财务费、其他费用及保险费；可变成本指随着电、冷热量变化而变化的成本，主要包括燃料费、用水费、材料费、排污费等。

生产成本包括燃料费、用水费、材料费、工资及福利费、折旧费、摊销费、修理费、排污费、其他费用及保险费等。

燃料费指电力生产所耗用的燃料费用，应考虑全年平均工况。

燃料费=发电量×发电标准气耗×天然气标准单价

用水费指电力生产所耗用的购水费用，按消耗水量和购水价格计算。

用水费=消耗水量×水价

材料费指生产运行、维修和事故处理等耗用的各种原料、材料、备品备件和低值易耗品等费用。

材料费=发电量×单位发电量材料费

工资及福利费指电厂生产和管理人员的工资和福利费，按全厂定员和全厂人均年工资及福利费系数计算。福利费系数指以人均工资总额为基数计取的五险一金中由职工个人缴付的部分系数总和。

工资及福利费=全厂定员×人均工资总额×（1+福利费系数）

折旧费指固定资产在使用过程中，对磨损价值的补偿费用，按年限平均法计算。投产年度，年折旧费按该年燃料耗量占达产年燃料量的比例进行折减。

年折旧费=固定资产原值×折旧率

折旧率=（1-固定资产残值率）/折旧年限×100%

年摊销费用指无形资产及其他资产在有效期内的平均摊入成本。

年摊销费用=无形资产及其他资产/摊销年限

修理费指为保持固定资产的正常运转和使用，对其进行必要修理所发生的费用，修理费按预提的方法计算。修理费计算中的固定资产原值应扣除所含的建设期利息。

修理费=固定资产原值（扣除所含的建设期利息）×修理提存率

排污费指机组在运行期间对外界排放污染物按当地环保部门规定所征收的费用。

排污费用=排放量×排放单价

保险费可以按保险费率进行，即以固定资产净值的一定比例计算，另外也可以按每年固定的额度计算

6.2.2 财务评价

财务评价是项目分析与评价中判定项目财务可行性所进行的一项重要工作，是项目经济评价的重要组成部分，是投融资决策的重要依据。

1. 财务评价的概念和作用

财务评价是在现行会计规定、税收法规和价格体系下，通过财务效益与费用的估算以及编制财务辅助报表的基础上，编制财务基本报表，计算财务分析指标，考察和分析项目的盈利能力、偿债能力和财务生存能力，判断项目的财务可行性，明确项目对财务主体的价值及对投资者的贡献，为投资决策融资决策提供依据。

财务评价是项目评价的重要组成部分。项目评价应从多角度、多方面进行，对于项目前评价、中评价和后评价，财务评价都是必不可少的重要内容之一。在项目的前评价—决策分析与评价的各个阶段中，包括机会研究报告、项目建议书、初步可行性研究报告、可行性研究报告，财务评价都是很重要的组成部分。

2. 财务评价的方法

通过编制财务分析基本报表，计算财务指标，分析项目的盈利能力、偿债能力和财务生存能力，判断项目的财务可接受性，明确项目对项目投资方的价值贡献，为项目决策提供依据。财务分析基本报表包括：现金流量表、利润与利润分配表、财务计划现金流量表和资产负债表。

（1）现金流量表是反映项目在建设和运营整个计算期内各年的现金流入和流出，进行资金的时间因素折现计算的报表。

（2）利润与利润分配表反映项目计算期内各年销售收入、总成本费用、利润总额等情况，以及所得税后利润的分配，用于计算总投资收益率、项目资本金净利润率等指标。多能互补分布式能源项目的利润分为利润总额和净利润。

利润总额=销售收入–总成本费用–城市维护建设税和教育附加费+补贴收入

补贴收入指与收益相关的政府补贴，包括先征后返的增值税，以及属于财政扶持而给予的其他形式的补贴等。

（3）财务计划现金流量表反映项目计算期内各年的投资、筹资及经营活动的现金流入和流出，用于计算累计盈余资金，分析项目的财务生存能力。拥有足够的经营净现金流量是财务可持续的基本条件；各年累计盈余资金不出现负值是财务生存的必要条件。

（4）资产负债表反映项目计算期内各年年末资产、负债及所有权益的增减变化及对应的关系，计算资产负债率、流动比例和速冻比例。

（5）盈利能力分析的主要指标包括财务内部收益率（FIRR）、财务净现值（FNPV）、项目投资回收期、总投资收益率（ROI）、项目资本金净利润率（ROE）。

1）财务内部收益率（FIRR）指项目在计算内各年净现金流量现值累计等于零时的

折现率，是考察项目盈利能力的主要动态评价指标，可按式（6-19）计算。

$$\sum_{t=1}^{n}(\mathrm{CI}-\mathrm{CO})_t(1+\mathrm{FIRR})^{-t}=0 \tag{6-19}$$

式中　CI ——现金流入量；

CO——现金流出量；

$(\mathrm{CI}\text{-}\mathrm{CO})_t$——$t$ 期的净现金流量；

n ——项目计算期。

求出的 FIRR 应与行业的基准收益率（i_c）比较，当 FIRR≥i_c时，应认为项目在财务上是可行的。

电力行业还可通过给定财务内部收益率，测算项目的上网电价，与政府主管部门发布的当地标杆上网电价对比，判断项目的财务可行性。一般地，项目投产期、还贷期和还贷后为单一电价，即经营期平均电价。

2）财务净现值（FNPV）指按行业基准收益率，将项目计算期内各年的净现金流量折现到建设期初的现值之和，是反映项目在计算期内盈利能力的动态评价指标，可按式（6-20）计算。

$$\mathrm{FNPV}=\sum_{t=1}^{n}(\mathrm{CI}-\mathrm{CO})_t(1+i_c)^{-t} \tag{6-20}$$

财务净现值不小于零的项目是可行的。

3）项目投资回收期指以项目的净收益回收项目投资所需要的时间，是考察项目财务上投资回收能力的重要静态评价指标。投资回收期（以年表示）宜从建设期开始算起，可按式（6-21）计算。

$$\sum_{t=1}^{P_t}(\mathrm{CI}-\mathrm{CO})_t=0 \tag{6-21}$$

投资回收期可用项目投资现金流量表中累计净现金流量计算求得，可按式（6-22）计算。

$$P_t=T-1+\left|\sum_{i=1}^{T-1}(\mathrm{CI}-\mathrm{CO})_i\right|\Big/(\mathrm{CI}-\mathrm{CO})_T \tag{6-22}$$

式中　T——各年累计净现金流量首次为正值或零的年数。

投资回收期短，表明项目投资回收快，抗风险能力强。

4）总投资收益率（ROI）指项目达到设计能力后正常年份的年息税前利润或运营期内平均息税前利润（EBIT）与项目总投资（TI）的比率，表示总投资的盈利水平，可按式（6-23）计算。

$$\mathrm{ROI}=\frac{\mathrm{EBIT}}{\mathrm{TI}}\times100\% \tag{6-23}$$

式中　EBIT ——项目正常年份的年息税前利润或运营期内年平均息税前利润；

TI——为项目总投资。

总投资收益率高于同行业的收益率参考值，表明用总投资收益率表示的盈利能力满足要求。

5）项目资本金净利润率（ROE）指项目达到设计能力后正常年份净利润或运营期内平均净利润（NP）与项目资本金的比率，表示项目资本金的盈利水平，可按式（6-24）计算。

$$ROE = \frac{NP}{EC} \times 100\% \quad (6\text{-}24)$$

式中 NP ——项目正常年份的年净利润或运营期内年平均净利润；

EC ——项目资本金。

6）项目资本金净利润率高于同行业的净利润率参考值，表明用项目资本金净利润率表示的盈利能力满足要求。

（6）偿债能力分析的主要指标包括利息备付率（ICR）、偿债备付率（DSCR）、资产负债率（LOAR）、流动比率和速动比率。

利息备付率（ICR）指在借款偿还期内的息税前利润（EBIT）与应付利息（PI）的比值，表示利息偿付的保障程度指标，可按式（6-25）计算。

$$ICR = \frac{EBIT}{PI} \quad (6\text{-}25)$$

式中 EBIT ——息税前利润；

PI ——计入总成本费用的应付利息。

利息备付率应分年计算。利息备付率高，表明利息偿付的保障程度高。

偿债备付率（DSCR）指在借款偿还期内，用于计算还本付息的资金（EBITAD-T_{AX}）与应还本付息金额（PD）的比值，表示可用于还本付息的资金偿还借款本息的保障程度指标，可按式（6-26）计算。

$$DSCR = \frac{EBITAD - T_{AX}}{PD} \quad (6\text{-}26)$$

式中 EBITAD ——息税前利润加折旧和摊销；

T_{AX} ——企业所得税；

PD——应还本付息金额。

应还本付息金额包括还本金额和计入总成本费用的全部利息，融资和租赁用可视同借款偿还。运营期内的短期借款本息也应纳入计算。

偿付备付率应分年计算。偿债备付率高，表明可用于还本付息的资金保障程度高。

资产负债率（LOAR）指各期末负债总额（TL）与资产总额（TA）的比率，是反映项目各年所面临的财务风险程度及综合偿债能力的指标，可按式（6-27）计算。

$$LOAR = \frac{TL}{TA} \times 100\% \quad (6\text{-}27)$$

式中 TL ——期末负债总额；

TA ——期末资产总额。

项目财务分析中，在长期债务还清后，可不再计算资产负债率。

流动比率是流动资产与流动负债之比，反映项目法人偿还流动负债的能力，可按式（6-28）计算。

$$流动比率=\frac{流动资产}{流动负债} \tag{6-28}$$

6.3　多能互补分布式能源系统综合评价方法

多能互补分布式能源系统综合评价是综合热力学、社会学、经济学、系统论等多门学科的系统评价分析，其评价的指标体系是一个多层次、多目标的评价指标集合[2]。多能互补分布式能源系统综合评价是将不同属性以及量级指标进行多目标综合评价，将这些复杂的指标进行综合评价需考量不同因素的影响，评价时应将定性因素与定量因素整体考虑。

模糊量化层次评价方法是将与评价有关的元素分解成基础层、性能层、决策层三层，在此基础上进行定性和定量分析的评价方法。这种方法的特点是在对复杂的评价问题的本质、影响因素及其内在关系等深入分析的基础上，利用一定的定量信息使评价的思维过程数字化，利用具有严密逻辑性的数学方法可尽量剔除主观成分。其关键在于不割断各个因素对结果的影响，而层次分析法中每一层的权重设置最后都会直接或间接影响到结果，而且在每个层次中的每个因素对结果的影响程度都是量化的。特别可应用于多目标、多准则或无结构性的难于完全定量的复杂评价问题。

模糊量化层次评价方法的基本原理，首先是将要评价的问题分层次系列化，即根据问题的性质和要达到的目标，将问题分解为不同的组成因素，按照因素之间的相互影响和隶属关系将其分层聚类组合，形成一个递阶的、有序的层次结构模型，然后对模型中每一层此因素的相对重要性根据人们客观现实的判断给予定量表示，再利用数学方法确定每一层此因素相对重要性次序的权重。最后通过综合计算各层因素相对重要性的权重，得到各评价对象相对于总目标的相对重要性次序的组合权重，以此作为评价的依据。其基本步骤为：①明确问题，对指标进行分类，建立具有层次性的评价指标体系，建立层次结构模型；②通过专家打分或用户自身的意愿将同类指标两两进行重要性对比，构造判断矩阵；③层次单排序及一致性检验；④层次总排序及一致性检验。

（1）重要度的判断，考察X因素与Y因素的重要性程度，如表6-3所示。

表6-3　　重要程度判断表

重要程度	说明	X/Y	Y/X
X和Y“同等重要”	X，Y对总目标有相同重要	1	1
X和Y“稍微重要”	X的重要稍大于Y，但不明显	3	1/3
X和Y“明显重要”	X的重要明显大于Y，但不十分明显	5	1/5
X和Y“强烈重要”	X的重要十分明显大于Y，但不特别突出	7	1/7
X和Y“绝对重要”	X的重要以压倒优势大于Y	9	1/9
X和Y介于各等级之间	相邻两判断的折中	2，4，6，8	1/2，1/4，1/6，1/8，

（2）构造判断矩阵，设 $\boldsymbol{X}=\{x_1,x_2,\cdots,x_n\}$ 是全部因素的集，按表 6-3 所列各项的意义，对全部因素作两两之间的对比，构造矩阵 $\boldsymbol{C}=(c_{ij})_{n\times n}$，其中 $c_{ij}=f(x_i,x_j)$，并称 $\boldsymbol{C}$ 为判断矩阵，即为：

$$\boldsymbol{C}=\begin{bmatrix} c_{11} & c_{12} & \cdots & c_{1n} \\ c_{21} & c_{22} & \cdots & c_{2n} \\ \vdots & \vdots & & \vdots \\ c_{n1} & c_{n2} & \cdots & c_{nn} \end{bmatrix}(c_{i,i}=1) \tag{6-29}$$

（3）计算权重 a_i，根据判断矩阵 $\boldsymbol{C}$，计算它的最大特征根 $\lambda_{\max}$，并求出矩阵 $\boldsymbol{C}$ 关于 $\lambda_{\max}$ 的特征向量 $\varepsilon=(x_1,x_2,x_3,\cdots,x_n)$，经过归一化处理后的 x_i 就是各因素的权重，即 $A=\{a_1,a_2,a_3,\cdots,a_n\}$ 至此，上述定性的因素就实现了定量化。

将模糊量化层次分析法应用于多能互补分布式能源系统分为三部分，多目标综合评价模型流程图如图 6-1 所示。

第一部分为指标体系的建立，对指标参数筛选应依据系统性、可实用性、层次性、独立性、定量与定量相结合特点进行。即从多能互补分布式能源系统能源利用、经济评价等方面分不同子目标考察系统与各子系统、各子系统之间以及系统与环境、系统与社会的复杂关系及相互作用，分析在不同外部环境和内部要求的条件下，各目标对系统影响的权重。

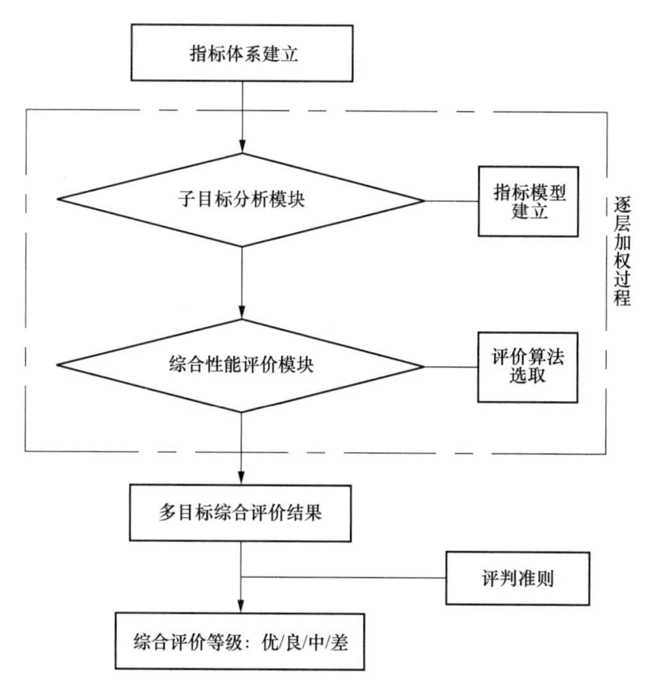

图 6-1　多目标综合评价模型流程图

第二部分是目标综合评价模型建立。

（1）调研并分析多能互补分布式能源系统运行数据、用户侧负荷以及经济数据，作为基础数据。

（2）解析各子系统，提取建模素材。

（3）按多目标评价方法各子目标对应的评价指标对数据的要求，在系统各子系统布置测点，对应各评价指标的参数测试。

（4）根据测试及统计数据，按各评价指标的计算模型计算指标参数。

（5）将指标参数按多目标评价方法体系输入综合评价模型进行计算，得出评价结果。

（6）根据判定准则给出系统的综合评价等级。

第三部分是将各综合评价结果进行分析，并针对各自特点提出相应的系统综合指标优化技术方案，从不同指标层面进行优化提升。

参考文献

[1] 林世平，李先瑞，陈斌. 燃气冷热电分布式能源技术应用手册［M］. 北京：中国电力出版社，2014.

[2] 白树伟，甘中学. 分布式能源系统综合评价方法及评价指标体系［J］. 煤气与热力，2016，36（1）：31-36.

7 多能互补分布式能源智能控制技术

分布式电压的大规模接入使得传统单向、无源的配电网成为双向、有源电网，带来电压稳定、继电保护、短路电流、电能质量等一系列问题。随着分布式电源总体容量增大，配电网在个别时段反向送电输电网，改变电网潮流流向及分布[1]。这些对电网调度管理运行都将带来强大的挑战，需要信息通信、自动化控制等学科交叉发展。在多能互补及能源互联网的发展过程中，先进测量技术是一个重要的支撑基础设施。多能互补分布式能源智能控制技术将成为用户接入能源互联网的入口，是实现信息流和能量流耦合的基础。

7.1 先进测量技术

先进测试技术是对被测对象的参量进行测量，将测量信息进行采集、变换、存储、传输、显示和控制的技术，是能大量储存和快速处理信息的计算机技术和传输信息的通信技术的综合。现代制造技术在向精密化、极端化、集成化、智能化、网络化、数字化、虚拟化方向的发展过程中，促进了相应的先进测试技术的发展。现代制造技术的快速进步引发了许多新型计测问题，推动着传感器、测试计量仪器的研究与发展，促使测试技术中的新原理、新技术、新装置系统不断出现。

7.1.1 传感器技术

1. 传统传感器

以超声波作为检测手段，超声波探头必须产生超声波和接收超声波。超声波探头主要由压电晶片组成，将电能转变成机械振荡而产生超声波，同时可以接收超声波转变成电能，从而检测对象。

传统传感器技术经过长期的开发研究已形成一套相对成熟的理论和技术，产品类型繁多，应用模式完善，有较为成熟的应用解决方案，在电力系统、工业电气、石油化工和计算机等领域中广泛应用[2]。这种传统的电气型传感器按照技术原理可以分成以下 7 种类型：①电阻应变式传感器；②电容式传感器；③电感式传感器；④磁电式传感器；⑤压电式传感器；⑥热电式传感器；⑦光电式传感器。

2. 光纤传感技术

光纤传感技术主要是利用光纤本身的物理特性，即把光纤作为敏感元件，通过利用被测量对光纤内传输的光进行调制，使传输的光强度、相位、频率或偏振态等特性发生变化，再通过对被调制过的光信号进行解调，从而获取被测信号的量值。因此根据光纤传感器测量的原理不同可把光纤传感器分为光强度调制型、光相位调制型、光偏振调制型、光频率调制型和光波长调制型5种传感类型。

3. 超声波传感技术

利用高灵敏的超声定位功能，可以监测局部放电时的超声信息源，从而确定电力变压器绝缘故障位置；绝缘子污秽放电对电力系统危害极大，绝缘子污秽击穿产生超声波信号，可以利用这个特点实现绝缘子的污秽程度有效预警；风电场周围环境多是气候恶劣、气温变化剧烈的无人地区，超声波风速风向传感器没有运动单元，具备适应高风速、低温度及大风沙等恶劣的环境能力。

4. 生物传感技术

生物传感技术已经在食品工业、医学、环境监测、发酵工业等领域得到应用。随着电力行业环境保护要求的提高，利用生物传感器在电力行业环境监控、污染物监测分析、电力电缆的绝缘监测分析及发电厂的微环境监测等方面具备广泛的应用空间。

5. 电荷耦合器件（charge coupled device，CCD）传感技术

通过获取和识别几何形状和空间信息，实现与测量数据互补性补充，可作为现有电力自动化系统的辅助信息。CCD传感器可以监测设备的热状态信息，如监测过载的高温母线、电缆及刀开关，监测绝缘材料及金属部件的击穿或漏电程度，以及在位移检测、损伤探知等方面也有应用。CCD可作为对象状态的视觉类数据，与对象量化数据联动，实现高可靠性保障。

7.1.2 测量关键技术

（1）在线测试与机电系统的集成化。要求测试技术从传统的非现场、事后测试，进入制造现场，参与到制造过程，实现现场在线测试，促进现代制造系统的集成化与智能化，为制造业信息化工程的推进、实施现代集成制造系统奠定技术基础。

（2）测试系统的网络化与智能化。当测试仪器系统进一步实现了网络化以后，仪器资源将得到很大的延伸，其性能价格比将获更大的提高，机械工程测试领域将出现一个更加蓬勃发展的新局面。

（3）测试信息的集成与多信息融合。传统机械系统和制造中的测试问题，主要面对几何量的测试，涉及的测量信息种类比较单一。当前复杂机电系统功能扩大，精确度提高，系统性能涉及多种参数，测试问题已不局限于几何量，往往包含多种类型被测量，如力学性能参数、功能参数等。测量信息种类多、信息量大是现代制造系统的重要特征，信息的可靠、快速传输和高效管理以及如何消除各种被测量之间的相互干扰，从中挖掘多个信息融合后的目标信息将形成一个新的研究领域，即多信息的集成与融合。

（4）虚拟测试与虚拟仪器。虚拟测试技术是面向虚拟制造的测试技术，虚拟测试系统使产品从虚拟设计开始就处于系统中，以便有针对性的选择材料和设计结构。当进行零件的虚拟加工时，可以在相应的虚拟测试系统中，进行切削加工过程仿真、特种加工过程仿真、制造过程仿真和装配仿真，并虚拟测试有关的应力、变形、温度、形状、尺

寸等，为零件虚拟加工提供足够充分的信息。

7.1.3 测量技术发展趋势

一是智能化，两种发展轨迹齐头并进。一个方向是多种传感功能与数据处理、存储、双向通信等的集成； 另一个方向是软传感技术，即智能传感器与人工智能相结合。

二是可移动化，无线传感网技术应用加快。无线传感网技术的关键是克服节点资源限制，并满足传感器网络扩展性、容错性等要求。

三是微型化，MEMS 传感器研发异军突起。随着集成微电子机械加工技术的日趋成熟，EMS 传感器将半导体加工工艺引入传感器的生产制造，实现了规模化生产，并为传感器微型化发展提供了重要的技术支撑。

四是集成化，传感器集成化包括两类：一种是同类型多个传感器的集成，另一种是多功能一体化。

五是多样化，新材料技术的突破加快了多种新型传感器的涌现。新型敏感材料是传感器的技术基础，材料技术研发是提升性能、降低成本和技术升级的重要手段。传感器发展前景和应用领域正在不断扩大，无论是自动化产业还是智慧城市建设，包括物联网发展趋势等，都在向人们昭示着传感器产业将迎来多么辉煌的发展。

全面精确的态势感知是实现高效管理调度的基础。与传统电网环境下的能量管理系统相比，能源互联网环境下能量管理系统需要考虑的能源类型更多、可以检测的物理设备范围更广、粒度更细、频率更高，对“即插即用”要求更严[2]。因此，需要在自动抄表技术（automatic meter research，AMR）基础上，发展更加先进的智能感知技术、高级量测传感器、通信技术、传感网络系统以及相关标识技术，制定量测传递技术标准。除采用以上的侵入式检测方式外，也可采用基于统计模型、结构模型、模糊模型等模式识别方法，基于 George Hart 的稳态功率检测法，基于谐波特性的电流检测法等非侵入式检测方法识别负载特征、建立用户的用能行为模型，以低成本、小干扰的模式实现精确量测。建立多能计量，集数据存储、数据分析、信息交互为一体的能源互联网智能化监测平台。

7.2 多能互补综合能量管理系统

多能互补综合能源管理系统可以看作是通过对内部能源的生产、传输、调度、转换、存储及消费等环节进行优化协调，经过分析规划、运行控制等过程，形成的能源“生产-供能-消费”联动一体的系统。由于能源系统中电、热、冷、气等不同类型的独立能源性能各异，管理相对分离，造成能源系统的稳定运行依赖于能源管理有效地综合互补利用。

为了实现综合能源管理，一方面需要建立合理的功能框架，利用通信、大数据、云计算等技术实现不同能源之间的互动以及不同用户之间的互动；另一方面需要通过数据分析与数学建模实现不同类型能源间的协调控制，使主网、能源、负荷及储能装置之间通过实时及优化调度实现多能互补。

7.2.1 多能互补综合能量管理系统功能框架

从区域多能互补分布式能源循环经济体系的构想出发，结合区域经济发展情况，构建相应的智慧能源多能互补综合能源管理系统，系统包含能量管理中心系统、分布式能源监控系统和负荷监控系统两个主要部分。其中，能量管理中心系统负责管理主电网能源管理系统与区域能量系统之间的通信。通过对本地各分布式能源以及负荷的控制系统动态监测，能量管理中心系统运用合适的运行控制策略对各分布式能源及负荷实行动态控制，合理调配能源输出，实现多能互补综合能源管理系统内的稳定、经济运行。

除了智能通信网络外，可以将控制底端装置大致分成能源供应侧和用户需求侧两个部分。

（1）能源供应侧。能源供应侧主要由分布式清洁能源、柴油机组以及燃气机组等能源构成。在多能互补综合能源管理系统中运用大数据思维，将能源供应侧相关数据通过采集、传输、存储、处理与分析等相关技术的应用，对能源供应侧的生产方式、能量传输以及实时运行等过程进行合理地调整，提高整体系统的能源利用率[3]。

（2）用户需求侧。在用户层面，多能互补综合能源管理系统采用多能源智能管理等技术，根据用户用能数据分析结果，对用户用能进行智能管理和实时调控，进一步实现供需侧之间的协调互动。通过对用户侧的用能情况进行实时监测，同时考虑环境、市场价格及用户用能习惯等因素，对各类型能量单元的工作状态进行调节和管理，改善用户需求侧的整体能源消费曲线，获得额外的经济效益[4]。

1. 多能互补综合能源管理系统功能架构

综合能量管理系统以先进的计算机通信等技术，通过对分布式能源、负荷以及储能装置的灵活调度，实现能量综合优化管理的平台。综合能量管理系统应包括信息感知与智能处理、源-荷双端预测、智能应用以及智能决策与控制等功能，对应的功能结构图如图 7-1 所示，总体的功能架构大致分为以下三个部分[5]：

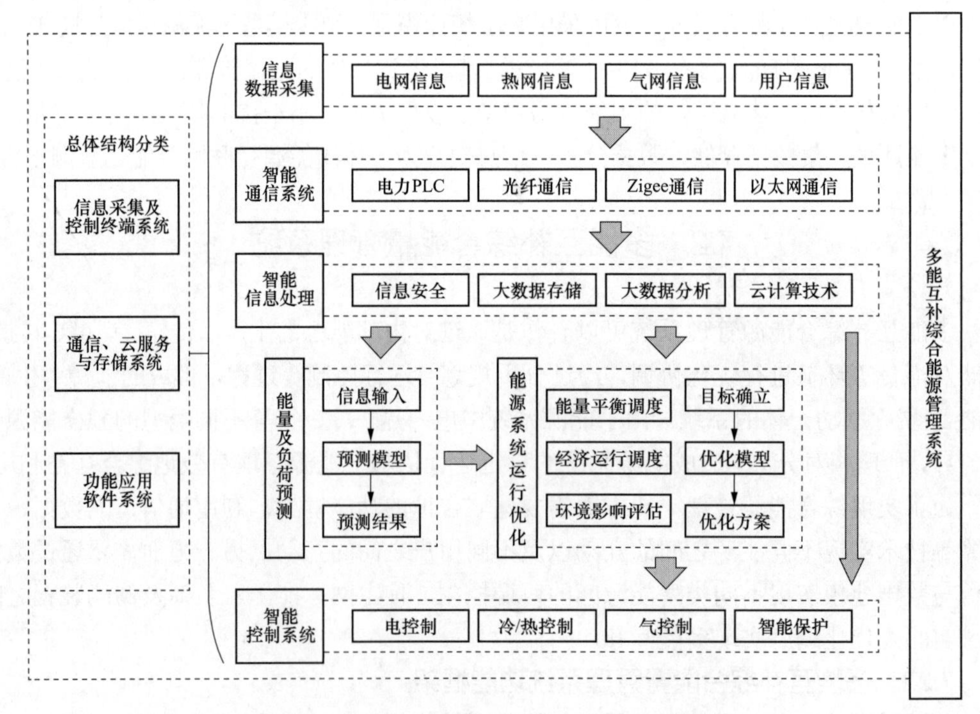

图 7-1 多能互补综合能源管理系统功能架构

（1）信息采集及控制终端系统。终端内的热力网、天然气网、发电设备、储能装置以及各种负荷信息的数据采集和处理由信息采集及控制终端系统完成，实现对能源网各环节的信息传感采集以及用能设备的物联接入。

（2）通信、云服务与存储系统。终端系统将数据通过通信网络传输至本地服务器或是云服务器中，云平台在大数据、云计算等技术的基础上实现大量数据的实时分析与分类储存，实现信息的有效传输与调度管理。

（3）功能应用软件系统。综合能量管理平台基于数据分析计算等技术，采用分层、分块的设计思路通过功能应用软件进一步实现系统实时监测、能量及负荷预测、能源优化调度控制等功能[6]。

以图 7-1 所示的多能互补综合能源管理系统功能架构为基础，在各种硬件设备的基础上开展综合能源系统给信息采集，通过对大量数据实行交换、储存与管理，实现能源互动，系统的功能优化规划[6]，实现如下功能：

（1）能源最优调度。多能互补综合能源管理系统能够通过采集的数据信息制定能源控制策略，计算出各个能源的生产方式以及相关生产企业调节生产比例，实现优化多能互补，节约能源。

首先针对能源需求侧，多能互补综合能源管理系统通过实时监控终端部分的天气、人口以及基础设施中的耗能设备的数据信息，用逻辑计算等方式计算出未来一段时间内的区域用能需求，从而实现用户能源需求预测。再将估算出的结果提供给供能单位，供能单位能够及时调整生产输出。接下来针对能源生产侧，供能单位根据能源需求侧提供的预测结果制定对应的生产计划。多能互补综合能源管理系统依据相应能源分配输出原则协调分配各个能源的生产输出量。

（2）用能分析与互动。在多能互补综合能源管理系统规划下，系统内能源市场主体主动维持能源的供需平衡，实现不同能源生产者、能源用户之间的用能互动。同时，用户也可以通过软件了解设备用能数据信息，依据多个能源市场的价格结合自身情况对使用需求和用能习惯进行调节，优化用能方式，降低成本。而且可增加系统调节的灵活性，加深用户在能源管理系统运行中的参与程度，进而增强系统供能的可靠性。

（3）运行监测。多能互补综合能源管理系统通过监测系统，实时监测并提供多种能源的数据及动态图形显示。其中包括全区能源系统总览、显示各表读数动态（电、气、热水等）、显示各表辅助参数动态（电压、电流、温度、流量等）、显示数据趋势及跟踪记录等。

（4）安全经济运行。为了保证系统安全运行，多能互补综合能源管理系统从电力、燃气、报表等方面对系统安全经济运行进行监控及分析。

1）电力安全经济运行：负荷特性分析，用电风险分析，停电设备、范围及大面积模拟分析等。

2）燃气安全经济运行：供需平衡分析，燃气爆管风险分析等。

3）报表统计分析：介质能耗总量、最大、平均需求量等。

除了上述功能外，多能互补综合能源管理系统可以根据大数据及用户需求对效果和效率进行优化，引入能源大数据挖掘分析功能，进一步辅助决策和数据深入，也可以基于地理信息系统（geography information system，GIS）实施地图管理、管网分析与维护等功能。

通过上述功能简述可知，多能互补综合能源管理系统以多能互补协同理念为基础，通过多种通信手段促进能源与用户之间的互动管理，充分发挥各种能源的使用潜力，提升系统综合化能源使用效率，实现能源生产及用户需求侧模式的创新，深入发展能源供需侧的互动调节。

2. 多能互补综合能源管理系统供能关系架构

多能互补系统中的能源形式与传统的电力系统相比类型更为丰富，其中可包括天然气、生物质、太阳能、风能以及各种储能装置等，因此能源形式以及负荷形式的多样化导致区域内各个层次元素的差异以及各层间连接关系的不一致，系统具体的供能关系如图 7-2 所示[7]。

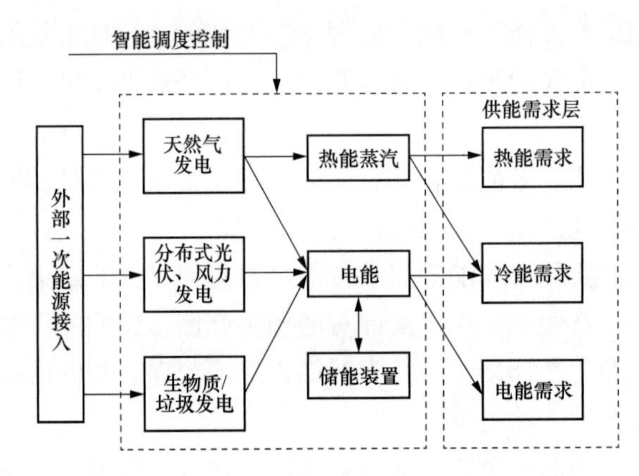

图 7-2　多能互补分布式能源系统供能关系

由图 7-2 可知，如何在多能互补模式下合理有效地对各种类型的能源形式进行规划控制和优化调度等成为多能互补需要重点发展的关键技术。在供能端将不同类型的能源形式进行有效的整合，不仅能够提高能源的利用效率，而且在用能端将电、热、冷等不同能源系统进行优化耦合，同时综合考虑经济性以及用户的舒适性，提供安全可靠的能源，促进能源利用最大化[8]。

多能互补系统内部存在多种能源供能模式，可对各模式之间关系进行分析：

（1）电能需求供应。在电能需求供应方面，关键在于如何协调传统电网、分布式能源以及储能装置之间的供应关系。多能互补系统中通常以新能源发电为主，传统电网提供供电保障，储能装置进行合理调节，三者共同保证系统供电的稳定性。

（2）热能需求供应。在热能需求供应方面，在用热需求较小的夏季通常使用太阳能空调系统，在用热需求较大的冬季通常使用地源热泵系统、蓄热电锅炉系统、太阳能空调系统共同集中供暖。

（3）冷能需求供应。在冷能需求供应方面，在用冷需求较大的夏季通常使用地源热泵系统、冰蓄冷系统、太阳能空调系统以及常规制冷共同集中供冷。

上述供能需求的合理供应均由能量调控中心进行统一分配，保证系统在多种能源供能模式下维持稳定性与高效性，提高供电的可靠性，提升供电质量[9]。

3. 不同时间管理尺度功率管理架构

在多能互补综合能源系统控制中，借鉴电力系统传统控制方式，从电力的角度可以将其分为几个控制层面：

（1）零级控制：由分布式微源完成调节，单个可调度分布式微源的系统内部协调控制，使分布式能源完成上级控制所要求的输出功率，提高控制效率。

（2）一级控制：由分布式微源完成调节，利用自身的控制（如下垂控制等），使各微源按照上级控制下达的指令有效分配系统中的瞬时的负荷变化。

（3）二级控制：由综合能量管理系统完成调节，以提高电能质量为目标，针对分钟级别的较大负荷波动进行控制。

（4）三级控制：由综合能量管理系统完成调节，结合负荷预测、功率预测、各分布式电源及负荷的分布情况、储能的剩余电量等信息，确定各个分布式能源的出力情况，并将结果通过通信的方式下达至各个分布式微源[10]。

由于多能互补综合能源系统中间歇比较突出的分布式能源较多，整体网架结构较传统电力系统较为薄弱，因此在综合能量管理的过程中，如何根据不同的时间尺度进行功率管理计划的设立成了重点之一。

从多能互补综合能量管理系统的层面来说，主要涉及二级以及三级控制。另外，考虑到分布式能源的波动性与随机性，而且随着时间尺度的减小，预测的精度升高，可采用人工调度与自动发电控制结合的方式。通常根据时间尺度将管理分成日前计划、滚动优化和超短期调节[11]，其多时间尺度架构如图 7-3 所示。

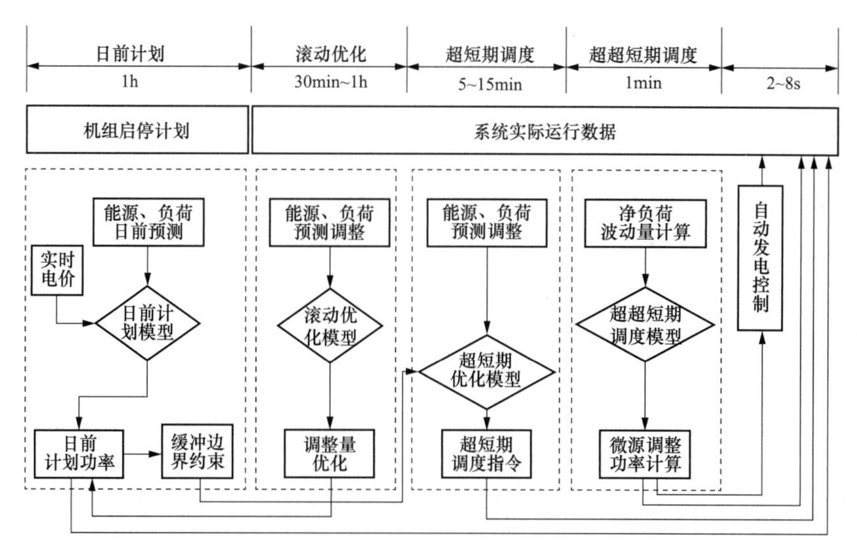

图 7-3　多能互补分布式能源系统多时间尺度架构

由图 7-3 可知，多能互补综合能源管理系统中根据不同时间尺度合理调整能源及负荷分配。

（1）日前计划。日前计划以小时为尺度，根据分布式能源的类型、负荷预测结果、实时电价等费用等因素，以安全经济运行为前提，优化各个分布式能源的输出功率，并合理地提供储能等备用容量。

（2）超短期调度。在实际系统运行中，日前计划往往存在一定程度的误差。为了避免出现功率失衡，采用超短期调度的方式，以 5～15min 为尺度对负荷情况实时跟踪，结合日前计划及时对各个能源的输出进行调节。

（3）超超短期调度。在超短期调度与自动发电控制之间加入以分钟为尺度的调度环节，进一步缓解能源与负荷发生较大变化时的波动量，系统稳定运行。

（4）滚动优化。滚动优化方式以 30min～1h 为尺度，利用终端采集的气象信息与系统信息对分布式能源输出和负荷进行预测，进一步调整调度尺度，解决日前计划与超短期调度时间跨度较大的问题。

可以将上述时间尺度总结为长期功率管理和短期功率管理。长期功率管理通过充分利用可再生分布式能源，有效地利用系统中储能设备，在保证系统稳定的前提下减少化石能源的使用。根据分布式电源的类别、发电耗费、环境等因素预测分布式电源输出，管理负荷需求并制定经济调度和优化运行控制策略。短期功率管理充分利用通信设备提供的实时跟踪负荷的信息以及长期功率管理给出的计划维持功率平衡。为避免功率失衡，在必要时可以进一步调整输出或者主动切除非重要负荷，实现系统电压和频率的维稳控制，满足系统的电能质量的要求[7]。

7.2.2 多能互补综合能源管理系统的建设方案

多能互补分布式能源系统作为一种新型的能源供给模式，可以视为在传统分布式能源系统基础上进一步的拓展。在能源系统内将各种不同形式的能源耦合输入，通过合理有效地规划与能源管理系统协同整合控制，在负荷集中区域采用就地发电，就地使用的方式，结合系统的经济效益、用户差异以及能量平衡等因素，最终实现具有多项产出功能和多种运输形式的多能互补分布式综合能源管理系统的建立[12]。

1. 多能互补综合能源管理系统规划方案

根据负荷需求以及资源分配等方面的不同要求，多能互补分布式能源系统规划的构建方案也存在一定的差异。

（1）一般住宅用户。一般的住宅用户引入的分布式能源通常以光伏发电为主要供能方式。在用户住宅的上方安装光伏电池方阵，由光伏发电装置和电网共同为住宅用户的电负荷实施供电。

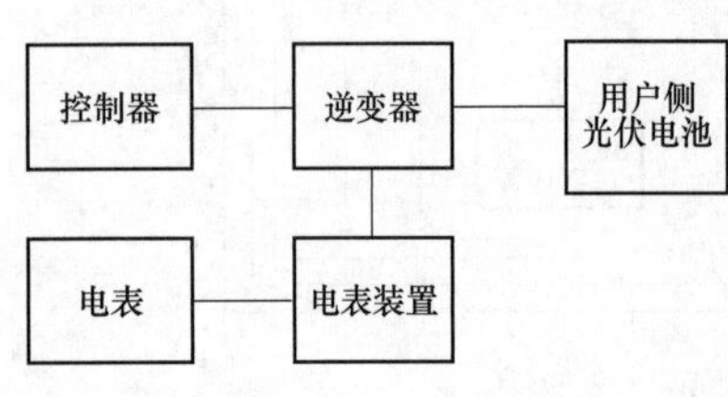

图 7-4 光伏发电系统简化结构框图

如图 7-4 所示为光伏发电系统简化结构框图，光伏发电系统一般由光伏电池装置、逆变器、控制器、电气箱以及电表构成。当光伏发电系统功率大于住宅用户的电负荷时，将超出的电量送入电网。反之，电网补充不足的部分。这种供电模式能够一定程度上降低电网供电负荷，提升电网的安全稳定性。

（2）大型公共建筑与负荷集中区域。对于大型公共建筑与负荷集中区域，一般考虑引入多种类型的可再生分布式能源协同实现区域内供能平衡与稳定[13]。

1）大型区域综合能源系统。如图 7-5 所示为大型区域综合能源系统规划方案，依据区域内变电站等设施，依照就近原则接入高比例的分布式光伏发电系统，并充分利用集中式燃气轮机热电联产装置与光储一体化充电站，将其作为多能互补综合能源系统的子系统进行调控，实现多能互补综合能源系统的冷热电高效运行以及可再生能源的就地使用的目标。

2）小规模区域综合能源系统。如图 7-6 所示为小型区域综合能源系统规划方案，结合区域内开关站建设规划，依照就近原则接入小规模分布式光伏发电系统，并充分利用燃气内燃机、溴化锂制冷等装置，采用能源梯级利用的方式提升局部能源子系统综合能效，同时通过区域内柔性负荷等灵活资源调控进一步提高多能互补能源系统的运行经济性。

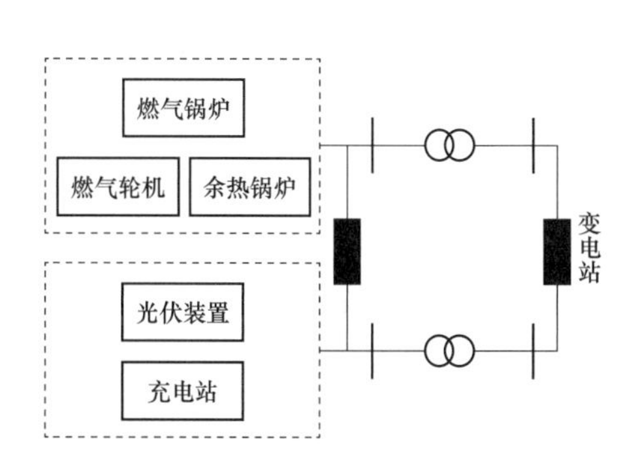

图 7-5　大型区域综合能源系统规划方案

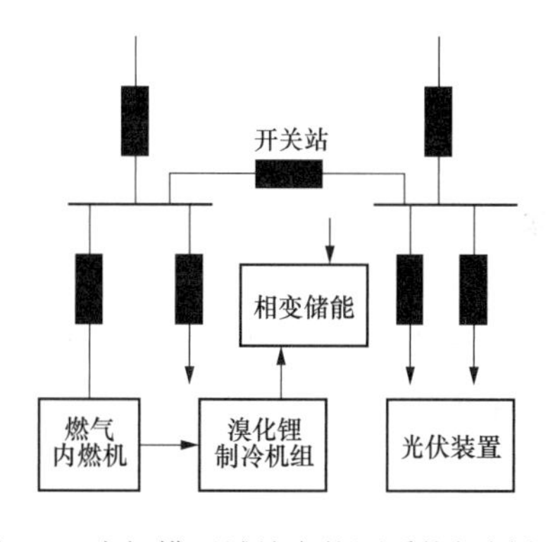

图 7-6　小规模区域综合能源系统规划方案

3）高可靠供能区域综合能源系统。如图 7-7 所示为高可靠供能区域综合能源系统规划方案，针对区域内存在的数据中心、医院等可靠用能负荷需求，可以配置燃气内燃机、分布式光伏、空气源热泵结合余热回收等供能系统，提高高负荷用能经济性同时通过区域柔性负荷、冷热电联供、电储能等多能流调控手段提高系统供电可靠性。

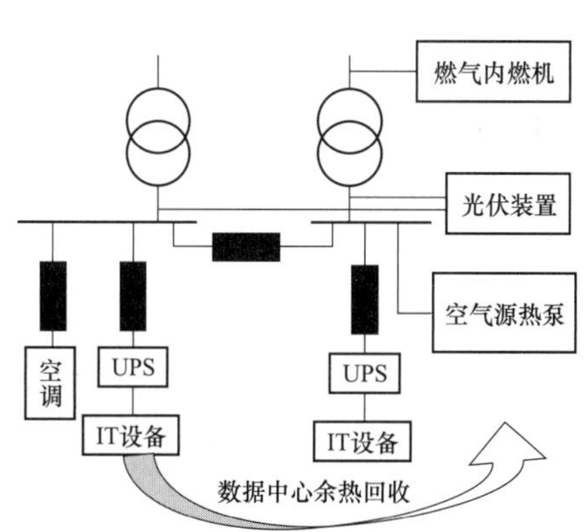

图 7-7　高可靠供能区域综合能源系统规划方案

4）大型区域公共设施综合能源系统。针对区域内的大型商业设施、停车场等公共服务设施负荷的建设计划，配置燃气内燃机、溴化锂制冷机组等能源设施满足绿色用能的基本需求。与此同时利用低压柔直系统、光储一体化充电站等装置共同解决充电设施、停车场智能管理系统等用能负荷部分的模式创新。

2. 多能互补综合能源管理调控方案

智慧能源多能互补综合能源管理系统的建设需要从实际需求出发，构建相应的能源管理平台，配合一体化调控体系来实现对于资源的优化配置，提升电网调控能力。管理系统中的应用系统通常布置在三个不同的安全分区，以安全区Ⅰ、安全区Ⅱ、安全区Ⅲ表示，三者分别代表实时区、非实时区和管理信息区，从保证系统运行安全的角度，需要严格依照相关规范，设置相应的安全防护措施。

安全区Ⅰ主要包括了监控与数据采集（supervisory control and data acquisition，SCADA）服务器、能源管理服务器、采集通信服务器、数据库服务器、系统网络和人机界面（man machine interface，MMI）子系统；安全区Ⅱ包括了数据库服务器、采集通信服务器、能效管理服务器、功率预测服务器、能源交易服务器以及 MMI 子系统等，能够完成调度计划制定、能源调度管理、实时数据监控、能源监测等功能。通过对系统的合理配置，可以实现对于储能站、电源等的调度工作，以及对于升压站的监控，通过统一操作和检修维护，减少了工作人员的数量，提高了工作效率，同时也能够促进电网运行成本的降低。厂站计算机监控系统可以经电力专网，实现与能源运行监测交易中心的信息传递，通过这样的方式完成对于能源运行监测交易中心的远程监控。而经数据通信网，监控系统还可以将视频信息传输到能源运行监测交易中心，同样能够为运行管理人员对各个站点的远程监控提供便利。用户侧数据的传递主要是通过专线或者公网进行，要求综合能源管理系统必须设置相应的通信接口，实现与区域电网调度端的有效连接[14]。

多能互补综合能源管理系统建设结构图如图 7-8 所示，各能源计算机以及用户侧监控系统将信息送至能源综合管控中心进而实现运行人员的远程监控。另外，多能互补综合能源管理系统也与电网调度端通信。

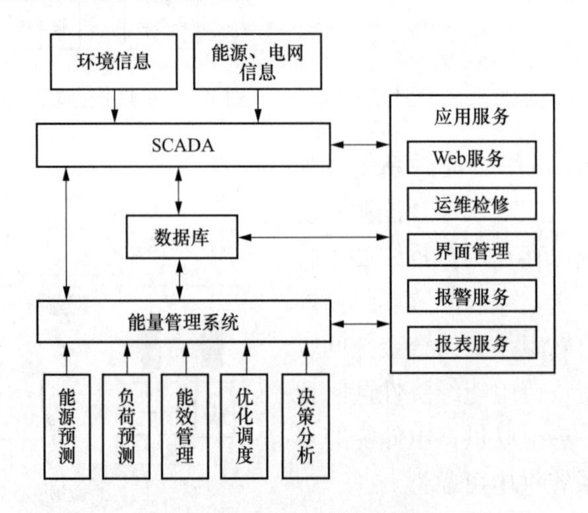

图 7-8　多能互补综合能源管理系统建设结构

7.2.3　多能互补综合能源管理系统的优化调度

在建设多能互补能源系统时，不仅要保证系统的经济性，同时也要提高对环境的友好程度，如何对系统实施优化调度成了需要研究的重要问题之一。

在多能互补系统中，优化调度的效果受到能源市场价格、分布式运行成本、排放成本等多种因素的影响，其系统内部能量管理技术、经济因素及环境因素三者之间的简略关系图如图 7-9 所示[15]。

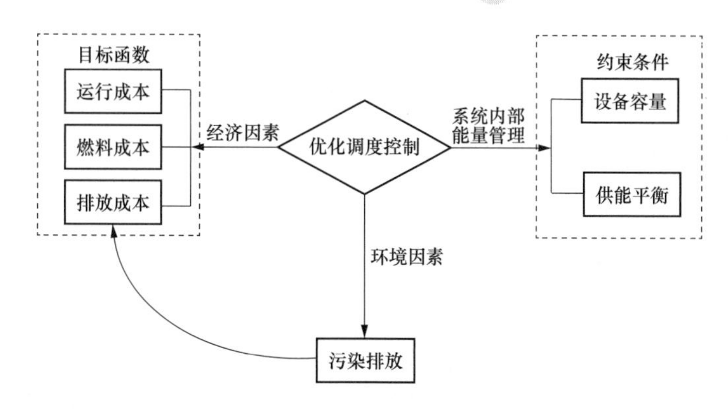

图 7-9　系统内部能量管理技术、经济因素及环境因素关系分析

如图 7-9 所示，为了实现多能互补系统处于高效、稳定、可靠以及经济的运行模式，需要通过合理地协调控制系统内各微电源的输出使得系统的综合成本实现最优化。下文将根据上述关系建立多能互补综合能源管理系统的经济环保优化调度模型并制定优化调度策略。

1. 优化调度数学模型

（1）多目标分析。为实现多能互补综合能源管理系统的经济稳定运行，首先需要建立系统优化调度的数学模型，如图 7-9 所示，将其分为约束条件和目标函数两大部分。其中，多能互补综合能源系统优化调度的主要目标包括：

1）系统中冷、热、电负荷的平衡情况。

2）各个分布式电源输出功率、储能装置的剩余容量、系统与主电网交互能量均维持在限制范围内。

3）分布式电源使用的燃料成本达到最少。

4）系统的环境治理排放成本最少。

5）系统的运维成本最少。

6）与主电网售购电的成本最少（主电网向系统注入功率则成本为正，反之则为负）。

其中，多能互补综合能源系统中的功率平衡由分布式电源输出功率、系统并网运行与主电网之间的交互功率、储能装置的充、放电功率以及系统接入的用户负荷决定。此外，系统内的冷/热负荷为“以冷/热定电”模式的基本依据。

在建立多能互补综合能源管理系统的数学模型时，可将上述优化调度目标分为两部分：

1）将目标 2）作为整个系统的约束条件。

2）目标 3）～7）作为系统调度控制的优化目标函数。

同时在多目标优化调度的过程中，随着各个控制目标对多能互补系统优化调度的影响程度的变化，对应控制目标的权重系数也会随之产生变化[16]。

（2）优化目标函数。多能互补系统中的成本可以基本分为运行维护成本、燃料成本、切负荷补偿成本以及系统与主电网之间的购售电成本四类。在此基础上，根据多能互补综合能源系统中的负荷需求、各分布式电源以及储能装置的关键指标，可围绕经济运行成本和环境污染治理成本两个优化目标进行进一步分析。

采用日前计划模型，对一天中系统内各个分布式电源输出功率做优化调度分析，多能互补综合能源系统环保经济运行的多目标函数如式（7-1）所示。

$$\min C=\omega_1 C_1+\omega_2 C_2 \tag{7-1}$$

式中 C——系统的综合成本；

C_1、C_2——表示系统的运行成本、环境污染惩罚成本；

ω_1、ω_2——两部分成本占综合成本的权重系数，一般两者之和满足 $\omega_1+\omega_2=1$。

1）经济运行成本。当系统以经济运行成本为目标时，其表达式如式（7-2）所示。

$$\min C_1=\sum_{t=1}^{T} C_f(t)+C_{om}(t)+eC_g(t)-C_{sh}(t)-C_{sc}(t)+bC_L(t) \tag{7-2}$$

式中 T——优化调度的整体时长；

$C_f(t)$、$C_{om}(t)$、$C_g(t)$、$C_{sh}(t)$、$C_{sc}(t)$、$C_L(t)$——分别表示在 t 时刻时，多能互补系统内分布式电源产生的燃料成本、运行维护成本、系统与主电网之间购售电成本、系统制热产生的收益、系统制冷产生的收益以及孤网独立运行模式下供能不足时系统切除负荷的补偿成本；

e、b——分别表示并网、孤岛的费用系数。

当系统处于并网运行模式下，系统与主电网之间存在购售电成本，此时取 e=1，b=0；当系统处于孤网独立运行模式下，如果系统内微电源的总输出并不能满足接入负荷的需求时，要切除部分负荷维持系统功率平衡，存在切除负荷补偿成本，此时取 e=0，b=1。

2）环境治理排放成本。当系统以环境治理排放成本为目标时，其表达式如式（7-3）所示。

$$\min C_2=\sum_{t=1}^{T}\sum_{k=1}^{M}10^{-3}C_k\left[\sum_{i=1}^{n} r_{ik}P_i(t)+\alpha r_{gk}CGP(t)\right] \tag{7-3}$$

式中 M——污染物排放的类型；

C_k——处理第 k 种污染物的惩罚成本（元/kg）；

r_{ik}、r_{gk}——分别表示第 i 台微电源排放类型为 k 时、在并网运行下外网排放类型为 k 时的排放系数，g/kWh。

（3）约束条件。依据上述多能互补综合能源系统优化调度的目标函数，进一步引入系统内的各种约束条件，相应的约束条件如下：

1）功率平衡约束条件：

$$\sum_{i=1}^{n} P_i(t)+P_{batt}(t)+P_g(t)=P_L(t)-\beta P_{CL}(t) \tag{7-4}$$

式中 $\sum P_i(t)$——在 t 时刻时，系统内各个微源的输出功率总和；

$P_{\text{batt}}(t)$——在 t 时刻时，蓄电池充放电功率；

$P_{\text{g}}(t)$——在 t 时刻时，系统与主电网之间交互功率，kW；

$P_{\text{L}}(t)$、$P_{\text{CL}}(t)$——分别表示在 t 时刻时，引入系统的总负荷的功率以及切除负荷的功率，kW；

β——在 t 时刻时，当系统并网模式运行时，取 $\beta=0$；当系统孤岛模式运行时，取 $\beta=1$。

多能互补综合能源系统必须能够满足功率平衡条件，进而实现系统的稳定运行。

2）冷/热负荷平衡约束条件。多能互补综合能源系统中的冷热电联供模式下除了用户用电需求外，也需要满足用户的用热用冷需求：

$$\begin{cases} Q_{\text{he}}=\sum_{k=1}^{M} Q_{\text{heat}}^{k} \\ Q_{\text{co}}=\sum_{k=1}^{M} Q_{\text{cool}}^{k} \end{cases} \tag{7-5}$$

$$\begin{cases} Q_{\text{heat}}^{\min} \leqslant Q_{\text{he}} \leqslant Q_{\text{heat}}^{\max} \\ Q_{\text{cool}}^{\min} \leqslant Q_{\text{co}} \leqslant Q_{\text{cool}}^{\max} \end{cases} \tag{7-6}$$

式中 M——系统冷热负荷数量；

Q_{he}、Q_{co}——分别表示为用户热负荷、冷负荷的需求；

Q_{heat}^{k}、Q_{cool}^{k}——分别表示第 k 个冷热电联供系统的供热量、供冷量；

$Q_{\text{heat}}^{\max}$、$Q_{\text{heat}}^{\min}$——分别为多能互补综合能源系统制热量上、下限值；

$Q_{\text{cool}}^{\max}$、$Q_{\text{cool}}^{\min}$——分别为多能互补综合能，源系统制冷量上、下限值。

3）分布式电源发出功率约束条件。

$$P_i^{\min} \leqslant P_i \leqslant P_i^{\max} \tag{7-7}$$

式中 $P_i^{\min}$、$P_i^{\max}$——分别表示系统内分布式电源发出功率的下、上限值，kW。

4）储能装置运行容量约束条件。

$$\begin{cases} \text{SOC}^{\min} \leqslant S_{\text{in}} - \sum_{t=0}^{T} P_{\text{batt}}(t) \leqslant \text{SOC}^{\max} \\ P_{\text{batt}}^{\min} \leqslant P_{\text{batt}}(t) \leqslant P_{\text{batt}}^{\max} \end{cases} \tag{7-8}$$

式中 $\text{SOC}^{\min}$、$\text{SOC}^{\max}$——分别表示储能装置的剩余容量下限、上限，Ah；

$P_{\text{batt}}^{\min}$、$P_{\text{batt}}^{\max}$——分别表示储能装置充、放电量的下限、上限，kW。

5）多能互补系统与主电网交互传输功率约束条件。

由于多能互补系统与主电网之间的线路传输限制等原因，两者的交换功率也需要满足一定的约束条件[17]。

$$P_{\text{g}}^{\min} \leqslant P_{\text{g}} \leqslant P_{\text{g}}^{\max} \tag{7-9}$$

式中 $P_{\text{g}}^{\max}$、$P_{\text{g}}^{\min}$——分别为交换功率的上、下限值。

在上述条件下，根据优化目标函数与约束条件，在考虑经济与环保因素的基础上，采用改进遗传算法、细菌觅食算法、粒子群优化算法等优化调度算法，综合各个目标及条件，对优化调度数学模型进行求解分析，即可得到在综合目标下的优化调度方案。

2. 多能互补综合能源管理系统运行控制策略

（1）电能运行控制。在多能互补综合能源管理系统制定控制策略时，不仅要考虑系统内各个微电源输出功率的问题，还需要考虑系统与主电网之间的功率交换问题。

由于多能互补系统内存在各种各样的分布式电源，在优化调度时分布式电源的类型也对控制策略的制定产生影响。目前，在制定系统优化调度运行控制策略时被普遍使用的标准如下：

1）光伏、风力发电机组。当多能互补综合能源管理系统内包含光伏、风力发电机组时，由于这类可再生能源发电不可控性较强并且无直接燃料消耗以及污染物排放。因此在能够保证系统安全稳定运行时，优先使用光伏、风力发电机组输出发电并采用跟踪最大功率输出的方式运行。

2）蓄电池。蓄电池作为多能互补综合能源管理系统内常用的储能装置，为提升系统可靠稳定运行及改善电能质量等方面做出了贡献。在考虑蓄电池的使用寿命以及系统经济运行两方面的基础上，在多种蓄电池控制方法中可选用削峰填谷运行方式，在系统内引入的负荷需求处于波谷时段时为储能装置充电，处于波峰时段时储能装置放电，而处于负荷平时段时储能装置保持不变。

3）微型燃气轮机。作为一种具有较高一次能源利用率的冷热电联产方式，微型燃气轮机的使用能够减少一次能源的消耗，节约成本。

基于上述基本原则，依据多能互补系统不同的运行模式，可以制定不同的运行策略。

1）系统处于并网运行模式。

在并网运行模式下，根据多能互补系统是否向主网售电，将控制策略分为两大类，系统并网运行模式下控制策略表格如表 7-1 所示。

表 7-1　　并网运行模式下控制策略

能量流通方向	电价对比	运行控制策略
系统不向主电网售电	系统电价＜电网电价	优先微电源自身发电供给负荷
	系统电价＞电网电价	从主网购电
系统与主网能量双向流动	系统电价＜电网电价	优先利用储能装置向主电网售电
	系统电价＞电网电价	优先利用储能装置从主电网购电

由于主电网的电能支持，系统在维持自身稳定运行的基础上，可以通过合理的控制策略与主电网协调调度运行，从而实现整体的运行的经济性。

2）系统处于孤岛运行模式。在孤岛运行模式下，系统失去了主电源的支撑，需要最大程度地合理利用系统内部能源结构维持自身的能量平衡与系统电压频率稳定，保证系统内重要负荷的间断供电。在此基础上，考虑经济因素以及环境因素等指标，对系统内各微源进行优化调度。孤岛独立运行模式下控制策略表格如表 7-2 所示。

表 7-2　　孤岛独立运行模式下控制策略

系统内能量平衡情况	储能装置	运行控制策略
分布式电源输出电能＞负荷需求	＜设定容量	优先为储能装置充电
	＞设定容量	发电成本较高的微电源停止运行
分布式电源输出电能＜负荷需求	＜设定容量	开启可用微电源，不满足则切除部分负荷
	＞设定容量	储能装置放电
分布式电源输出电能＝负荷需求	＜设定容量	继续为储能装置充电
	＞设定容量	发电成本较高的微电源停止运行，储能装置放电

由于缺少主电网的电能支持，系统处于孤岛运行模式时，通常选择电能损耗相对较小的运行方式以维持系统稳定运行。

此外，孤岛运行模式下需要考虑到备用电源不足的情况。因此，在这种情况下不仅需要考虑经济性，也需要将系统接入负荷分级以保证重要负荷的持续供电。

可以将负荷大致分为四类。

1）重要负荷：这类负荷主要包括必须保证的居民用电及冷暖电负荷、医院以及重要的军事基地设备等。

2）可平移负荷：通常是指使用时间可以更改的负荷，如电动汽车、家用电器等，系统可根据功率平衡等因素更改其运行时间。

3）可中断负荷：一般是指根据购售电协议，系统内可以中断的负荷。在供电不足时，系统可根据功率平衡等因素切断这类负荷保证重要负荷供电。

4）弹性负荷：这类负荷主要包括海水淡化、制氧等负荷，当分布式能源的输出电能大于负荷需求时，系统可根据功率平衡等因素启动弹性负荷吸收系统内的剩余电量[10]。

（2）热能运行控制策略。

1）集中式热/冷能运行控制策略。在集中供暖运行模式下，系统主要利用地源热泵和蓄热式电锅炉实行供暖，根据热负荷的大小来控制供热机组的输出。集中供暖运行模式控制策略表格如表 7-3 所示。

表 7-3　　集中供暖模式下控制策略

系统内能量平衡情况	运行控制策略
地源热泵＞负荷需求	只采用地源热泵供热
地源热泵＜负荷需求	地源热泵和蓄热式电锅炉共同供热； 地源热泵满负荷工作，蓄热式电锅炉在负荷峰谷时蓄热，在峰平时段供热

此外需要注意的是，在实际运行中供暖水温的改变需要一个过程，当地源热泵的制热功率不足时也需要启动蓄热电锅炉来提升制热功率。

在集中供冷运行模式下，主要利用冰蓄冷系统、常规制冷系统以及地源热泵制冷系统实行供冷。其控制目标除了保证稳定供冷之外，经济高效也是重点考虑的问题。集中供冷运行模式控制策略表格如表 7-4 所示。

表 7-4　集中供冷运行模式控制策略

电价情况	运行控制策略
峰电价阶段	开启冰蓄冷系统融冰，如供冷不足逐步启动地源热泵系统及常规制冷机组以满足供冷要求
非峰电价阶段	为冰蓄冷系统蓄冰，同时采用地源热泵制冷，如供冷不足则启动常规制冷机组以满足供冷要求

供冷模式也需要水温调节实现调度控制。当水温升高时，可选择增大制冷输出功率或增大冰蓄冷系统及地源热泵制冷系统的机组运行数量。当水温降低时，减小冰蓄冷系统及地源热泵制冷系统的机组运行数量，与此同时调整至冰蓄冷系统融冰运行模式，进一步降低总体系统输出功率。

2）分散式热/冷运行控制策略。由于分散式供热/冷系统相对独立，内部供暖/冷及供热水同时存在，需要分别进行分析控制。在分散式供热/冷系统中，通常以太阳能空调系统为主要调节方式，能源中心供暖、超低温空气源热水机组等作为辅助调节。

从冷/热供应需求的角度分析，当春秋季节时，太阳能吸收的热量主要用于热水需求，如水温不满足要求则开启超低温空气源热水机组加热水温。当夏冬季节时，太阳能吸收的热量用于空调供热、供冷，超低温空气源热水机组加热水温以供给热水。当供暖/冷不足时，采用能源中心集中式补充供暖/冷。

在水温调节方面，当水温实际需求减小时，减少或关闭处于开启状态的能源中心、超低温空气源热水机组、风冷冷水机组等。当水温实际需求增大时，由能源中心、超低温空气源热水机组、风冷冷水机组等设备进行功率补充[9]。

（3）系统实例。以华电电力科学研究院西湖科技园区分布式平台为例，其包含分布式光伏、天然气冷热电三联供系统、储能系统、冰蓄冷系统、充电桩、园区不同负荷等，设计总装机总容量为 995kW，建设 2×315kW 燃气内燃机发电机组，分布式光伏发电设备 300kW（其中单晶硅 50kW、多晶硅 180kW、双玻组件 33kW、薄膜光伏 30kW），铅酸蓄电池 100kWh，锂电池 50kWh，超级电容 50kW±15s，30kW 光储一体系统，冰蓄冷供能系统电负荷（300kW 左右），电子间负荷（20kW）是由多种分布式能源组成的智能微网系统。

根据这一系统的特点，从系统环境、经济以及自身容量等因素考虑，在设置运行控制策略时需要遵循下列条件：

1）光伏在发电系统中优先出力，尽量运行在最大功率输出状态。若切除时以组为单位切除。

2）天然气一次能源利用率较低，在冷热电负荷达 50%时才启动天然气发电，尽量减少天然气发电的耗气量。

3）考虑蓄电池寿命等原因以蓄电池 50%～90%存电储能（state of charge，SOC）为其工作范围，考虑经济性，经计算放电深度（depth of discharge，DOD）取 50%。这种策略的循环次数为 1250 次，每年按照 365 天计算，每天充放电一次，可以用 3.5 年。此外，大充、大放、过充和过放等动作对蓄电池的伤害非常大，特别对充放电电流、端电压以及 SOC3 个指标进行监控，一旦超标，立刻采取措施。

4）当微网内的功率发生变化时，为避免暂时性的变化使系统频繁动作，认为只有当某一变化持续时间超过 10s 时，这种变化是稳定的，系统可以按照控制策略的要求进行动作。

5）此外，当系统内出现分布式电源等设备故障时，需要遵循以下条件：

a．光伏故障：光伏故障时，通过逆变器，把光伏的输出功率设为 0，直至故障排除。控制策略与无故障时相同。

b．1 号内燃机故障：检测到 1 号内燃机故障，则切除 1 号内燃机，启动 2 号内燃机，系统切换到 2 号内燃机做主电源。

2 号内燃机故障：检测到 2 号内燃机故障，则切除 2 号内燃机，启动 1 号内燃机，系统切换到 1 号内燃机做主电源。

c．电池故障：若电池出现故障，立刻切除电池，启动内燃机，天然气发电实时跟随负荷波动，不再设置天然气发电最小运行功率的限制。若柴油发电机功率小于 50%额定功率，则投入冰蓄冷系统或模拟负荷；若天然气发电功率大于 50%额定功率，则实时跟随负荷波动。

根据上述分析，华电电力科学研究院西湖科技园区分布式系统的电力输出运行控制策略如表 7-5 所示。

表 7-5　华电电力科学研究院西湖科技园区分布式系统控制策略

市电	系统主电源	运行控制策略
市电断电	内燃机（电池 SOC＜50%）	输出功率小于负荷消耗时天然气发电跟随负荷变化，若仍不满足负荷，则限制电池充电功率
	蓄电池［SOC＞SOC_{max}（90%）］	输出功率大于负荷消耗时限制光伏发电，蓄电池充电
		光伏发电在最大功率输出状态，蓄电池放电，满足负荷
市电供电	电网	内燃机跟随冷热负荷需求，光伏发电最大功率输出状态，冰蓄冷系统跟随冷负荷需求大，其他负荷正常运行

通过对关键参数、设备运行约束条件等进行合理分析及管理，采用有效地控制策略对系统能源实行优化控制。

7.2.4 多能互补综合能源管理系统的故障诊断与自愈控制

由于多能互补综合能源管理系统中包含了多种不同类型的能源系统，从系统层面上看故障机理复杂。当某一系统出现故障有可能引发多个系统受到影响，因此如何对能源互联网的故障诊断与自愈控制进而保证能源互联网的安全性是系统运行中不可忽视的问题。

1．系统自愈控制结构

在多能互补综合能源管理系统中，由于大量分布式能源等设备的接入，能量的流动方向产生变化，使得系统的控制难度增加。因此在多能互补综合能源管理系统下的自愈控制除了具备基本的故障处理之外，故障发生前的预防功能也需要受到重视，系统内自愈控制区域划分如图 7-10 所示[18]。

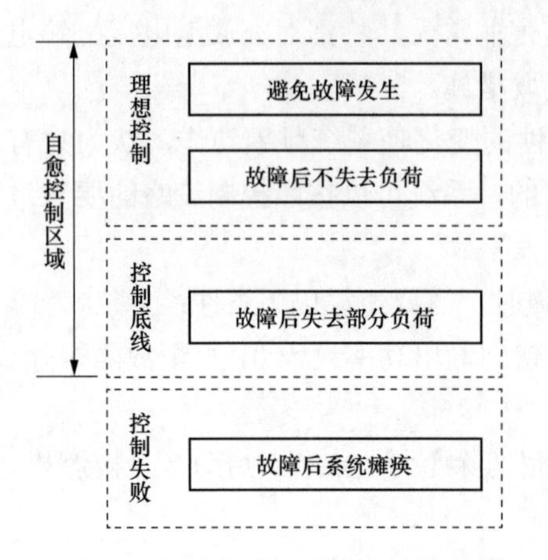

图 7-10 系统自愈控制区域划分

如图 7-10 所示，在自愈控制区域内最理想的方式是避免故障的发生，若故障发生则尽力控制不失去负荷，在控制底线内故障后选择失去部分负荷也可；若故障后系统瘫痪，则自愈控制失败，大量用户断电。

针对系统不同的运行情况，自愈控制的控制策略有所不同，对应的控制流程如图 7-11 所示。

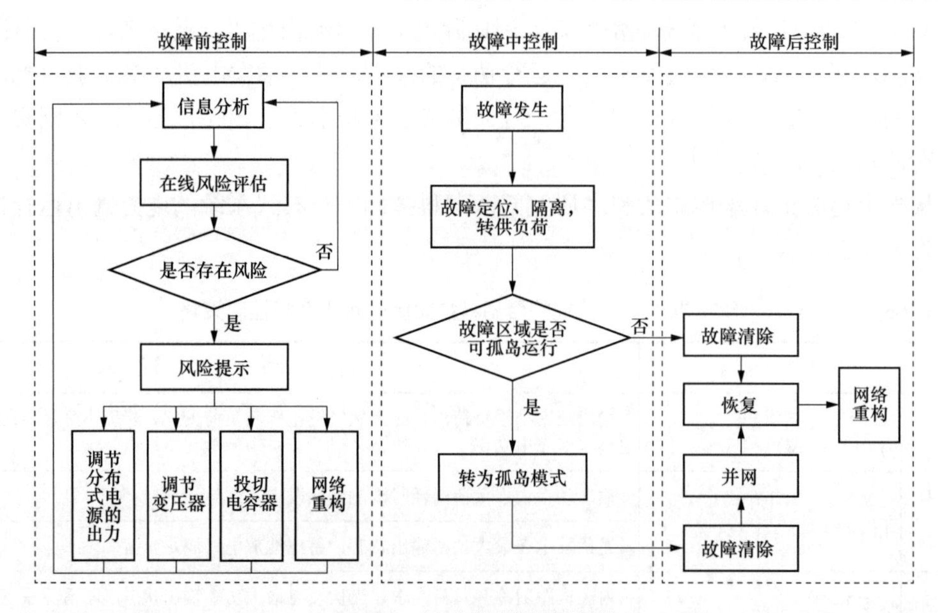

图 7-11 自愈控制策略流程

（1）故障前自愈控制。在系统正常运行时，自愈控制系统首先对运行、负荷、设备等数据信息的采集和分析，通过自我诊断判断正在运行的系统是否有故障的风险。若存在故障风险，自愈控制系统根据情况为调度人员提供调整分布式电源出力、投切电容器、调节变压器以及网络重构等对应的预防手段，有效地减少系统故障发生的可能性，提高系统运行的稳定性。

此外，当风机、光伏等分布式能源采用高渗透率接入系统的情况下，还需将电压-无功控制纳入考虑的范围。

（2）故障中自愈控制。在系统出现故障时，自愈控制系统通常采用以下三种控制方式实现迅速定位、隔离故障并转供负荷的目标。

1）集中式控制方式：通过分析决策中心主站遥控，实现迅速定位、隔离故障并转供负荷的目标。

2）分布式控制方式：不存在主站参与，智能终端通过信息交互，实现故障的就地定位和隔离。

3）集中与分布式结合控制方式：结合两种方式的优点，通过智能终端的信息交互实现故障隔离，再通过主站提供的优化控制指令完成故障恢复过程。如若负荷会因故障断电，系统主站会根据附近分布式电源的状态选择是否采用孤岛模式保证稳定供电，确保重要负荷的运行稳定。

（3）故障后自愈控制。在系统故障消失时，通过主站与终端信息的有效协同，将故障中切除的分布式电源由孤岛运行转至并网运行，恢复负荷供电，系统稳定后重新开始故障前的潜在风险诊断过程。

2. 系统故障诊断及自愈控制的方式

能源互联网的故障诊断的过程包括：系统传递信息，发现故障元件，判断故障区域，故障隔离、故障恢复及自愈控制。其中，自愈控制在系统理论中将其定义为系统的一种能够察觉自身状态，并在无人干预的情况下采取适当的措施以恢复常态的性质[19]。因为这一特点，自愈控制能够更快地找到系统故障薄弱部分，诊断故障环节并恢复系统稳定运行。由于建立的模型不同，系统中故障诊断与自愈控制的方式可大致分为两类。

（1）基于物理模型建立的有模型故障诊断和自愈控制。基于物理模型建立的有模型故障诊断首先是对诊断规则进行解析并建立保护装置实际与期望动作之间的目标函数，通过目标函数找到能够合理解释警报信息的故障元件，再通过算法得到进一步的优化方案。

基于物理模型建立的有模型的自愈控制主要包括启发式方法和数学优化方法两类。

1）启发式方法。启发式方法的算法较为容易实现，其基本原理是将模拟出的事物变化过程引入至求解的搜索过程中。在能源系统的自愈控制中，这种方法能够充分融合电网自身的实际特点进行优化，求解速度较快。

2）数学优化方法。数学优化方法不依赖能源网的初始结构优化结果，其基本原理是采用数学模型分析再通过算法求解得到能源系统恢复方案。但是由于实际的系统问题颇为复杂，在模型建立的过程中可能对系统各个方面产生的问题考虑不周全，因此这种方法通常采用同其他方法结合的方式实现系统自愈控制。

（2）基于数据的无模型故障诊断和自愈控制。基于数据的无模型故障诊断主要包括基于专家系统的故障诊断、基于人工精经网络的故障诊断、基于 Petri 网的故障诊断三类。

1）基于专家系统的故障诊断。基于专家系统的故障诊断的基本原理是在故障发生时，将采集到的信息与由运行人员经验构成的知识库内的规则进行对比，进而对故障元件进行诊断。

2）基于人工精经网络的故障诊断。基于人工精经网络的故障诊断的基本原理是根据能源网中具有代表性的故障实例通过对神经网络实施学习训练算法，使之能够对故障进行诊断。

3）基于 Petri 网的故障诊断。基于 Petri 网的故障诊断与人类思维中的模糊判断更为相似，其基本原理是通过离散时间图形化进而实行因果推理的方法。

除了上述方法，针对更加复杂的系统、间接性故障等问题也提出了对应的故障诊断方法。基于数据的无模型的自愈控制主要包括人工智能方法和各类现代优化方法。

由于多能互补综合能源管理系统本身存在的信息量大、分布式故障、由电热强耦合导致的非线性等问题，与传统电力系统相比，其故障诊断和自愈控制的探索与研究仍处于初级阶段[17]。

3. 设备层面的故障诊断

目前，多能互补综合能源管理系统中有关设备故障诊断研究主要针对储能装置及功率器件[21]。在多能互补系统中，保证接入的可再生能源的系统稳定是重要的控制目标之一。因此，快速地诊断可再生能源设备的故障问题也成了系统安全稳定运行的重要部分。本节将从设备的层面对多能互补综合能源管理系统中常见的光伏系统以及风机系统的故障诊断方法进行简要地介绍。

（1）光伏系统。

目前，光伏系统普遍的使用寿命为 25 年，在寿命期内如何保证系统安全稳定的运行变得尤为重要。由于采用的侧重点以及光伏系统的规模不同，光伏的故障诊断方式可分为两大类：应用于小型的光伏系统的故障诊断方式主要包括基于电路结构法、基于数学模型法、基于电气测量法、基于智能检测法、基于红外线分析法等；针对较大光伏电站的基于监控系统法等[20]。

1）基于电路结构法。基于电路结构法也就是采用新的电路结构减少传感器的数量，在维持输出功率不变的情况下，通过传感器的值与标准值的对比来判断故障组件。由于热斑等故障通常出现在相连的电池上，因此这种方式可以在减少传感器的前提下准确地判断故障位置。

2）基于数学模型法。基于数学模型法采用能够较为准确地模拟光伏运行状态的模型，同时对系统的状态等进行预估，并实时检测系统状态的变动。但是，由于光伏系统受到的环境因素影响较大，建立数学模型存在一定的难度。从目前的多数方法中看来，这种方法在诊断故障方面有一定的局限性。

3）基于电气测量法。基于电气测量法是应用较为普遍的一种方法。可以选择测量光伏系统的 I-V 曲线特性或接地电容的值来判断是否发生故障，也可以选择测量端口信号通过判断波形或功率损失等方式判断系统故障。

4）基于智能检测法。基于智能检测法目前应用较少，但随着其不断地发展，也受到了诸多关注。与数学模型法不同，当光伏系统产生故障时，将测量得到的电压或电流值输入经过学习样本训练的神经网络中，即可实现故障诊断，避免了复杂因素对系统建模的影响。

5）基于红外线分析法。基于红外线分析法采用红外摄像机对光伏组件进行拍摄并用计算机进行分析。这种方法不需要采集系统的各种参数信号，在不影响光伏系统结构的情况下通过红外对组件温度变化的敏感性，结合环境等影响因素进行判断分析，进而发现故障[22]。

6）基于监控系统法。基于监控系统法采用实时监控系统运行的方式，采集大量的系统数据进行统计分析，实现全面地监控光伏系统的运行状态，进而在发现系统故障时能够迅速地给出报警信号。

（2）风机系统。目前，作为可再生能源的风能已经成为减少环境污染的重要能源。但是，由于风机机组通常的工作环境较为恶劣，造成了风电机组系统故障频率增多。因此，故障诊断成了保证风机机组运行效率和减少风力发电机的运行维修成本的关键。由于采用的分析方式不同，可以将现有的风机故障诊断分为定量诊断和定性诊断两大类，在不同的大类别下存在多种故障诊断方法[23]。

1）定性经验故障诊断方法。定性经验故障诊断主要包括专家系统、故障树分析、符号有向图等方法。通常采用不完备先验知识描述系统功能结构，再进一步建立定性模型实现故障诊断。

a. 专家系统是采用风力发电领域内积累的有效经验和知识建立知识库，并对收集到的信息知识进行分析，进而得到故障诊断结果。

b. 故障树分析采用图形表达的形式，逐步对故障的模式以及部件进行分析推理从而找到故障的原因。

c. 符号有向图可以在经验信息不足的情况下找到有效信息并结合对应搜寻策略，快速地实现故障定位。

2）定量故障诊断方法。定量故障诊断主要包括解析模型、数据分析等方法。

a. 基于解析模型的故障诊断通常用于检测传感器数量充足，并且在了解系统结构机理的情况下建立恰当的数学模型的风机诊断系统。通过与已知的系统模型进行分析对比从而达到故障识别的目的。这种方法对建立的数学模型的准确度要求较高。

b. 基于数据分析的故障诊断主要包括信号处理法、人工智能定量法与统计分析法，这类方法多不采用数学算法，是通过处理检测信号得到故障特征或者直接采集大量的相关数据实行推理分析得到故障诊断结果。

参考文献

[1] 詹德翔. 面向能源互联网的先进测量体系关键技术研究［D］北京：北京邮电大学，2016.

[2] 杨树明，刘涛，蒋庄德，杨晓凯，赵楠，王通，张国锋，刘强. 先进测量技术与高端测量仪器. 科技导报，2016，34（17）：19-23.

[3] 曾鸣，张晓春，王丽华. 以能源互联网思维推动能源供给侧改革［J］. 电力建设，2016，37（04）：10-15.

[4] 曾鸣，武赓，李冉，王吴婧，孙辰军. 能源互联网中综合需求侧响应的关键问题及展望［J］. 电网技术，2016,40（11）：3391-3398.

[5] 谭涛，史佳琪，刘阳，张建华. 园区型能源互联网的特征及其能量管理平台关键技术［J］. 电力建设，2017，38（12）：20-30.

[6] 张丹，沙志成，赵龙. 综合智慧能源管理系统架构分析与研究［J］. 中外能源，2017，22（04）：

7-12.
[7] 徐虹．多能互补微网能量管理策略研究［D］．华北电力大学，2013.
[8] 钟迪，李启明，周贤，彭烁，王保民．多能互补能源综合利用关键技术研究现状及发展趋势［J］．热力发电，2018,47（02）：1-5+55.
[9] 徐建．区域能源互联网运行控制技术研究［D］．西南交通大学，2017.
[10] 鲍薇．多电压源型微源组网的微电网运行控制与能量管理策略研究［D］．中国电力科学研究院，2014.
[11] 窦晓波，徐志慧，董建达，全相军，吴在军，孙建龙．微电网改进多时间尺度能量管理模型［J］．电力系统自动化，2016，40（09）：48-55.
[12] 任建兴，刘青荣，杨涌文，朱群志．主要可再生能源及其分布式系统的构建［J］．上海电力学院学报，2011，27（05）：495-498.
[13] 程林，张靖，黄仁乐，王存平，田浩．基于多能互补的综合能源系统多场景规划案例分析［J］．电力自动化设备，2017，37（06）：282-287.
[14] 蔡世超．多能互补分布式能源系统架构及综合能源管理系统研究［J］．吉林电力，2018，46（01）：l-4+16.
[15] 蔡世超．智慧能源多能互补综合能源管理系统研究［J］．应用能源技术，2017（10）：1-4.
[16] 许小青．多能互补微电网的优化调度研究［D］．西安理工大学，2016.
[17] 刘文洵，杨洪朝，汤燕．分布式可再生能源接入微网系统的随机多目标经济调度［J］．电力科学与技术学报，2014，29（03）：52-58.
[18] 于力．考虑微电网接入的智能配电网优化运行与控制方法研究［D］．湖南大学，2016.
[19] 孙秋野，滕菲，张化光．能源互联网及其关键控制问题［J］．自动化学报，2017，43（02）：176-194.
[20] 王元章，李智华，吴春华．光伏系统故障诊断方法综述［J］．电源技术，2013，37（09）：1700-1705.
[21] 吕楠，章筠，陈尚文．分布式能源系统故障诊断与预测专家知识库研究与应用技术综述［J］．通信电源技术，2016，3302：52-54+63.
[22] 钟小凤，贺德强．光伏发电系统故障诊断方法综述［J］．装备制造技术，2013（11）：46-49.
[23] 龙霞飞，杨苹，郭红霞，伍席文．大型风力发电机组故障诊断方法综述［J］．电网技术，2017，41（11）：3480-3491.

8 互联网+分布式能源技术

8.1 互联网+分布式能源技术简介

8.1.1 互联网+介绍

能源互联网是一个典型的互联网+智慧能源的应用场景，通过互联网技术将设备数据化，并将所有主体自由连接，进而打造能源互联网的“操作系统”，来统筹管理各种资源，产生显著区别于原有能源系统的业态和商业模式，促进大众创新创业[2]。其主要体现在以下三点：能源物联、能源服务和能源交易网市场。

8.1.2 能源物联

现有能源系统的传感通信存在以下两方面问题：一方面传感数据的类型较少，采集频率较低，对系统的感知有限；另一方面专网传输，不同系统间难以交互，不同参与者之间也难以交互，造成信息孤岛。利用物联网技术可以实现不同位置、不同设备、不同信息的实时广域感知和互联，在已有专网传输的基础上，新增开放传输系统，在不影响安全等前提下实现信息的最大化共享，提高系统感知、控制和响应能力。

能源互联网是一个典型的信息能源融合的开放系统，其关键技术包括信息物理系统建模与仿真、信息物理融合规划、信息安全等。在规划层面，物理和信息的规划需要协同[3]。在互联网环境下，信息安全问题更加突出，信息的传输与存储安全、用户隐私，以及人为恶意攻击等都可能影响整个系统的安全可靠性。能源互联网区域智能供能就是将产能、供能、用能、蓄能和节能相互协调统一，把分散的用能和分布式的产能互相连通、实现共享；是将传统电力网、现代信息网和智能热力网（供冷供热）三网融合，构建一种能源微网，即融合了电力微网、热力微网和信息网的能源互联网。区域智能供能技术按照技术组成可以分为供能侧技术、用户侧技术、储能技术、能源管理技术和数据通信技术，这些技术互相有机结合实现了区域多能互补，保障了区域供能和用能的稳定。

能源互联网是多能源网络的耦合，这表现在能源网络架构之间的相互耦合，同时也包括网络能量流动之间的互补协调、安全控制。在能源供应与输配环节，未来能源互联网通过柔性接入端口、能源路由器、多向能源自动配置技术、能量携带信息技术等，能够显著提高电网的自适应能力，实现多能源网络接入端口的柔性化、智能化，降低网络中多能源交叉流动出现冲突、阻塞的可能性[3]。在系统出现故障时，能够加速网络的快速重构，重新调整能源潮流分布和走向。在能源互联网中，互联网信息技术负责能源信息的识别、采集、分析、传送、管理等方面，是实现多种能源合理调配的关键。能源互联网是信息与能源系统融合的多种能源互联网络，具有通信设备繁多（包括发电设备、各种智能负载等）、通信信息内容复杂、信息数据处理量大等特点，如图 8-1 所示。

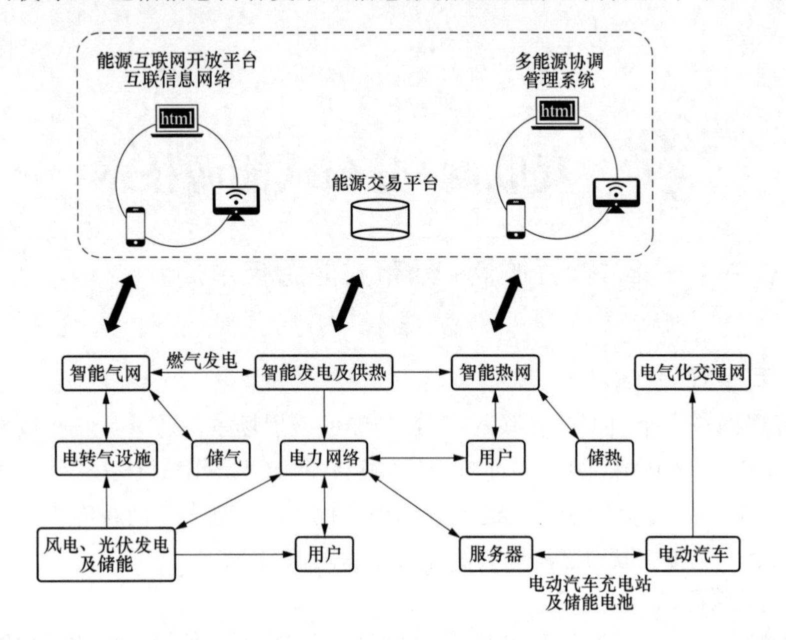

图 8-1　能源互联网结构图

能源互联网尽管被赋予了种种功能与内涵，但其目的是提升能源系统的运行性能，满足人类对于能源的更高需求，实现社会能源的可持续供应。尽管能源互联网强调电能的核心作用，但其最终作用对象仍将是包括电、气、热、冷等在内的各类能源系统，并基于各系统之间的互联实现其功能。网络设施形成一个涉及智能电网、智能气网、智能热网和电气化交通网的复杂多网流系统。能源互联开放平台是一个具备完善安全策略且具有互联开放特性的综合信息处理平台。

8.1.3　数字化分布式能源

能源网的基本结构不仅包含从集中式发电厂流向输电网、配电网直至用户，能源网中还遍布各种形式的新能源和清洁能源：燃气分布式、太阳能、电池、电动汽车等。高速、双向的通信系统实现了控制中心与电网设备之间的信息交互，高级的分析工具和决策体系保证了智能电网的安全、稳定和优化运行[1]。

智能分布式能源网如图 8-2 所示，其主要特点：

（1）电网自愈：自愈电网能够通过连续不断地在线自我评估来对电网可能出现的情况进行预测，及时发现已经存在和正在发展的问题，如设备、线路等，采取措施加以控制和纠正，从而避免造成系统的运行损失，并且能够从故障中较快的恢复。

（2）用户参与：在智能电网中，用户可以根据各自的电力需求和电力系统满足其需求的能力这两个因素来调整其消费。同时需求响应计划将满足用户在能源购买中有更多的选择，减少或转移高峰电力需求能够使电力公司减少资本开支和营运开支，降低线损和减少效率低下的调峰电厂的运营。

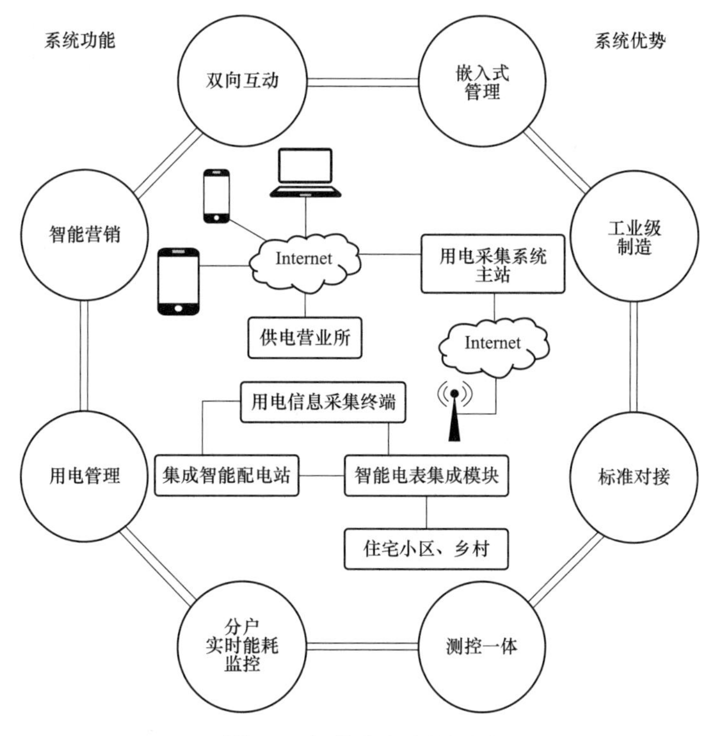

图 8-2　智能分布式能源网

（3）多能并用：智能电网中各种不同类型的发电和储能系统都能安全、无缝的接入整个系统，不同容量的发电和储能设备都可以实现互联。

（4）运行优化：智能电网优化调整其电网资产的管理和运行以实现用最低的成本提供期望的功能。智能电网将应用最新技术以优化其资产的应用。例如，通过动态评估技术以使资产发挥其最佳的能力，通过连续不断地监测和评价其能力，使资产能够在更大的负荷下使用。智能电网通过高速通信网络实现对运行设备的在线状态监测，以获取设备的运行状态，在最恰当的时间给出设备需要维修的信号，实现设备的状态检修，同时使设备运行在最佳状态。系统的控制装置可以调整到低损耗状态。通过对系统控制装置的这些调整，选择最小成本的能源输送系统，提高运行效率。最佳的容量、最佳的状态和最佳的运行将大大降低电网运行的费用。

8.1.4　互联网+分布式能源发展目标

（1）能源市场化：打破行业壁垒，推进能源市场化，促进能源领域的创新创业，重塑能源行业。基于信息技术，能源互联网可以为各种参与者和大量用户提供开放平台，降低进入成本，便捷对接供需双方，使设备、能量、服务的交易更加便捷高效，实现多方共赢，为能源革命提供持续动力。

（2）能源高效化：能源互联网实现了多类能源的开放互联和调度优化，为能源的综合开发、梯级利用和能源共享提供了条件，可以大幅度提高能源的综合使用效率。

（3）能源绿色化：能源互联网可以通过多种能源的耦合互补、各类储能的应用、需求侧响应等，支撑高渗透率可再生能源的接入和消纳。

（4）能源开放。开放是能源互联网的核心理念，内涵丰富，主要体现在以下几点：多类型能源的开放互联、各种设备与系统的开放对等接入、各种参与者和终端用户的开放参与、开放的能源市场和交易平台、开放的能源创新创业环境、开放的能源互联网生态圈、开放的数据与标准等。

（5）能源互联。互联是开放的重要表现，为能源的共享和交易提供平台，连接供需，是能源互联网创造价值的基础。能源互联包括多种能源形式、多类能源系统、多异构设备、各类参与者等的互联。

（6）以用户为中心。以用户为中心是能源互联网在商业上取得成功的关键。用户的广泛参与和认可，才能有效推动能源互联网在能源生产、运行、管理、消费、交易、服务等各环节创造价值。以用户为中心强调提供极致的用户体验，不但满足用户不同品位能源的便捷用能需求，还要满足用户便捷生产和交易能源的需求。

8.2 基于互联网+分布式能源的服务模式

8.2.1 分布式能源互联网架构

采用多元能源互补的能源互联网架构，将区域内可以发展的多种能源形式充分利用，包括燃气分布式能源、光伏发电、污水源热泵、厨余垃圾沼气发电、蓄电设备、蓄冷蓄热设备等，有效降低能源成本，并通过互联网模式，将用户的用能信息实时反馈到能源站，实现用户负荷的实时预测及能源站机组的最优经济运行[3]。能源互联网系统总体架构如图 8-3 所示。

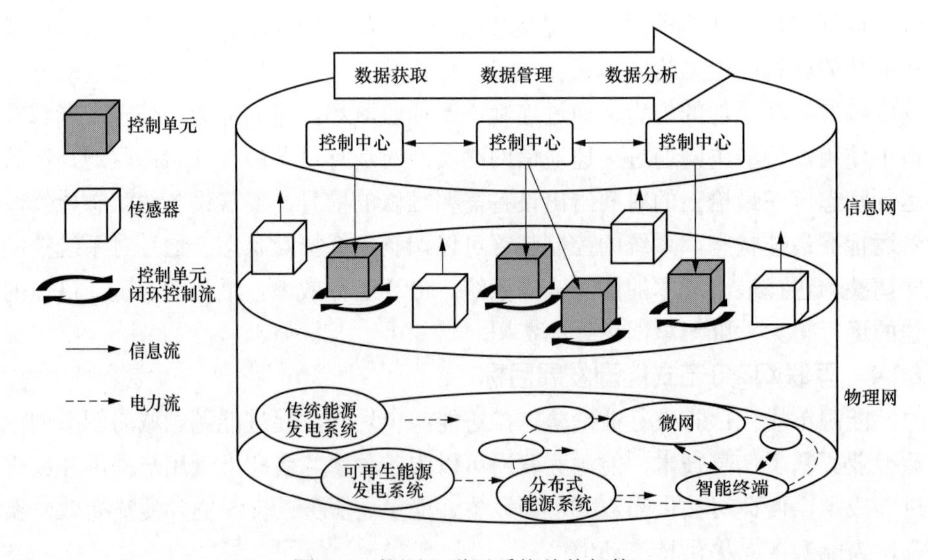

图 8-3　能源互联网系统总体架构

能源互联网区域智能供能就是将产能、供能、用能、蓄能和节能相互协调统一，把分散的用能和分布式的产能互相连通、实现共享，是将传统电力网、现代信息网和智能热力网（供冷供热）三网融合，构建一种能源微网，即融合了电力微网、热力微网和信息网的能源互联网[3]。区域智能供能技术按照技术组成可以分为供能侧技术、用户侧技术、储能技术、能源管理技术和数据通信技术，这些技术互相有机结合实现了区域多能互补，保障了区域供能和用能的稳定。

8.2.2 分布式能源互联网特点

1. 控制管理模式

目前多能源互补控制技术主要聚焦于控制策略与控制技术方面：控制策略主要指多类型能源发电的优化调度模型、控制模型等；控制技术主要指以数字信号处理为基础的非传统控制策略及模型，包括神经网络控制、预测控制、电网自愈自动控制技术、互联网远程控制技术、模糊控制技术、接入端口控制技术等[4]。

2. 计量监测及信息交互技术。

信息监测技术方面，智能电网的高级测量体系系统是基础，其未来的研发过程要向着智能化、计量能力多元化、信息交互多向化方向发展，通过无线传感器技术、遥测技术等实现能源信息的自动采集、自动分析处理。信息交互技术方面，未来需重点研发信息交互自动感知技术、通用信息接口技术、数据清洗技术、信息数据压缩技术、数据信息融合技术等，实现用户与用户之间、用户与各个能源互联网模块之间的自由信息交换与动态反馈。

3. 系统运行

在系统运行阶段，系统运营商通过信息通信网络采集用户的全部用能信息及能源供应侧的基础数据，通过云端信息处理系统的分析处理为用户提供优化的用能方案，通过合理的电价机制及需求侧响应措施引导用户用电，主动追踪清洁能源发电出力。同时根据发电侧数据信息设计合理的调度排序和出力安排，结合分散能源模块“自发自用、余量上网”的模式，实现系统的双侧协调优化、双向自适应过程。并充分发挥电力系统的纽带效应，优化其他能源模块（如供热、供水、燃气供应等）的运行。在系统运营过程中，由于向用户承担了供电、供热、供气以及用电诊断、用能方案优化设计等职责，还为能源互联网覆盖区域内的用户提供了能源输送渠道，故系统运营商的收益可包括电费、输配电费、能源信息服务费、供暖费及其他能源费用等。

4. 运营创新模式

充电桩+燃气分布式能源充放电模式。利用分布式能源和汽车充电桩，建设基于电网、储能、分布式用电等元素的新能源汽车运营云平台。通过数据技术实现电动汽车与分布式微网间能量和信息的双向互动，开展电动汽车智能充放电业务，探索电动汽车利用互联网平台参与能源直接交易、电力需求响应等新模式。

可再生能源+电动汽车运行新模式。充分利用屋顶太阳能和车棚光伏等可再生能源资源，并提供电动汽车充放电、换电等业务，实现电动汽车与新能源的协同优化运行。

交通网-电网协调运行。随着电池储能技术日益成熟以及电动汽车制造成本的下降，电动汽车的普及率将会得到大幅度提高，交通网络将逐步走向电气化。此外，通过汽车到电网（vehicle to grid，V2G）技术将电动汽车和电网智能地结合起来，也被视为解决电网效率低和未来大规模可再生能源接入电网引起间歇性、波动性问题的有效措施。因此，这两方面都将促使电气化交通网与电网的联系愈加紧密。然而，由于电动汽车充电的随机性、无序性，可能会给电力系统带来电能质量恶化、增加电网运行优化控制难度等多方面的负面影响，故需要对交通网和电网的协调进行深入研究。

5. 智慧用能技术

“智慧用能综合服务平台”，将充分利用信息通信技术手段，支持管理基础较好、信息化水平较高的重点用能企业开展能源管控中心建设，依托企业能源管控中心，建设统一的工业能耗监测平台，实现区域性能耗在线动态监测，为企业提供个性化的能效管控方案和服务，并将逐步加大推广应用工作的力度，促进工业节能降耗、实现绿色低碳转型发展。能源控制总线转化为互联网节点，将能源转化为互联网流量，利用信息通信技术远程管理空调、照明等各种能耗设备，太阳能、分布式能源等各种发电设备，以及液流电池等储能设备，构建能源互联网。

6. 能源管理系统

智能微网管理系统可以实现各个微能源网之间的能源互补和协调控制，降低发电成本达到优化社会效益的目的。微网管理系统界面如图 8-4 所示。

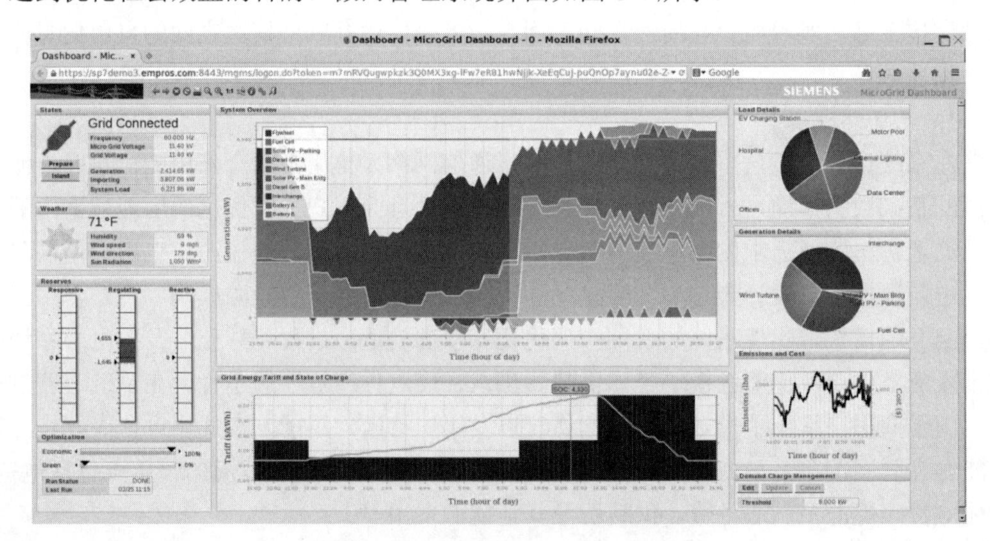

图 8-4 微网管理系统界面

在用户侧应用能量管理系统，指导用户避开用电高峰，优先使用本地可再生能源或大电网低谷电力，并鼓励可再生能源优先接入本地区电力需求侧管理平台，具备足够容量和反应速度的储能系统，包括储电、蓄热（冷）不同技术的研究，联网型多能源互补能源网优先选择在分布式可再生能源渗透率较高或具备多能互补条件下运行。

7. 能源大数据分析技术

“大数据”在军事、金融、通信等行业存在已有时日，它已经成为云计算、物联网之后又一大颠覆性的技术革命。在能源互联网下，信息物理融合的能源系统将产生海量数据，这些数据在能源的勘探、生产、运输、消费的各自领域中已经成为创新的催化剂。

通过能源大数据分析技术，如运用数理统计、模式识别、神经网络、机器学习、人工智能等深度数据挖掘算法和分析方法，实时分析动态能源需求情况，计划用能情况等，是实现更高效的能源利用，降低用户的能源支出的关键创新。此外，在能源供应链上叠加了信息链，能够帮助各方更透彻地了解上下游的行为和变化，从而能够彼此智慧协作，实现整体最优。

8. 能源互联网机制

（1）资源侧补偿机制。为了保证各个地区都能充分发展可再生能源，可以考虑在能源互联网服务的不同地区实施不同的补偿机制，以保证各个地区发展可再生能源都能达到较好的收益率水平。

（2）电价补贴补偿机制。为了鼓励分布式能源系统的发展，保证分布式能源供能方的经济效益，可以研究出台对售电电价进一步补贴的政策。

（3）污染物排放补贴机制。为了进一步推进节能减排工作的进行，一方面需要对企业的污染物排放量进行严格监控，另一方面需要提供有关的政策法规来刺激企业的节能减排工作。比如在科技园区、产业集聚基地等使用节能、节水、环保技术或者采用其他能够进一步节能减排的技术，可以补偿技术投入资金的一部分金额，或者以一定的节能减排量为标准，如果节能减排效果显著，减排量高于标准，可以给予一部分补助；如果减排量低于标准要求，可对企业收取一定数额的罚款或者采取其他处罚措施。

8.3 基于互联网+分布式能源的交易平台

8.3.1 能源交易方式

互联网＋智慧能源（能源互联网）是一种互联网与能源生产、传输、存储、消费以及能源市场深度融合的能源产业发展新形态，对提高可再生能源比重，促进化石能源清洁高效利用，推动能源市场开放和产业升级具有重要意义。

一是推动建设智能化能源生产消费基础设施。鼓励建设智能分布式光伏、沼气发电等设施及基于互联网的智慧运行云平台，实现可再生能源的智能化生产；鼓励建设以智能终端和能源灵活交易为主要特征的智能家居、智能楼宇、智能小区和智能工厂。

二是加强多种能源协同综合的能源网络建设。推动不同能源网络接口设施的标准化、模块化建设，支持各种能源生产、消费设施的“即插即用”与“双向传输”，大幅提升可再生能源、分布式能源及多元化负荷的接纳能力。

三是推动能源与信息通信基础设施深度融合。促进智能终端及接入设施的普及应用，促进水、气、热、电的远程自动集采集抄，实现多表合一。

四是营造开放共享的能源互联网生态体系，培育售电商、综合能源运营商和第三方增值服务供应商等新型市场主体。

五是发展储能和电动汽车应用新模式。积极开展电动汽车智能充放电业务，探索电动汽车利用互联网平台参与能源直接交易、电力需求响应等新模式；充分利用太阳能等可再生能源资源，在城市、景区、高速公路等区域因地制宜建设新能源充放电站等基础设施，提供电动汽车充放电、换电等业务。

六是发展智慧用能新模式。建设面向智能家居、智能楼宇、智能小区、智能工厂的能源综合服务中心，通过实时交易引导能源的生产消费行为，实现分布式能源生产、消费一体化。

七是培育绿色能源灵活交易市场模式。建设基于互联网的绿色能源灵活交易平台，支持风电、光伏、水电等绿色低碳能源与电力用户之间实现直接交易；构建可再生能源实时补贴机制。

八是发展能源大数据服务应用。实施能源领域的国家大数据战略，拓展能源大数据采集范围。

九是推动能源互联网的关键技术攻关。支持直流电网、先进储能、能源转换、需求侧管理等关键技术、产品及设备的研发和应用。

8.3.2 能源交易模式

基于互联网的能源交易平台设计。通过互联网将供能、传输、用能三方信息互通，可提高清洁能源的利用效率、降低化石能源对于环境的污染。通过互联网经营模式，将计划外剩余的电量，以有效便捷的方式销售出去。能源互联网是解决这一问题的关键，它将为发电企业和用电客户提供一个广阔的、互联互通的信息平台，使双方能够在平台上共享各种信息。比如，用能用户可以通过能源互联网了解周边供能价格，从而选择最适合的供能来源。同时，供能方也可以利用能源互联网，发布其包括传统能源和新能源在内的各类能源的总量、发电潜力和电力价格。

能源交易平台将成为能源互联网的一个典型应用。依托供能企业所建立的能源交易平台的基本框架如图 8-5 所示，主要包括能源来源、交易系统、供用能分析和用户信息四部分。

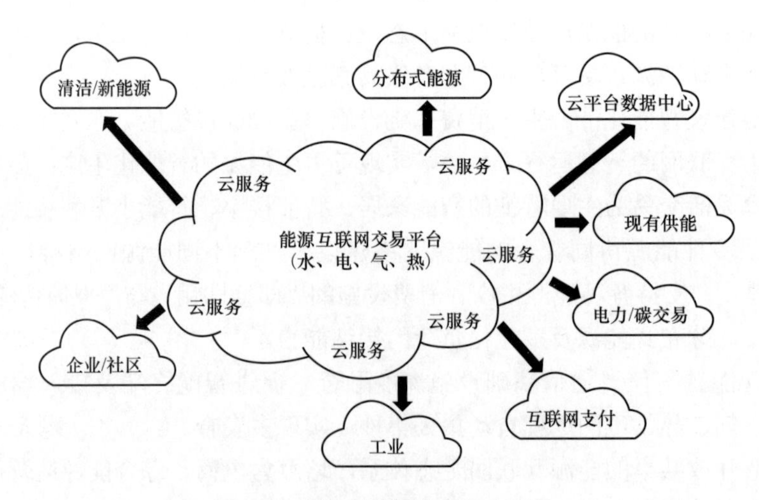

图 8-5 能源互联网交易平台架构

（1）能源来源包括不同的能源产生方式，如燃煤、水、风、光伏和燃气等。同时给出各个能源站的装机信息、生产计划信息、供能量以及新能源的预测供能量和可用供能量[5]。

（2）交易系统包含现货交易、期货交易、交易计算、虚拟电量银行、交易统计这五部分。

（3）供用能分析通过对用能用户的数据分析，对用户侧的设备进行协同能源管理。同时，通过用能分析合理要求电厂发电和安排检修维护。

建立供能交易服务平台，将有助于充分发挥电力生产企业硬资产的潜力，最终实现产能、供能和用能多方共赢。

能源商业模式：

1. 商业模式之促进用户节能增效

构建基于合同能源管理模式的能效管理平台，对园区及周边各用能形态的用户的用能状态进行全方位评估，设计个性化的节能解决方案，使用户的用能行为对能源系统更加友好，实现用户的管理节能与技术节能，降低用户的用能成本。

2. 商业模式之提高资产使用效率

可积极向周边商业及其他用户推广，以提高能源站冷、热、电负荷率，增加能源站收益。未来可充分整合电网、热网、冷网、气网等能源网络的生产设备与管网资源，构建相互协调、多能耦合的综合能源供应平台，可同时面向用户提供可调节、可转化的能源服务，充分利用不同能源系统在时段上的错峰效应与调节能力，提高整个能源体系的设备利用率与运行负荷率。其商业模式可以通过系统运营商或第三方服务提供商，向用户提供电、热、冷、气多种形式能源互补搭配的“能量套餐”，充分挖掘了资产的利用效率。

在能源交易平台上，买卖双方可以开展多种类型灵活的能量交易，如大用户或售电商可以直接与电厂开展B2B交易。平台可以提供类似“电力淘宝”的业务，允许售电商到平台上“摆摊”兜售不同的用能套餐，方便用户选择，实现能量交易的B2C模式。平台同样可以支持用户自行发布其个性化的用能需求，而售电商可以“摘牌”为其提供相应的定制化套餐，从而实现个性化的C2B服务。

在能源交易平台上，未来各类用户可根据需求提前“定制”冷、热、电的需求，并可直接通过交易平台或通过微信、支付宝等第三方支付软件进行支付。

3. 商业模式之提高系统运行效率

通过对用户的用能行为进行科学的管理，充分挖掘用户的需求响应等各种资源，参与到实时电能市场或辅助服务市场，可降低系统的运行成本，实现用户与运营主体之间的双赢。通过先进的信息通信技术和软件系统，实现分布式电源、储能系统、可控负荷、电动汽车等分布式资源的聚合和协调优化，并作为一个特殊的“电厂”整体参与能量市场、辅助服务市场交易，为系统运行提供了一类“化整为零”的额外调节资源，满足互联网时代“零边际成本”的理念。

4. 商业模式之碳交易平台

建立独立的碳交易平台是能源互联网商业模式的重要部分。碳交易是指买卖双方通过签订合同或协议，一方用资金或技术购买另一方的温室气体减排指标，买方将购得的减排额度用于履行减排温室气体的义务和目标。

随着总量管制和排放交易计划及其他监管措施的出台，碳交易成为具有时代特质的实现环境治理与可持续发展的重要举措。在碳交易示范交易阶段，主要采取自愿交易方式。交易主体是主动承担社会责任、自愿购买碳汇的企业或个体经营者。政府可以鼓励和引导部分企业进行自愿交易，即政府通过制定相关政策措施引导企业购买碳汇以冲抵碳排放。

5. 商业模式

建立能源综合服务商主导运行，各方积极参与密切互动交流的运营管理方式，建立多方协调互动，互利共赢的商业模式。能源微网运营模式如图 8-6 所示。

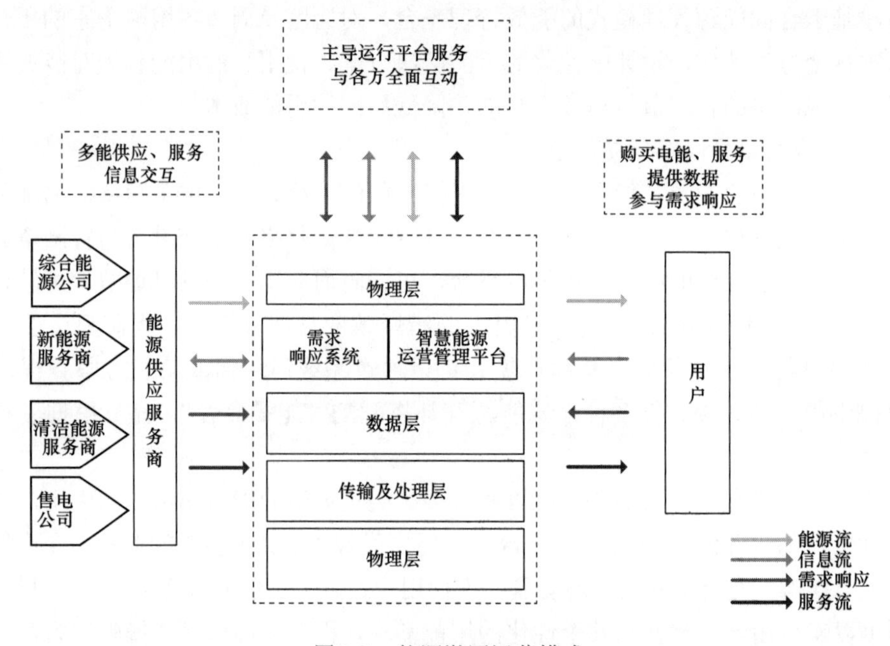

图 8-6　能源微网运营模式

综合能源具有多能供应、服务套餐、信息交互、虚拟电厂参、需求响应等功能，建设高效绿色综合能源系统、先进能源信息数据系统、需求侧响应系统、智慧能源运营管理平台等。

如何将供能、传输、用能三方信息互通，可提高清洁能源的利用效率、降低化石能源对于环境的污染。如何将计划外剩余的电量，以有效便捷的方式销售出去。能源互联网是解决这一问题的关键，它将为发电企业和用电客户提供一个广阔的、互联互通的信息平台，使双方能够在平台上共享各种信息。比如，用能用户可以通过能源互联网了解不同周边供能价格，从而选择最适合的供能来源。同时，供能方也可以利用能源互联网，发布其包括传统能源和新能源在内的各类能源的类型、发电潜力和电力价格。采用多端柔性直流电网技术，可支持源荷储（电源、负荷、储能）灵活多向互动，实现多种能源协调互补运行。采用先进的能源信息数据系统，实现能量与信息的深度融合，打破供需侧能源信息壁垒。构建开放对等、分散决策的市场环境，支持多主体灵活互动的能源零售交易；构建主动式需求响应系统，提供定制化的能源增值服务，充分挖掘消费侧潜力。打造“基础设施智能化、信息流动充分化、生产消费互动化”的能源互联网生态圈，构建面向能源消费革命，实现“推动节能减排，提高能源利用效率，降低能源消费成本，创新能源服务模式”的目标。实现市场机制创新，开展能量零售交易、需求侧响应、增值服务等多种交易模式，丰富市场体系；实现运营体制创新，促进电网企业从电网管理运营服务商转型为能源综合服务商；实现形成新型多元化的能源生产消费体系，能源的生产者、服务者和消费者之间的界限将会消失。

参考文献

[1] 郝然，艾芊，朱宇超.基于多智能体一致性的能源互联网协同优化控制[J].电力系统自动化，2017，41（15）：10-17.

[2] 董朝阳，赵俊华，文福拴，等.从智能电网到能源互联网：基本概念与研究框架［J］.电力系统自动化，2014，38（15）：1-11.

[3] 孙宏斌，郭庆来，潘昭光.能源互联网：理念、架构与前沿展望［J］.电力系统自动化， 2015，39（19）：1-7.

[4] 孙秋野， 滕菲， 张化光.能源互联网及其关键控制问题［J］.自动化学报， 2017，43（2）：177-180.

[5] 姚建国，高志远，杨胜春.能源互联网的认识与展望［J］.电力系统自动化， 2015，39（23）： 9-14.

9 案例示范

9.1 华电电力科学研究院有限公司多能源智能微能源网综合供能系统

9.1.1 项目概况

为响应国家发展战略，满足能源行业发展和技术进步的要求，推动分布式能源技术研究和推广应用，2011 年 12 月，国家能源局批复设立“国家能源分布式能源技术研发（实验）中心”（以下简称研发中心）。研发中心主要开展多能源智能微能源网综合供能系统开发及测试实验平台的建设研究。依托中国华电集团公司，同时与中科院工程热物理研究所进行合作，华电电力科学研究院有限公司于 2018 年 12 月完成其建设。

图 9-1 为多能源智能微能源网综合供能系统，其主要由天然气发电系统、分布式光伏（单晶硅、多晶硅、非晶微硅）系统、燃料电池系统、碟式斯特林太阳能发电系统、蓄能系统（冰蓄冷、电蓄能）、余热利用系统、电动汽车、电动汽车充电桩、化学储能系统以及能源智能管理等系统组成，能够满足园区多级负荷需求，系统一次能源利用率接近 90%、节能率达 25%，可再生能源所占比例约为 31%，系统具有自主知识产权的“多能互补分布式能源微网系统集成及测试试验平台”，达到国际领先水平，且具备很好的示范效果和应用推广价值。

图 9-1 多能源智能微能源网综合供能系统

9.1.2 终端一体化建设方案

1. 多能互补集成系统

系统主要包含2台315kW燃气内燃机发电机组，1台65kW微型燃气轮机发电机组，300kW分布式光伏发电设备，25kW碟式斯特林太阳能发电系统，200kW化学储能系统（包含铅酸电池、锂电池、超级电容），峰值负荷为1800kW规模的冰蓄冷供能等系统，是由多种分布式能源和负荷构成的区域智能微能源网综合供能系统。

图9-2为多能源智能微能源网综合供能系统图，图9-3为多能源互补分布式能源微网集成系统图。

2. 集成优化

园区年用电量约240万kWh，日均用电量5500kWh，空调负荷需求最大，供冷期日用电量4000kWh，供热期间日用电量约8000kWh。多能源供能系统共12种运行工况，系统最佳运行方式为分布式光伏连续运行+燃气分布式冷热电三联供稳定连续运行，多能源系统实现电力自发自用、智能控制、多余上网、余缺网补。整个系统通过燃气内燃机、微燃机和光伏太阳能发电；同时储能、蓄热，形成多能源互补，充分利用天然气发电后烟气余热为华电电力科学研究院有限公司园区供冷、供热，实现了优质能源的梯级合理综合利用。整个系统能源综合利用效率可达80%以上，远高于常规燃煤机组的能源利用率，属于典型的区域智慧能源网供能系统。

（1）原动机子系统。原动机子系统包含安装容量为2台日本三菱重工315kW燃气内燃机，1台65kW燃气轮机，1套25kW的固体氧化物燃料电池发电装置。预留燃气轮机与内燃机认证测试机位各1台，最大可测试容量为兆瓦级。原动机系统可以开展的实验研究主要有原动机系统性能检测、原动机系统认证实验、变工况时原动机配置方案研究等。

（2）余热利用子系统。余热利用子系统是分布式能源系统中一个重要的组成部分，在分布式能源系统中，可以利用的主要余热类型有燃气内燃机和燃气轮机排放的高温烟气。利用这些高温燃气，可以对烟气型吸收式机组提供热源。同时也可以将这部分烟气通入到余热锅炉内，将流入的水加热为高温蒸汽，利用获得的蒸汽给吸收式机组提供热源，同时也可以利用余热锅炉生产热水，提供人们正常生活的热水。

在分布式能源系统中需要用到的余热利用装置主要有余热锅炉、烟气热水型溴化锂吸收式机组、蒸汽型溴化锂吸收式机组。该项目包含2台溴化锂机组，1台蒸汽双效吸收式热泵机组，1台烟气溴化锂机组。

（3）分布式光伏系统。分布式光伏系统总装机容量300kW，安装于院区办公楼屋顶，采用多种光伏组件、不同组件布置和倾角、多种逆变器组成的光伏发电系统，通过低压接入至研发中心实验平台母线，实现园区“自发自用、余电上网”。

（4）碟式斯特林太阳能发电系统。建成了1套25kW的碟式斯特林太阳能发电系统，开展碟式太阳能光热发电研究，测试碟式太阳能聚热发电系统在不同工况情况下的输出性能及运行参数，实现分布式能源系统对多种类型发电系统进行统一集控管理，开展碟式太阳能聚热发电测试、评估、集成优化等，建立行业规范和标准。

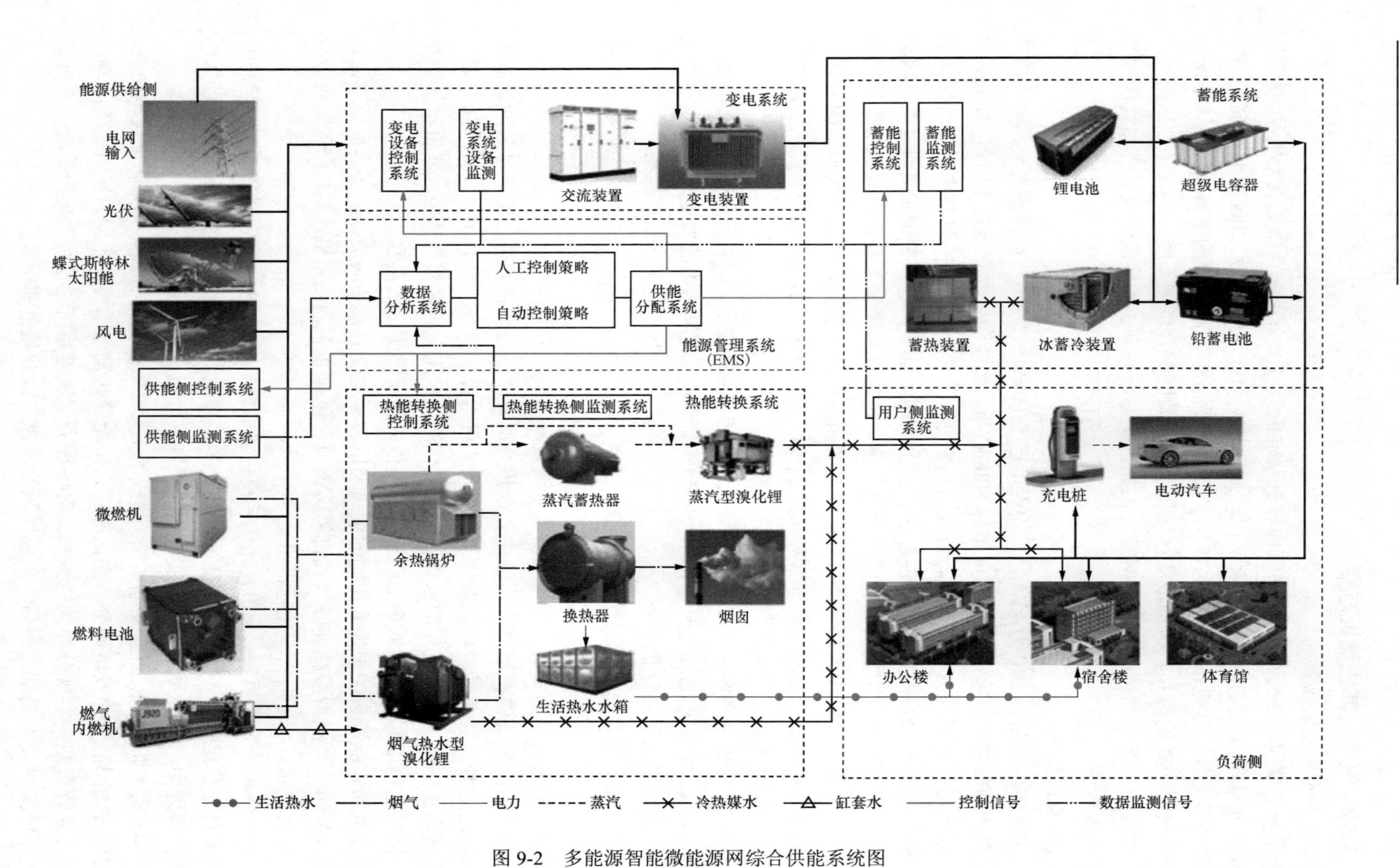

图 9-2 多能源智能微能源网综合供能系统图

图 9-3 多能源互补分布式能源微网集成系统

（5）电储能系统。建成了包含 50kWh 锂电池、100kWh 铅酸电池、50kWh 超级电容系统。100kWh 铅酸电池和 50kW 超级电容系统同时接入变流器系统（power conversion system，PCS）。开展化学储能技术研究，研究不同类型储能单元健康状态、性能衰减、充/释能倍率的差异特性，建立集中控制式的多能源互补储能系统优化调度模型，建立不同类型储能系统智能化控制方法，开展储能需求侧响应及商业模式等技术研究。

（6）蓄热系统。开展供给侧主动蓄能技术研究，研究中高温熔盐蓄热、中低温移动蓄热以及冰蓄冷等蓄能技术，实现余热的分级相变储能，从而优化了系统运行方式，解决了分布式供能系统变工况性能低的问题，实现了能源的梯级回收利用。

蓄热器以余热烟气（400℃）为热源，蒸汽双效型溴化锂机组进口蒸汽 165℃，考虑足够的换热温差，选择蓄热材料的相变温度区间在 240～260℃之间，因此选择硝酸锂基材料为相变储热材料，导热油为传热介质。

（7）燃料电池系统。建设了 1 套 25kW 高温固体氧化物燃料电池发电系统，主要包含电池堆（balance of plant，BOP）、热换系统、汽化器、燃料除硫系统、控制系统和并网系统等。开展燃料电池全工况测试技术及燃料电池控制及优化技术的研究。

（8）微网能量管理系统。微网能量管理系统通过对运行数据的分析，实现了冷、热、电各种能源的综合优化，以保证整个微网系统的经济运行为目标，以满足安全性、可靠性和供电质量要求为约束条件，优化了分布式发电供能系统的电源调度、合理的分配了各设备的出力，实现分布式能源微网系统的运行优化。

9.2 苏州协鑫工研院“六位一体”分布式微能源网项目

9.2.1 项目概况

苏州协鑫工业应用研究院有限公司（以下简称“苏州协鑫工研院”）“六位一体”分

布式微能源网项目主要以电力、空调用冷、用热、热水需求为主，总用能需求设计负荷约为 3200kW。一、二期光伏可提供 808kW 的电能，天然气分布式三联供可提供 400kW 电能、400kW 热/冷能；二期地源热泵可提供 5000kW（相当于 980kW 电能）的热/冷能；微风发电 60kW；同时配有调节整个微能源网稳定性的储能 200kW；不足部分由市政供电补充，自供能率超过 50%，整个建筑节能达到 30%以上，比常规能源配置节约 2000kW 左右。工业园区示意图如图 9-4 所示。

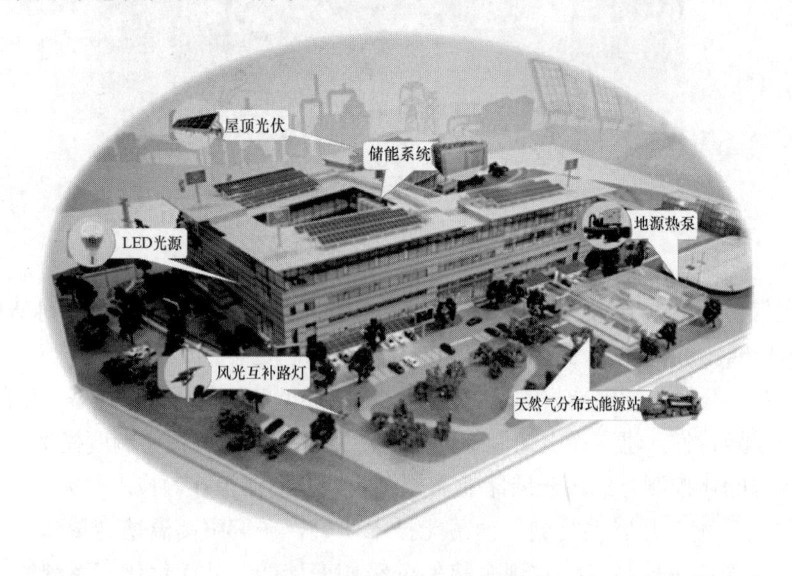

图 9-4　工业园区示意图

资料来源：苏州工业园区规划建设网，苏州协鑫工研院项目介绍，2018.

http://pcb.sipac.gov.cn/dpchina/magazine/MagazineDetail.aspx?InfoID=6b3b8299-32f7-4720-b728-267507fd20f0.

苏州协鑫工研院 “六位一体”微能源网的核心技术综合应用光伏、天然气热电冷联产、风能、低位热能、LED、储能系统六种能源系统，有机结合组成微能源网，满足用户的多种能源需求，有效提升区域内的能源使用效率。微能源网是能源互联网中的基本组成元素，众多的分布式微能源网之间的互联可实现能源的高效配置与共享。“六位一体”微能源网技术在降低用户能源消费的总成本和用电成本的同时，更成为企业和民众参与节能减排和增加清洁能源供应意愿的有效途径。作为示范项目，苏州协鑫工研院“六位一体”能源互联网项目的成功建设将为“六位一体”在全国范围内推广奠定良好的基础。苏州协鑫工业应用研究院有限公司光伏展示区如图 9-5 所示。

9.2.2　项目建设方案

该项目中心采用天然气分布式能源热电冷联供、光伏发电、风力发电、地源热泵、储能、节能六种能源形成分布式能源微能网系统，通过多种能源之间的有机结合和相互转换，实现经济、高效、可靠、环保地提供给用户采暖、制冷、电能、蒸汽等能源[1]。表 9-1 列出了系统组成。

图 9-5　苏州协鑫工研院光伏展示区

表 9-1　　　　　　　　　　　　系　统　组　成

序号	项目	容量（kW）	单位投资（元/kW）
1	屋顶光伏及光伏车棚	350	8000
2	风光互补路灯投运	4	—
3	天然气分布式能源站并网	400	12000
4	LED 照明投运	135	—
5	储能系统	300	3000
6	微网监控系统	—	—
7	风力发电并网投运	60	15000
8	协鑫“电动 e 交通”	20 辆	—
9	二期地源热泵	5000	3120
10	微网综合自动控制系统	—	—

9.3　宁夏嘉泽红寺堡新能源智能微网示范项目

9.3.1　项目概况

嘉泽红寺堡新能源智能微电网示范项目位于吴忠市红寺堡开发区，隶属嘉泽发电集团公司，此示范项目是宁夏回族自治区利用红寺堡当地丰富的风力资源、光照资源，采用风力发电、太阳能光伏发电为主要的供能方式构建智能微网系统。宁夏嘉泽红寺堡新能源智能微网示范项目如图 9-6 所示。

9.3.2　装机方案

项目总装机容量 2.44MW。该项目将 1 台单机容量 2MW 的风力发电机、1 套 375kW 的光伏发电系统、1 台 65kW 微燃机发电机组、1 套 125kW×5h 储能系统钒液流电池、超级电容器连同微网暂态保护系统与嘉泽工业园负荷、中烟集团负荷有机结合起来，通过微网能量管理系统增强与电网的互动，实现发电、用电的综合能源管理。

图 9-6　宁夏嘉泽红寺堡新能源智能微网示范项目

资料来源：北极星风力发电网，金风科技打造宁夏首个兆瓦级智能微电网项目成功并网，2016. http://news.bjx.com.cn/html/20160218/708758.shtml.

同时该项目采用了国内领先的智能微网暂态稳控保护装置、孤岛微燃机和储能联合控制系统，可实现经济性、环保性、可靠性、高效性、多样性、友好性并网，实现谷电峰用、削峰填谷，并提高电网末端、负荷侧的供电可靠性和电能质量。

9.4　龙羊峡大坝“水光互补”光伏发电项目

9.4.1　项目概况

青海的日照条件优越，在全国仅次于西藏，地势平缓，荒漠、戈壁广袤而价廉，得天独厚的优势使青海成为我国重要的光伏电站基地。据测算，青海省太阳能年总辐射量平均为 5800～7400MJ/m^2，平均直接辐射量占总辐射量的 60%左右，在海西地区（青海湖西部、西北部地区），这一比重更是达到 70%以上。

龙羊峡“水光互补”光伏电站位于青海省海南州共和县塔拉滩黄河公司产业园内，共划分 9 个光伏发电生产区。项目占地约 9.16km^2，总装机容量为 850MWp，生产运行期为 25 年，项目建造成本约 60 亿元。据悉，项目建成后可满足 150000～200000 户家庭用电需求。目前，龙羊峡大坝“水光互补”光伏发电项目Ⅰ期 320MW 于 2013 年竣工，Ⅱ期 530MW 也已于 2015 年竣工。青海龙羊峡大坝“水光互补”光伏电站如图 9-7 所示。

9.4.2　项目方案

所谓“水光互补”，就是把光伏发电站和水电站组合成一个电源。当太阳光照强时，用光伏发电，水电停用或者少发。当天气变化或夜晚时，通过电网调度系统自动调节水电发电，以减少天气变化对光伏电站发电的影响，提高发电电能的质量，从而获得稳定可靠的电源。从电源端，解决了光伏发电稳定性差的问题。

龙羊峡水电站安装有 4 台单机容量为 320MW 的水轮发电机组，总装机容量 1280MW。装机 850MW 的龙羊峡大坝“水光互补”光伏电站作为龙羊峡水电站的“编外机组”，通过水轮机组的快速调节，将原本不稳定的锯齿形光伏电源，调整为均衡、优质、安全，更加友好的平滑稳定电源，减少电网为吸纳新能源电量所需的旋转备用容量，提高电网消纳及送出能力。

图 9-7 青海龙羊峡大坝“水光互补”光伏电站

资料来源：青海新闻网，黄河公司：引领光伏梦助推中国梦，2017.

http://www.qhnews.com/newscenter/system/2017/10/20/012446248.shtml.

截至 2015 年 12 月 31 日，龙羊峡水光互补一期、二期工程投产两年，共减少二氧化碳排放 158 万 t，使当地植被覆盖率达 80%，周边生态环境持续向好，为中国碳减排做出积极贡献。该项目流程图如图 9-8 所示。

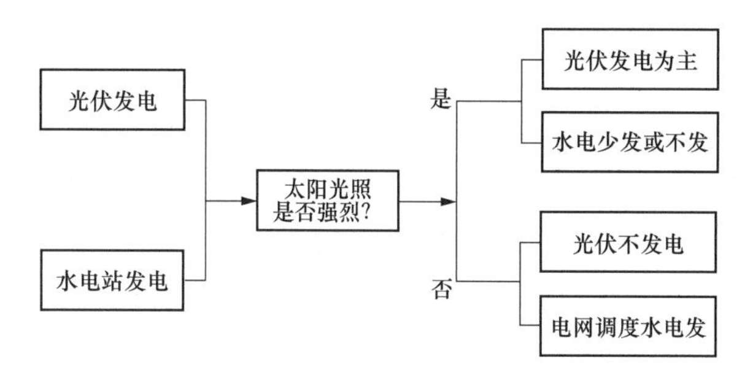

图 9-8 项目流程图

9.5 鲁能海西州格尔木多能互补集成优化示范项目

9.5.1 项目概况

鲁能海西州格尔木多能互补集成优化示范项目位于青海省海西蒙古族藏族自治州，该地区太阳能资源丰富，未利用土地广阔，光电、风电、光热开发条件好，建设以光伏、光热、风电、储能、抽水蓄能等项目为核心的多能互补集成优化示范项目条件得天独厚。

海西太阳辐射强，日照时数多，全州总辐射量在 6600～7200MJ/m^2 之间，是全省辐射量最多的地区，在全国仅次于西藏地区。海西面积 32 万 km^2，可供开发的国有未利用土地非常丰富。格尔木地区面积 12 万 km^2，全市未利用土地面积占全市土地总面积的 58.48%，地形平坦，土地开发潜力较大，水资源及天然气资源储量丰富，是大规模新能源开发的理想场址。

规划至“十三五”期末，项目完成 4060MW 光伏发电项目、1300MW 光热发电项目、2640MW 风电项目及 200MW 蓄电池储能电站的建设工作，完成 1800MW 抽水蓄能电站的前期工作。项目建成后，将光热—光伏—风电—抽水蓄能及蓄电池储能结合起来，搭配哈密至格尔木的火电输入电力，在海西州形成风、光、水、火、储多种能源的优化组合，能够有效地解决用电高峰期和低谷期电力输出的不平衡问题和提高电网的稳定性。

该项目除采用虚拟同步机技术提升电网对新能源的接纳能力，采用熔盐储热技术实现发电功率平稳和可控输出外，还按照“统一设计、分步实施、整体集成”的路线，对风电、光伏、光热的新能源组合实施柔性控制，实现智能调控，支撑新能源发电就地消纳和长距离送出，最大限度减少弃光、弃风现象。另外，本项目提出了生态保护专题方案，可有效降低高原生态脆弱区环境扰动，规划采用的集中管理模式，为开发单位提供优越的发展环境、实现项目资源、能源的集约化经营和高效利用。

9.5.2 工程初步方案

1. 多能互补

该项目规划以光伏、光热、风电为主要开发电源，以光热储能系统、蓄电池储能电站及抽水蓄能电站为本地调节电源，另以哈密格尔木火电作为输入调节电源，多种电力组合，可有效解决风电和光伏不稳定不可调的缺陷，解决用电高峰期和低谷期电力输出的不平衡问题。项目规划总容量为 10000MW，且项目 100%为非化石能源。

2. 集成优化

海西州千万千瓦级可再生能源基地规划外送新能源总规模 27000MW，其中光伏 14000MW、光热 9000MW、风电 4000MW，并配套建设 1800MW 抽水蓄能电站。该次规划的多能互补集成优化示范项目（包括 4060MW 光伏发电项目、1300MW 光热发电项目、2640MW 风电项目、200MW 蓄电池储能电站）全部为外送电源，采用根据本基地外送电源组成及特性分析外送电源的运行方式。该项目示意图如图 9-9 所示。

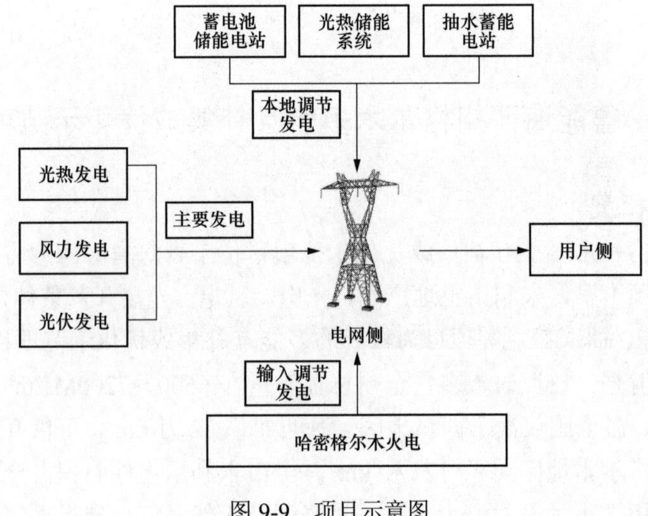

图 9-9 项目示意图

3. 投资估算以及财务评价

海西州多能互补集成优化基地规划光伏发电装机容量为4060MW，投资需求约324.8亿元；光热发电装机容量为1300MW，投资需求约312亿元；规划风电装机容量2640MW，投资需求约211.2亿元；规划抽水蓄能电站装机1800MW，投资需求约99亿元；规划电池储能装机200MW，投资需求约14.8亿元。本示范项目总装机容量为10000MW，电站部分共计投资约961.8亿元，清洁能源基地输电通道投资预计250亿元。总的说来，海西州多能互补优化集成基地共计投资约1211.8亿元（含输电通道）。经过财务评价，在风电电价按0.6元/kWh，光伏电价按0.77元/kWh计算，项目具有较好的盈利能力。

9.6 张家口张北风光热储输多能互补集成优化示范工程

9.6.1 项目概况

张北地区风能资源丰富、日照充足，适合建设大型风电场、光伏电站。利用风光互补特性，并通过智能策略对风、光进行协调控制，可大幅提高电力输出的平稳性及电源的可调度性，是实现智能电网对新能源集约化发展的有力支撑，同时可提高电网对大规模新能源的接纳能量。而且太阳能光热的蓄热系统可以与光伏发电和风力发电结合，增加系统发电的稳定性和可靠性。该项目的总体概况如图9-10所示。

图9-10 该项目的总体概况

资料来源：百度百科，张北风光储示范工程.

https://baike.baidu.com/item/%E5%BC%A0%E5%8C%97%E9%A3%8E%E5%85%89%E5%82%A8%E7%A4%BA%E8%8C%83%E5%B7%A5%E7%A8%8B/22110150?fr=aladdin.

9.6.2 工程初步方案

该项目电源类型包括：风电、光伏和光热等类型的电源。多种类型的电源可以实现能源的优势互补，例如，风光复合发电系统利用风能和太阳能的天然互补性（如白天太阳能充足，晚上风能充足；夏天太阳能充足冬天风能充足），大大减少系统中蓄电池的用量，从而提高系统的经济性和运行的可靠性。在我国西北、华北等地区，风能及太阳能资源具有互补性，冬春两季风力大，夏秋两季太阳光辐射强。因此，采用风能/太阳能联合发电系统可以很好地克服风能及太阳能提供能量的随机性、间歇性的缺点，实现不间断供电。

该项目建设内容分为光伏发电、风力发电、光热发电和储能，实现多能互补，满足数据中心负荷需求，实现就地消纳，多余电量外送。项目总装机容量为 450MW，总投资约 43.5 万元。系统主要包括四个分项部分：

（1）光伏发电部分。根据张家口张北地区的太阳能资源、土地、电网、交通等条件结合政府相关规划，同时为规模化开发光伏电站，规划过程中适合开发的单独地块面积应不宜过小。该项目光伏电站在选址原则基础上，充分利用了滩涂等未利用土地资源，最大程度发挥土地优势。项目光伏电站总容量为 250MW，总用地总面积约 $10km^2$。项目光伏电站以常规地面集中式光伏为主，并配合农光互补、牧光互补等多种光伏产业形式（农光互补、牧光互补，即光伏发电系统与农业种植、牧业养殖有机结合，既具备绿色发电能力，又能为农作物及畜牧业提供适宜的生长环境，达到节约用地、降低投资与发展绿色能源的目的，使经济效益和社会效益最大化）。

（2）风力发电部分。依据张北所规划的区域地质和地形地貌，结合光伏基地的建设要求，该项目风电站总容量为 150MW，总用地总面积约 $48km^2$。风电场场区内拟布置安装 2500kW 机型 60 台，根据当地风资源情况，预装轮毂高度 80m 年平均风速推算值约为 8.5m/s，预计风力发电年平均利用小时数为 3025h，全场上网年发电量估计值约为 45374 万 kWh（折减系数按 70%）。

（3）光热发电部分。该工程拟采用技术成熟的槽式聚光太阳能热发电技术，建设 50MW 槽式光热电站，全厂区总共 150 个回路，每个回路包含 4 个太阳能集收组合（solar collector assembly，SCA）单元，所有的太阳能集收组合单元的旋转轴，沿南北水平布置，集热器旋转轴的间距 17.2m，该空间保证集热器之间不发生相互遮挡，同时满足检修和镜面冲洗所需空间。

（4）储能部分。该工程拟建设储能电站 1 座，容量为 25MW×1h。储能电站主要由储能电池、变流器（power conversion system，PCS）及升压变组成。变流器可实现电能的双向转换：在充电状态时，变流器作为整流器将电能从交流变成直流储存到储能装置中；在放电状态时，变流器作为逆变器将储能装置储存的电能从直流变为交流。该工程储能电站拟分为 10 单元，以 2.5MW 为一个单元，经过 5 台 500kW 变流器接入 1 台 2.5MVA 升压变压器的低压侧母线，储能电站最终通过 35kV 线路接入上一级升压站 35kV 侧。

（5）非化石能源占比。该工程光伏、风电、光热总装机容量为 450MW，均为可再生能源，除光热系统补燃需要消耗少量的天然气能源外，整个非化石能源占比在 99%以上。该项目流程图如图 9-11 所示。

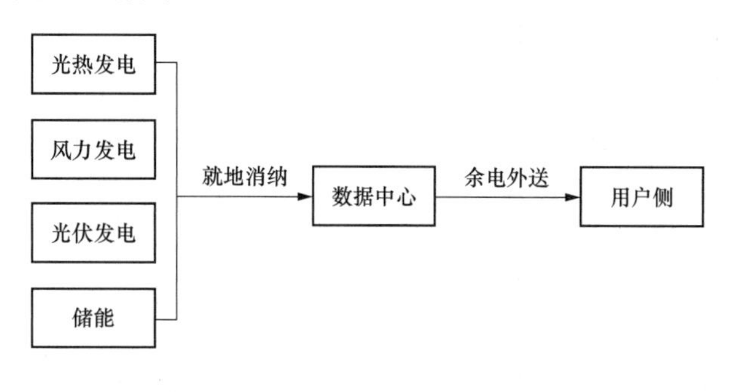

图 9-11 项目流程图

9.7 神华神东电力风光火热储多能互补集成优化示范工程

9.7.1 项目概况

2016 年 1～8 月蒙西电网风电发电量 181.65 亿 kWh，弃风达到 39.7 亿 kWh，弃风率达到 21.86%；光伏发电弃光约 3%。神华神东电力风光火热储多能互补集成优化示范工程项目依托内蒙古自治区综合能源基地的风能、太阳能、煤炭等资源组合优势，储备用电低谷期间的新能源过剩产能，推进风、光、火、储多能互补系统建设运行，充分利用弃风、弃光交易电量，促进可再生能源消纳，提高能源系统综合利用率，建设成清洁低碳、安全高效现代能源体系。该示范工程项目建成能降低电厂的发电煤耗 8.9g/kWh（加热给水）+供热可减少供热煤耗 41.14kg/GJ（按 150 万 m^2 面积的抽汽供热计算）。另外合理利用了电厂绿化用地、建构筑物的屋顶及水泉矿开采完成后的土地治理。

9.7.2 工程初步方案

工程主要由以下四部分组成：

（1）熔盐储能系统。采用熔盐作为储热介质，建设 35 万 kWh 熔盐储能系统，实现能量储存。熔盐储能系统主要由熔盐储罐、熔盐泵、熔盐、相关管道、阀门及仪表组成。熔盐系统的能量来源有两方面：一是利用弃风弃光交易电量加热熔盐；二是槽式镜场收集的热量存储在熔盐罐内。熔盐罐尺寸为直径 19.6m、高 10m，熔盐储存的热量可用于面积为 150 万 m^2 的供热，也可在其他季节加热现役 2×300MW 机组锅炉给水，共需熔盐量为 5000t。

（2）光热采集系统。采用槽式太阳能集热系统技术方案，建设 100MWt 太阳能集热系统，实现光煤互补。拟配置 43 条太阳能集热标准槽式回路，集热面积为 140610m^2，额定热功率为 77.4MW，峰值热功率可达约 100MWt。通过上述熔盐储能系统换热后进行供热或加热现役锅炉给水。

槽式太阳能集热系统主要由 43 条槽式太阳能集热回路、支架、连接管路、阀门及仪表系统。太阳能集热器组合包括：反射镜面、聚光器、集热管、跟踪系统（包括驱动、控制和传感器）。该方案槽式系统按标准回路 600m 进行设计。

（3）弃电加热系统。建设与35万kWh熔融盐储能系统配套的电加热装置，实现风煤互补，利用弃风弃光交易电量加热熔盐。弃电加热系统主要包括与熔盐储能系统配套建设的电加热装置。

（4）光伏发电系统。建设100MWp光伏发电系统，充分利用现有电厂厂区闲置土地、建筑物顶，以及神华水泉煤矿露天开采后的矿坑、采空区、弃土场，实现土地综合治理集约利用。100MWp光伏发电系统主要包括光伏发电单元、升压站等设施。

光火热储多能互补集成优化示范工程包括电源项目及供热项目。电源项目利用火电厂闲置空地、矿坑和堆场建设容量为100MWp光伏发电系统。供热项目开发模式为：在采暖季以熔融盐储热系统供热，在非采暖季以熔融盐储热系统加热萨拉齐电厂锅炉给水，同时建设槽式集热标准回路实现太阳能热利用，提高锅炉给水温度，减少煤炭消耗；利用蒙西地区弃风、弃光交易电量加热熔盐实现风电、光伏及火电厂多能互补，促进蒙西电网对风电、光伏电能的消纳。

多能互补开发模式采用：35万kWh熔融盐储能系统+100MWt光热采集系统+100MWp光伏发电系统。该项目100%为可再生能源，符合国家对可再生能源开发的相关政策。该系统流程图如图9-12所示。

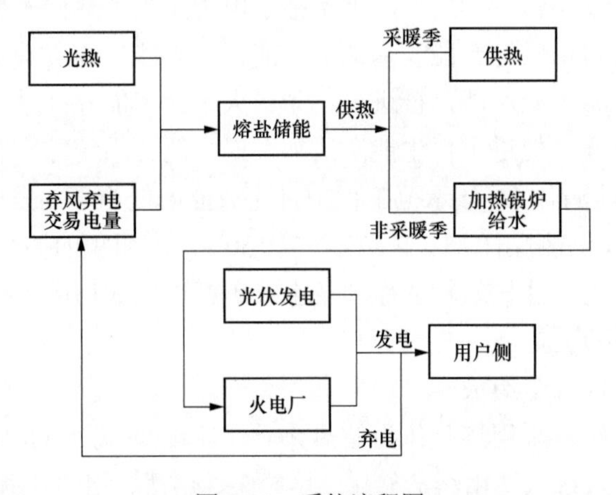

图9-12　系统流程图

参考文献

李先瑞．天然气分布式能源产业发展报告［R］．中国城市燃气协会分布式能源专业委员会主编，2016.